U0397331

建築遺產保護叢書　東南大學城市與建築遺產保護教育部重點實驗室

朱光亞　主編

紀立芳　著

江南建築彩畫研究

東南大學出版社

摘要

彩画是中国传统木结构建筑装饰的重要见证，有保护木构件、标识建筑物等级的作用，是构成建筑物真实性和完整性的重要元素。江南地区彩画作为地方彩画的精品，是传统手工技艺中材良工萃的典范，不仅体现出构图率性自由、五彩并重、锦纹为主、无地仗工艺等地域共同特色，而且也体现出时代演变和徽州、苏南、浙江不同地区彩画特征的丰富性。现存江南彩画数量稀少，且外观上破损、褪变色严重，尤其是工艺的传承已经出现断层，濒临失传。

彩画保护就是最大限度地保留彩画的真实性和完整性。完整意义上的彩画保护是在关注本体保护修复技术的同时，也关注对彩画的诠释与研究，强调对彩画的历史规制、现状分布、形式特征、传统画师、材料工艺等方面的探讨。从某种角度上讲，彩画保护的最终目标就是延续其形式与工艺。本书是江南彩画阶段性的研究成果。在内容上首先把“江南彩画”研究纳入一个整体的时空坐标系中，概况性梳理了从汉代至中华人民共和国成立初期江南彩画的发展历程。其次，在大量实地调研和匠师访谈的基础上，厘清江南地区现存明清时期古代建筑彩画遗存分布、等级特征及主要类型，并在总结分析徽州、苏南、浙江三地彩画特点的基础上，从构图、纹样与色彩逐一分析画师所传达的艺术构思。再次，本书在分析江南地区“彩画作”与画师传承的基础上，通过实验分析，匠师的访谈及模拟试验，了解到清晚期至民国期间江南地区古代建筑彩画的材料、工具及相关工艺流程，并在论述中注重与宋代彩画及清晚期官式彩画的对比分析。

最后，在对江南彩画发展演变、形式特征、工艺谱系研究的基础上，本书探讨了江南彩画的保护问题，强调既要注重物质层面对彩画本体的保护，又要注重非物质层面对彩画形式、工艺与传承人的保护。并以《中国文物古迹保护准则》为参照，在总结以往彩画保护发展历程的基础上探讨江南彩画整体的保护框架及保护理念；并通过对江南地区彩画现状分析、价值评估，以及在总结传统及现代保护材料优缺点的基础上，阐释了江南地区现存几种重要的保护修复类型，以期为此后江南地区以及全国范围内的彩画理论研究与具体保护工程提供一定的参考。

关键词： 建筑彩画 江南地区 发展 特征 工艺 保护

彩画是我国古建筑的组成部分之一，除明清两代大量实存官式彩画例证外，还包含有数量可观、多种类型的地方彩画，它们彼此之间各具特色又相互交融。我国古建筑彩画研究始于20世纪初古建界的先驱梁思成和刘敦桢二位先生，他们对明清官式彩画作了大量调查，为后人做了开拓性的研究工作，且有著作文章传世。由于各种原因其后续工作一度有所停滞，直到解放后才又得以继续。解放初我曾在文整会（现文化遗产研究院）工作，有幸在苏南地区调研当地的彩画，考察了苏州申时行祠堂、惠荫园、常熟綵衣堂、洞庭东山等处的彩画，并临摹了苏州忠王府、申时行祠彩画，苏南地区特有的彩画形式给我留下深刻的印象，在此后工作中我更加关注南方彩画，但由于离京畿地区较远，条件有所限，一直没有时间深入研究。

东南大学以朱光亚、陈薇教授为代表的一批学者和他们指导的博士生、硕士生，持续关注江南地区的建筑彩画，在当下尤为重要。本书作者纪立芳女士在前辈学者的基础上，搜集整理江南地区的彩画遗存，并整理出书，她的研究成果极大地推动了江南彩画的研究与保护。我在研读过程中，记录如下感想。

首先，书中从纵向的江南彩画发展历史渊源到横向的社会影响，从多角度综合考察，来认识江南彩画的研究价值。对江南地区彩画的发展脉络进行了梳理，提出了自己独到的见解。其次，她的书中对江南彩画的类型进行分析探讨，尤其是她提到的明代晚期浙江绍兴吕府与何家台门两处官式彩画遗存例证非常关键，证实了明代江南地区官式与民式两种体系的彩画并存，官式彩画作为统治阶层标识建筑等级的重要符号在南方高等级衙署与官宅中同样存在。此外，她的书中将江南彩画分为苏南、浙江、皖南三个区域进行探讨，又总结它们之间的异同，非常有意义。回忆起当年我在苏州调研时曾经采访过当地的老画师薛仁生，据他们讲当地彩画有四个帮派，苏州帮、杭州帮、绍兴帮和宁波帮，苏州帮又称为本帮，各帮做法小有区别，苏州帮的做法最为完备。而正是在这一点上，我个人认为纪立芳若将来能够继续调研浙江彩画，并对杭州帮、绍兴帮和宁波帮进行对比分析将能更加完善南方彩画的研究。

关于苏州帮彩画，我常常思考为什么雍正时期官颁书籍《工程工部做法》中称“苏式彩画”而不称其别的类型，推测当年官式彩画借鉴最多的是苏州彩画。以现存的实例看苏州彩画的特点也是最为鲜明的，做法最为精致，它最典型的特点就是在建筑构件的中部绘有包袱锦，从文献记载来看，它应该延续了早期建筑用丝绸织物装饰木构件的传统，虽然《营造法式》没有记录这种构图样式，在江南地区的明代中晚期才有物证，但它的形成时间至少在明代中叶以前。中原地区山西芮城永乐宫纯阳殿彩画通过题记考证它的绘制年代为元代，它的梁架中部就绘有反搭包袱，在江南地区明代以前是否也有反搭包袱无从考证，仔细揣摩它与中原彩画也有一定的关系，我认为江南彩画与中原彩画乃至官式彩画的发展存在着双向的交流，特别是元明以后沿着运河彼此之间的交流更甚，尤其在明末清初之际苏州彩画北传，一路上又入乡随俗地吸取一些中原彩画成分，同时这一彩画模式又传遍华北大地，当它传至京城，为适应皇权至上的主旨，渐渐演变成一种全新模式的苏式彩画，成为清代官式彩画一个重要的品种，随后各地又纷纷效仿。

纪立芳女士的这本书通过大量实物例证，深入分析江南彩画的原始状态以及演变轨迹。北京的同仁们将进一步弄清苏州彩画是如何由民间所使用的建筑装饰变成皇宫、王府专用的建筑装饰的全过程。这两种研究工作都大有裨益，必然会带动全国各地彩画的调查研究工作的发展。在当今的社会环境下，纪立芳女士能够踏踏实实、一丝不苟地完成她的研究工作，实属难能可贵，期待着她在今后的学术道路上更上一层楼。

王仲傑

2015 年 8 月 2 日

目录

摘　要

序

第一章　引言 1

1.1　研究背景 1

1.2　研究价值 2

1.2.1　认识江南彩画的重要性 2

1.2.2　记录江南地区传统彩画工艺 3

1.2.3　提出江南地区彩画的保护框架 4

1.2.4　为江南彩画重绘及创作提供依据 4

1.3　研究内容 4

1.4　概念厘定 6

1.4.1　建筑彩画 6

1.4.2　江南地区 6

1.4.3　江南彩画工艺 7

1.5　文献综述 7

1.5.1　直接相关的江南彩画研究 7

1.5.2　中国建筑彩画的研究 9

1.5.3　彩画保护的研究 10

第二章　江南地区彩画发展概况 13

2.1　简述古建筑木构彩画发展 13

2.2　彩画初生期：魏晋南北朝及以前的江南彩画 15

2.2.1　秦汉时期 15

2.2.2　魏晋南北朝时期 16

2.3 彩画原创期：隋唐至五代十国的江南彩画 17
2.3.1 隋唐时期江南彩画 17
2.3.2 五代十国时期江南彩画 18
2.4 彩画发展期：两宋时期的江南彩画 19
2.4.1 北宋时期江南彩画 19
2.4.2 南宋时期江南彩画 20
2.5 彩画规范期：元明、清时期的江南彩画 21
2.5.1 元明江南彩画 21
2.5.2 清代江南彩画 28
2.6 江南彩画衰落期：民国建筑彩画 29
2.6.1 民国时期 29
2.6.2 解放后到现在 31
2.7 小结 31

第三章 明清江南地区建筑彩画形式特征分析 32
3.1 江南建筑彩画总貌 32
3.1.1 江南建筑彩画分布范围 32
3.1.2 江南建筑彩画的等级 34
3.1.3 江南建筑彩画的分类 34
3.2 苏南彩画概况 36
3.2.1 住宅及祠堂、会馆彩画 37
3.2.2 庙宇彩画 38
3.3 徽州彩画概况 39
3.3.1 大木构架彩画 40
3.3.2 清代民居天花彩画 42

3.4 浙江彩画概况 43
3.4.1 大木构架彩画 44
3.4.2 天花彩画 46
3.5 江南建筑彩画构图 47
3.5.1 明式包袱锦彩画构图分析 47
3.5.2 清末堂子彩画构图分析 48
3.5.3 构件彩画构图分析 51
3.6 彩画纹样分析 64
3.6.1 单一纹样 65
3.6.2 组合纹样 69
3.6.3 写生画 75
3.7 彩画色彩分析 77
3.8 对比研究 80
3.8.1 苏南、徽州、浙江彩画共同点 80
3.8.2 苏南、徽州、浙江彩画形式特征差异 81
3.8.3 苏南彩画与官式苏画的异同 81
3.9 小结 83

第四章 江南地区建筑彩画工艺 84
4.1 江南彩画工艺现状与匠师传承 84
4.1.1 江南“彩画作” 84
4.1.2 江南彩画工艺现状 86
4.1.3 江南地区彩画匠师 87
4.1.4 彩画匠师的画稿 90
4.2 江南彩画的设计原则 91

4.2.1 主次 91
4.2.2 适度 91
4.2.3 守中 92
4.3 大木构架彩画设计实例 92
4.3.1 大木构架遍绘彩画 92
4.3.2 大木构架局部彩画 95
4.3.3 仅脊檩绘彩画 97
4.3.4 徽州天花彩画设计 99
4.4 彩画的材料准备 101
4.4.1 颜料 101
4.4.2 胶料与胶矾水配制 111
4.4.3 画笔 113
4.4.4 衬地材料与打磨工具 114
4.5 江南地区彩画工艺 116
4.5.1 关于地仗 117
4.5.2 打底子 119
4.5.3 打样 121
4.5.4 贴金 123
4.5.5 设色 125
4.5.6 描边 128
4.5.7 罩面 130
4.5.8 找补 130
4.6 彩画工艺模拟实例 131
4.6.1 徽州包袱彩画工艺 132
4.6.2 苏南明式彩画工艺 133

4.6.3 清代徽州天花彩画工艺 135
4.6.4 仿江南彩画工程实例 136
4.7 对比研究 138
4.7.1 清早期与清中晚期江南彩画工艺比较 138
4.7.2 清中晚期苏南、徽州、浙江彩画制作工艺对比 139
4.8 小结 139

第五章 江南地区建筑彩画保护研究 141
5.1 中国彩画保护的发展历程 141
5.1.1 传统彩画的修补方法 142
5.1.2 中国彩画保护理念的转变 143
5.1.3 日本彩画专家窪寺茂对于彩画保护的思考 145
5.1.4 中国彩画保护成果 145
5.1.5 彩画保护框架 147
5.2 江南地区的彩画保护 148
5.2.1 保护彩画工艺传承人 148
5.2.2 彩画工艺的传承方式 150
5.2.3 彩画本体保护的特点 150
5.2.4 江南彩画的科技保护成果 151
5.3 彩画保护修复的前期研究 152
5.3.1 现状调查 153
5.3.2 综合研究 163
5.3.3 彩画评估 169
5.4 彩画保护修复的原则与目标 171
5.4.1 彩画保护原则 171

5.4.2 彩画保护目标 172
5.5 江南地区彩画保护修复类型 173
5.5.1 原状保护 173
5.5.2 保护加固 174
5.5.3 修复补全 176
5.5.4 复制重绘 177
5.6 彩画保护的技术手段 178
5.6.1 表面清理 178
5.6.2 渗透加固 180
5.6.3 表面封护 181
5.7 彩画保护修复的后续工作 181
5.7.1 保护修复的档案记录 181
5.7.2 保护修复的效果评估 182
5.7.3 保护修复后的保养维护及监测 182
5.8 小结 183

第六章 结论 184

参考文献 187
附录 A 引用图版说明 192
附录 B 江南地区彩画信息调查表 194
附录 C 江南地区明清建筑彩画分布表 199
附录 D 江南地区彩画图录 203

后 记 225

第一章 引 言

1.1 研究背景

中国传统建筑装饰是古代建筑个性鲜明的文化因子，若要了解古代建筑发展史的全貌，有必要对建筑装饰有深刻的认识。木构彩画，缘于其坚牢于质、光彩于文，自古以来就是中国古代建筑最重要的装饰手段之一，也是构成建筑物真实性和完整性的重要元素。彩画无论从材质到类别，还是从图案到配色，均成为封建等级制度的物质体现，起到定尊卑、明贵贱的作用。

彩画与同时代的绘画、雕刻、丝绸、器物等其他艺术品有密切关联，触及古代营造技术史、社会史、建筑史、考古学、民俗学等多项内容，并随着历史的发展呈现出不同的时代特征。本书选择“江南地区彩画”作为研究主题，从客观上讲是一种机缘。笔者在攻读硕士学位期间有幸参与朱光亚教授国家自然科学基金“东南地区若干濒危和失传的传统建筑工艺研究”[1]子课题“太湖流域建筑彩画”部分研究内容，并完成硕士论文“彩画信息资源库体系的探讨——以太湖流域明清彩画研究为基础”，博士就读期间继续进行科技部“中国古代建筑彩画传统工艺科学化与保护技术研究”子课题“江南地区古代建筑彩画传统工艺科学化与保护技术研究”[2]，开展江南彩画的传统工艺模拟试验和保护工作，通过近五年的时间完成了江南地区彩画基础资料的调研、测绘、工匠访谈、传统工艺复原以及保护研究，以上工作奠定了本书的写作基础。

彩画保护既是建筑遗产保护的新领域，也是保护工程中的难点。由于涉及“彩画的真实性”问题，国内外关于彩画保护修复的观点不尽一致，近几年北京故宫大修中，部分外檐彩画的重绘引起了国际文化遗产保护专家的关注，再次引发了“彩画重绘真实性”的探讨，为了回应西方学者对中国古建彩画修复的争议，近年来的《曲阜宣言》[3]与《北京文件》[4]均涉及彩画保护的探讨。尤其是2008年在北京召开的“东亚地区木结构彩画保护国际研讨会”，针对东亚地区木构建筑彩画保护的特殊性，探讨了具有东方特色的“关于东亚地区彩画保护

---

1 项目编号[50678034]；项目名称：“东南地区若干濒危和失传的传统建筑工艺研究”；项目时间：（2007.01–2009.12）；项目负责人：朱光亚；项目参与人员：胡石、纪立芳、张玉瑜、朱穗敏、钱钰、张喆。

2 项目编号[2006EAK31B01]；项目名称：“中国古代建筑彩画传统工艺科学化与保护技术研究”；项目时间：（2007.01–2009.12）；江南地区古代建筑彩画传统工艺科学化与保护技术研究项目负责人：龚德才；项目参与人员：何伟俊、胡石、纪立芳。

3 2005年10月在曲阜召开的当代古建学人第八届兰亭叙谈会，形成了一份重要文件——《关于中国特色的文物古建筑保护维修理论及实践的共识——曲阜宣言》。这个宣言是实事求是、一切从实际出发，用实践第一的观点指导古建筑保护维修的典范。它目前虽然只是一个非官方的文件，但必将对我国古建筑文物的保护维修工作产生重大影响。

4 2007年5月24日至28日在北京召开的“东亚地区文物建筑保护理念与实践国际研讨会”，会上通过《北京文件——关于东亚地区文物建筑保护与修复》。

和修复的北京备忘录”，明确提出了彩画保护的目的是最大限度地保留其真实性和完整性。该备忘录中对保护的认识有了新的突破，指出彩画保护应不仅仅局限于彩画本体的保护修复，而是全面的“有形遗产与无形遗产”的双重保护。在关注本体保护的同时也关注“彩画的诠释与研究（强调对彩画的历史规制、现状分布、艺术特色、技艺和材料沿革等的研究），传统技艺的传承（应加大对彩画制作技艺传承人保护和支持的力度，应对彩画制作技艺进行认定和记录，并将其列入国家或地方非物质文化遗产名录，依法保护）”。基于此，本书中的保护亦为广义的保护，其中涉及江南彩画的诠释与研究部分在本书的第二章“江南地区彩画发展概况”与第三章“明清江南地区建筑彩画形式特征分析”中探讨，以作为江南地区彩画保护的坚定基石。

1.2 研究价值

江南地区彩画是中国古建彩画的重要组成部分，主要特点是格调高、流派多、分布广、无地仗、数量少、无传承。据调研，保留下来的彩画大部分都已经褪色、污浊、变黑，急需修复。本书以江南彩画发展脉络为背景，对该地区彩画的类型、等级、工艺进行分析研究，并在此基础上探讨江南彩画的保护框架，以期为该区域彩画的保护与传承起到推动作用。其研究价值体现在以下方面：

1.2.1 认识江南彩画的重要性

江南彩画与宋代及明清官式彩画关系密切。对比现存北宋《营造法式》（简称《法式》）关于彩画的记录，虽然有时代变迁的痕迹，但从等级、工艺、图案都能看到江南彩画对宋代“法式”彩画的延续。在等级上，江南彩画继承《法式》彩画上中下等的分类方式分为“上五彩、中五彩、下五彩”；在纹样上，以几何为特征的锦纹与以植物纹为特征的华纹作主体，并且部分构件端头处的纹样就是《法式》所记载的如意头角叶的简化形式或者其变体；在色彩上，以五彩为主，同时也有青绿彩画与解绿彩画；在工艺上，江南彩画也是直接在木表作画，与《法式》一脉相承。这些特征均表明，江南地区是《法式》“彩画作”流布的地区，甚至有可能在当时还是《法式》彩画样式的“来源”之一，携带有更早的彩画信息。古代社会曾以绨绣装饰梁柱，《汉书·贾谊传》及《宋史·舆服制》[1]都有关于丝织物包裹建筑构件的记载，而其后，江南地区普遍流行的包袱锦彩画直接将锦纹绘于木构，继承了丝绸装饰建筑物的传统。[2]

现存江南彩画主要为明清时期的遗存，这部分彩画与北方官式彩画存在着双向的交流的关系。明初定都南京，在元朝的基础上逐步形成官式彩画的制度，虽无实物遗存，但从朱棣迁都北京、香山帮进京营建北京故宫后留下的明代彩画物证，不难推测北京官式彩画受到南

---

1 《汉书·贾谊传》：“美者黼绣，是古天子之服，今富人大贾嘉会召客者以被墙。……且帝之身自衣皂绨，而富民墙屋被文绣”。《宋史》卷一五三舆服志：“景祐三年（诏）……凡帐幔、缴壁、承尘、柱衣、额道、项帕、覆旌、床裙，毋得用纯锦遍绣。”转引自：潘谷西，何建中.《营造法式》解读[M]. 南京：东南大学出版社，2005：167，189

2 由于晋室南迁、宋室南迁中的移民文化以及南北割据，因战乱和动荡失却的中原文化，很大程度上在江南地区得以保留，江南建筑包括彩画都能看到宋代及宋代以前的样式。

京官式彩画的影响；从江南官式建筑彩画的现存实例，也能明确地看到北方官式彩画明代中晚期在江南的流布。清代以后江南彩画与官式彩画沿着运河的交流更加密切。细致精雅的江南彩画沿运河一路传播，吸收各地彩画又结合官式彩画的框架与等级规定，最终形成了服务于皇权的官式苏画。

没有对江南彩画的认识，就很难理解中国建筑彩画的发展脉络，本书试图通过对现存江南彩画实例的剖析，充分认识其重要的历史地位，发掘其自身所承载的历史价值。

1.2.2 记录江南地区传统彩画工艺

关于传统工艺的研究，在 1929 年“营造学社”成立之初，建筑史学的开创人朱启钤先生，就在学社的发言词中讲到“传统建筑工艺技术因受中国自古以来‘道器分涂’、‘重士轻工’传统的影响而不立于文字，仅靠工匠口耳相传，颇有风险，极易中断，加之受前所未有的社会结构变革和建筑体系转型的影响，传统工匠生存的空间越来越小，更使得传统建筑工艺技术几乎到了灭绝的边缘”，并且还述及“晚近以来，兵戈不戢，遗物摧毁，匠师笃老，薪火不传，吾人析疑问奇，已感竭蹶，若再濡滞，不逮数年，缺失弥甚”[1]。朱老的真知灼见穿越了历史时空，同样适用于当代。即使在今天，传统建筑工艺的保护也迫在眉睫。

笔者导师朱光亚教授亦致力于传统建筑工艺的保护，在近十年内陆续开展了南方地区传统建筑工艺的课题研究，主要涉及大木作、小木作、油漆作、彩画作、砖石作等诸作。他认为：“传统工艺研究吸引着各方学人，这不仅是因为传统工艺得以传承关系到建筑遗产的真实性，从而关系到中国建筑历史的物证的有无，而且还因为工艺的研究关系到对中国古代科学发展史和文明史的真实状况而不是传说状况或揣测状况的探寻，科学的可信性之一就是可以重复验证，失去了工艺过程就失去了可以验证的方法，降低了古代科学成就的可信度。”[2]

彩画工艺是传统建筑工艺传承中最薄弱的环节，尤其在江南地区已经进入了消亡阶段。笔者近几年的调研发现，由于彩画在江南地区需求量少，不存在单独工种，以往所谈到的江南地区彩画派系分为“香山帮、绍兴帮、东阳帮、萧山帮”，实际上这些帮派多以佛像装銮、油饰为主，彩画作为副业，民国初年这些工种已经衰微，经历“文革”“破四旧”以后传承就中断了。通过与文物部门、施工部门以及网络搜寻等多种渠道了解，目前仅能找到吴派的传人薛仁元与顾培根师傅，但他们在解放后也没有做过彩画了。浙江与徽州地区虽然也找到了几个做油饰彩画的工队，但他们多精通于佛像装銮，对于江南地区传统彩画工艺知之甚少，而明了传统做法的画师都已经作古，不禁让人扼腕叹息。与北方官式彩画工艺相对完善相比较，江南地区彩画工艺几乎失传。笔者在调研过程中体会到“人亡技绝”的深刻含义。匠师传承多注重心传，特别讲求悟性，语言与文字仅是掌握技艺的方便法门而已，笔者尽个人微薄之力，通过现有彩画的测绘分析，在前辈学人所积累的研究成果基础上，对江南传统彩画工艺进行记录与模拟试验，将彩画传统工艺记录下来，姑且不说其中有若干理解不当之处，就是准确无误也只能起到记录备案的作用，如果没有师徒间的传承，就没有江南彩画工艺的延续。

1 朱启钤．中国营造学社开会演词 [J]．中国营造学社汇刊，1930（1）

2 朱光亚，胡石，纪立芳．东南地区若干濒危传统建筑工艺及其传承 [J]．中国科技论文，2007（9）：635

1.2.3 提出江南地区彩画的保护框架

由于江南地区彩画具有时代特征鲜明、式样珍稀的特点，所以对待这些彩画的修复更要采取审慎的态度。目前关于彩画保护，不论从理论层面还是技术层面都不过20多年的历史，关于南方彩画的修复起步就更晚。根据《关于东亚地区彩画保护和修复的北京备忘录》可知，传统建筑彩画的保护包括非物质遗产与物质遗产两方面的内容，其一，非物质层面的保护，即形式、工艺与传承人的保护，其中特别强调对传承人的保护，确保其有实践机会，使技艺得以传承；其二，木构件彩画本体的保护，其中关于本体的保护首先是探讨其保护理念，不同的修复理念决定了不同的修复手段与成果。本书在对江南彩画前期调查、研究与评估的基础上，根据彩画病害的轻重程度提出几种不同的修复类型，并根据各自的特点选择不同的修复技术，对此后江南地区的彩画保护修复研究、彩画修复方案、保护工程以及彩画的日常维护起到参考作用。

1.2.4 为江南彩画重绘及创作提供依据

近代中国，由于传统建筑体系的断裂，营造材料与营造方式的改变而导致了建筑装饰的转变。就彩画而言，由于江南彩画的传承出现了断层，目前在江南各地新绘的彩画中，粗制滥造、抄袭官式彩画的情况屡见不鲜，整个彩画行业面临有被官式彩画一统天下的危机。地方传统彩画风格的消失，让人痛心疾首。事实上，在清末以前，由于地域间交流的封闭，各地建筑装饰文化千差万别，即便是江南地区的徽州、苏南、浙江等地的彩画也各有千秋。本书通过对比分析这三个地区彩画的特点，列举有代表性案例进行具体分析，总结地方彩画的构图特点、用色技巧、图案类型，一方面为江南地区彩画的修复与重绘提供真实可靠的依据，另一方面为江南地区仿古建筑彩画的绘制提供素材，增加新绘彩画的地域性与文化内涵，确保地方彩画代代相承。

1.3 研究内容

本书围绕“发展、形式、工艺、保护”四个方面展开，全书前半部分主要探讨了江南彩画纵向的发展演进与横向的苏南、徽州、浙江彩画特征比较，以此作为彩画工艺与保护研究的基础。全文共分为六章，除去第一章为引言、第六章为结语，其余四章紧扣上面四个主题展开。

第二章为江南地区彩画发展概况。中国古建彩画寓意清晰、等级严明、画法规范，其发展大致经历了五个阶段：初生期、原创期、发展期、规范期、衰落期。历史上江南地区的南京、扬州、杭州都曾多次建都，这使得江南彩画随着政权的交替，形成了一个民式与官式不断交错、渐变式的演进过程，并且对北方官式彩画的最终成型有重要推动作用，故本章主要抓住该区域历史发展的几个重要时间段：魏晋南北朝、五代十国、南宋、明初、清前期、太平天国时期、民国时期，以有限的实物资料与文献资料对这些时间段留下来的江南彩画在图案、设色、制度等方面进行概述。

第三章为明清江南地区建筑彩画形式特征分析。中国的地域装饰文化千差万别，这种文化蕴含了不同的地域性与时代性。江南地区彩画在工艺程序、图案、构图、设色上均存在独特性，体现了其特定的社会环境、自然条件和审美情趣的崇尚，从明代早期延续《法式》为代表的宋代的几何纹织锦图案，到后期大量运用植物纹样和吉祥图案，直至清代以苏州“写实”彩画为代表的“堂子画”的兴起，体现了从明代到清代彩画风格的转变。本章首先分析苏南地区、徽州地区、浙江地区三地彩画的特点，认为该三地彩画在体现出采用暖色、浅色调，以及构图率性自由的同时，也体现出地区特征的丰富性，其中苏南彩画以精雅富丽见长，徽州彩画更具文人气质，而浙江彩画则偏于世俗人情味。彩画在体现画师绘制技巧的同时，也表现出他们对形式美的理解，本章后半部分对彩画的三大组成要素——构图、纹样与色彩逐一分析，以体会画师所传达的艺术构思。

第四章为江南地区建筑彩画工艺。该区域彩画工艺基本沿袭宋代的作法，从现存实例来看，虽然明代晚期到清末彩画衬地逐渐加厚、设色技法由注重叠晕逐渐强调绘画的发展趋势，但基本工艺保持一致，区域内的苏南、徽州、浙江三地彩画的制作工艺差异很小。本章在对匠师访谈、实验分析的基础上，突出江南彩画工艺与宋代彩画及清代官式彩画的比较研究，并从传统工艺四大要素“人、思想、材料、技艺”四方面进行阐述：一是彩画的创作者“画师”，他们是传统工艺得以维系与传承的主体，也是工艺的核心，文中主要挖掘江南地区画师的谱系、传承及现状；二是传统画师的设计构思，以实例说明江南地区画师在遵守的几项重要原则前提下创作灵活；三是绘制彩画的材料与工具，从某种角度讲，材料的特性决定了一定的工艺、加工方法和艺术方法[1]，文中主要介绍江南地区传统工艺中颜料、胶料、画笔与衬地材料；四是彩画制作技艺，重点突出彩画的绘制工序，并对江南明清彩画工艺进行模拟试验，最后简要对比江南地区不同年代与不同地域彩画工艺的差别。

第五章为江南地区建筑彩画保护研究。本章以《中国文物古迹保护准则》为参照，在总结以往彩画保护发展历程的基础上探讨整体、完善的保护框架，并侧重思考近百年内中国彩画保护修复的理念的转变，文中指出在彩画保护修复过程中，理念的正确与否，决定整个修复的成败。正如《装潢志图说》中所言：“前代书画，传历至今，未有不残脱者。苟欲改装，如病笃延医。医善，则随手而起，医不善，则随剂而毙。所谓不药当中医，不遇良工，宁存故物。”[2]这句话深刻地指出了，修复需要看时机，在时机成熟的情况下配合好的修复理念与技术，才能起到保护的作用，否则，再先进的技术手段在方向不正确的情况下也会对彩画造成难以弥补的损坏。其次通过对江南地区彩画工艺特点现状分析、价值评估以及在总结传统及现代保护材料优缺点的基础上，以具体实例阐释江南地区现存几种重要的保护修复类型，并指出对传统工艺的研究是保护的根基，应尽可能地在修复过程中使用传统材料。

1 李砚祖. 物质与非物质：传统工艺美术的保护与发展 [J]. 文艺研究，2006（12）：106
2 周嘉胄 . 装潢志图说 [M]. 田君，注释. 济南：山东画报出版社，2003：10

1.4 概念厘定

1.4.1 建筑彩画 [1]

最早对木构彩画作出定义的是北宋《法式》“彩画作”总释的末尾小注：“今以施之于缣素之类者，谓之画；布彩于梁栋枓栱或素象什物之类者，俗谓之装銮，以粉、朱、丹三色为屋宇门窗之饰者，谓之刷染。”[2] 从这句话中，我们可以看出在北宋，与建筑营造相关的彩画不仅是指建筑梁柱、斗栱上饰彩，而且也包括在佛教塑像上的装銮，以及木构件的刷染。而我们今天所认同的“建筑彩画”仅将其概念局限为：“布彩于梁栋枓栱谓之彩画”，将“佛像装銮”与“建筑彩画”的概念明确区分开来。[3] 而木构件的刷染更多演化为油漆作法。

建筑彩画所涵盖的范围，从广义上来讲“既包括大木构部分所饰的画，也包括墙面、墙角与天花藻井上所饰的画，甚至在木雕上面饰彩（雕彩）也可纳入”。所以不同的研究者必须根据自己的研究范围对彩画的概念进行界定。笔者在对江南地区彩画调研过程中发现：苏南地区的建筑彩画基本上绘于大木构件上；皖南地区与浙江地区的彩画多绘于室内天花藻井，墨绘则绘于室外墙面，局部地区还有雕彩装饰。为了突出重点，本书中所指的建筑彩画主要指“建筑大木构以及天花藻井所绘的装饰画”。

1.4.2 江南地区

从文化地理学与历史地理学的视角来看，地域文化在时间和空间两个层面都会对建筑形态产生巨大的影响。故在研究江南彩画之前有必要对江南地区进行区域界定。在中国历史上“江南”不仅是一个地理概念，也是一个历史概念，同时还是一个具有极其丰富内涵的文化概念。[4] 其区域范围极富伸缩性，从文化角度来看其以吴越文化和徽文化为主体。如果从历史的角度出发，在秦汉时期，国家的经济与政治中心在黄河流域，整个长江以南都可称之为“江南”，从三国两晋开始，由于政治中心的逐渐南移，该区域的经济得到较快发展，至唐朝开始，长江以南的区域已经划分为“江南”“巴蜀”“岭南”等分区。宋代以后，尤其是南宋，国家政治中心再次南迁，江南地区成为经济发展重心，学者陈国灿认为：“南宋时期的江南主要包括江南东、西路，两浙东、西路，其范围约为当今苏、皖南部，浙江省和江西省。”[5] 在明代以后江南地区的范围基本确定，学者李伯重教授认为广义的江南地区包括苏南（江苏长江以南）、皖南（安徽长江以南）以及浙江全部，狭义的江南地区专指苏南的苏、锡、常地区，浙江杭、嘉、湖地区以及上海市，即太湖流域。[6] 本书选择“江南地区”为李伯重教授认为的广义的江南地区，这个研究范围的确定主要基于江南地区彩画资源的分布与特点。首

---

1 建筑彩画也有称之为建筑彩绘，笔者更倾向于前者，《法式》中将其称之为彩画，并且作者李诫在“彩画作”总释（下）中，针对彩画作注释，其中引用魏晋南北朝时期，谢赫《画品》：“夫图者，画之权兴，绘者画之末迹，总而名之为画。”从这句话可以看出画包含有绘的意思。再有唐代张彦远《历代名画记》卷一：“具其彩色、则失其笔法，岂曰画也？”是故绘更加强调赋色，画既包含对图形线条的把握，也包括对色彩的应用，比绘更加全面。故笔者沿用《法式》称谓，文章中采用建筑彩画之说。

2 李路珂. 《营造法式》彩画研究 [M]. 南京：东南大学出版社，2011：57

3 关于彩画、装銮、刷染的具体概念界定，详见：李路珂. 初析《营造法式》中的装饰概念 [C]// 王贵祥主编. 中国建筑史论汇刊：第 1 辑. 北京：清华大学出版社，2009：100–116

4 周振鹤. 随无涯之旅 [M]. 北京：生活·读书·新知三联书店，1996：324–334

5 陈国灿. 略论南宋时期江南市镇的社会形态 [J]. 学术月刊，2001（2）：65–72

6 李伯重. 简论“江南地区”的界定 [J]. 中国社会经济史研究，1991（1）：100–107

先，该区域内苏南、徽州、浙江彩画相同点较多，故应将皖南地区纳入。其次，目前调查的浙江地区的彩画在总量上较少，如果仅包括杭州、嘉兴与湖州，则彩画遗存非常少，故将整个浙江省纳入研究范围。总之，根据目前的调研情况来看，江南地区彩画主要集中在苏南的苏州一带，而皖南的徽州地区，浙江的彩画遗存较少，分布散。

1.4.3 江南彩画工艺

《辞海》中对“工艺”定义为“利用生产工具对各种原材料、半成品进行加工或处理（如切削、热处理和测量等），使之成为产品的方法”。在我国工艺常与工巧、技艺相联系，《考工记》有“知者创物，巧者述之守之，世谓之工。百工之事，皆圣人之作也”[1]之说。传统工艺内容非常丰富，一般认为工艺的内容包括以下六个方面：“第一，产生工艺的先决条件有什么使用目的；第二，是用什么来制作，即应该采用什么材料；第三，从材料到制作器物，是由工具来完成的，精巧的工具再发展一步就是机械；第四，技法与技能，由此可以产生出巧拙之差别；第五，劳动，特别是劳动的形态，即需要组织；第六是传统，民族的睿智均藏匿于此。”[2]简而言之，就是人、材料、技艺、思想是工艺的核心内容。

工艺是本书研究的难点，通过调研与访谈，笔者发现江南地区彩画，一直就不是一个独立的工种，常与“油漆作”“装銮作”结合在一起，绘制彩画一般只是画工的兼职，在工艺上就不同于官式彩画规矩严谨。故而对江南地区清末彩画工艺的研究存在疑点，对于明代彩画工艺研究的难度就更大了。所以书中工艺研究部分中清代彩画工艺在工匠访谈的基础上完成，明代彩画工艺研究则基于中国科技大学龚德才教授与南京博物院何伟俊博士在对彩画材料的分析检测结果而进行的工艺模拟试验。

1.5 文献综述

1.5.1 直接相关的江南彩画研究

最早对江南彩画进行记录的是在1956年，当时苏州市文物保护委员会对苏州市区进行古建筑普查工作，开始注意彩画的保存，发现拙政园忠王府、陕西会馆、申时行祠、会荫花园等8处都有彩画，而且非常精致，讨论决定将其中有代表性的彩画临摹下来，并聘请擅长苏州彩绘的老画师薛仁生先生前后费时半年，将这些古建筑中的精品都一一临摹绘制成小样，共37张，并出版《苏州彩画》[3]一书，只可惜由于当时的印刷条件有限，只有十六幅彩画是有色印刷品，其余为黑白印刷，笔者曾多次寻访，未曾找到原稿，本书将节选部分彩画作为附录。

此后，中国建筑研究室（南京分室）[4]的研究人员在1958年对皖南民居的明代彩画进行

1 《考工记》知者通智也，这句话的意思是：具有智慧和才能的人创造了一种技艺，聪明的人将其记录下来并奉行传承下，百工的技艺都是道德与智能极高的人的创造。

2 ［日］柳宗悦 . 工艺文化 [M]. 徐艺乙，译 . 北京：中国轻工业出版社，1991：79

3 苏州市文管会 . 苏州彩画 [M]. 薛仁生，临摹 . 上海：上海人民美术出版社，1959

4 当时由北京建筑科学研究院（中国建筑设计研究院前身）与南京工学院（东南大学前身）合办中国建筑研究室，分为南北两研究室。在50年代对南北方彩画进行考察，1954年，北室的林徽因先生与其他工作人员对北方彩画进行研究，完成《中国建筑彩画图案》。

调研与测绘，其中张仲一先生完成歙县呈坎乡罗氏宗祠宝纶阁及休宁吴省初宅的调研，共临摹制彩色梁枋彩画图纸三十余幅，单线画稿 30 余幅[1]，这批珍贵的彩画图样依然珍藏在中国建筑设计研究院历史所。除去样图外，张仲一先生还完成《皖南明代彩画》[2]一文，文中深入分析了呈坎乡罗东舒祠宝纶阁、休宁县枧东乡吴省初宅及西溪南乡黄卓甫宅三处彩画案例。

其后，深入研究江南彩画的是东南大学建筑学院陈薇教授，她的硕士论文《江南明式彩画》[3]就江南彩画的形成、发展原因、艺术特点、审美价值及时代和地方特点等均作出了开创性的研究。尤其在附录中所列的江南彩画调查表及图录更是不可多得的第一手资料，奠定了江南彩画研究的大框架。此外，在《中国古代建筑史》[4]元明卷彩画部分中，陈薇教授对前期彩画研究作了整理和补充。

再次，与本书研究对象相近的重要文献是南京博物院何伟俊博士的论文《江苏无地仗建筑彩绘颜料层褪变色及保护对策研究》[5]，由于课题原因，笔者与何老师一起进行了大量的彩画调研，并共同完成传统工艺的模拟试验。他的博士论文依据无地仗建筑彩画保存环境特征，设计模拟实验，研究了颜料层褪变色的原因及过程，完善了无地仗建筑彩画的颜料谱系，对揭示江南彩画的原状与科学保护策略的制定奠定了扎实的基础。

除此之外，近几年来，东南大学建筑学院朱光亚教授指导他的研究生也对东南地区濒危失传的彩画的类型、构图、工艺进行整理，对其颜料成分和设色方法及工具等作出检测与分析，还对云南大理白族的相同工艺做了借鉴性研究。指导硕士生完成四篇相关硕士学位论文《彩画信息资源库体系的探讨——以太湖流域明清彩画研究为基础》[6]《徽州地区传统建筑彩绘工艺与保护技术研究》[7]《大理州白族传统建筑彩绘及灰塑工艺研究》[8]《大理喜洲白族民居彩绘研究》[9]，推进了南方彩画研究的系统化。

另外，苏州大学艺术学院诸葛铠教授也一直关注太湖流域彩画的研究，他在《綵衣堂建筑彩画艺术》[10]一书中详细分析了苏州綵衣堂彩画的艺术价值与江南文化的关系。诸葛铠教授指导他的硕士生完成多篇与江南彩画相关硕士学位论文：《苏州忠王府建筑彩画艺术研究》[11]《明清徽州古建筑彩画艺术研究》[12]《綵衣堂建筑彩画记录方法探析》[13]，这些硕士论文均以具体案例为研究对象，为深入分析江南彩画的艺术特点开创了先河。

---

1 孙大章．中国古代建筑彩画 [M]．北京：中国建筑工业出版社，2006：123-145

2 张仲一．皖南明代彩画［G］// 建筑理论及历史研究室南京分室．建筑历史讨论会文件：第 2 集．南京：东南大学资料室，1958

3 陈薇．江南明式彩画 [D]．南京：东南大学建筑学院，1986

4 潘谷西．中国古代建筑史（第四卷：元明建筑）[M]．北京：中国建筑工业出版社，2001：475-479

5 何伟俊．江苏无地仗建筑彩绘颜料层褪变色及保护对策研究 [D]．北京：北京科技大学，2010

6 纪立芳．彩画信息资源库体系的探讨——以太湖流域明清彩画研究为基础 [D]．南京：东南大学建筑学院，2008

7 朱穗敏．徽州传统建筑彩绘工艺与保护技术研究 [D]．南京：东南大学建筑学院，2008

8 钱钰．大理州白族传统建筑彩绘及灰塑工艺研究 [D]．南京：东南大学建筑学院，2009

9 张喆．大理喜洲白族民居彩绘研究 [D]．南京：东南大学建筑学院，2009

10 翁同龢纪念馆．綵衣堂建筑彩画艺术 [M]．上海：上海科学技术出版社，2007：59-68

11 莫雪瑾．苏州忠王府建筑彩画艺术研究 [D]．苏州：苏州大学，2008

12 黄成．明清徽州古建筑彩画艺术研究 [D]．苏州：苏州大学，2009

13 卢朗．綵衣堂建筑彩画记录方法探析 [D]．苏州：苏州大学，2007

1.5.2 中国建筑彩画的研究

通过查阅相关文献与实地考查，不难发现关于古建彩画的研究主要在上世纪90年代以后，研究人员主要是从事彩画设计、施工等相关工作的人员，专职的研究机构主要有故宫博物院古建部设计室彩画组。近年来各大高校也逐渐开展彩画发展史与工艺史的研究。研究内容无论是晚期的明清彩画还是早期的宋代彩画，从总体把握到细致做法均有涵盖，有的侧重于历史脉络的厘清，有的侧重于工艺技法的详尽介绍，有鲜明的时效性，总之，这些书籍各有千秋，有利于对中国建筑彩画的全面认识。相关研究成果除散见于学术期刊之外，以明清官式彩画为重点的专著有马瑞田先生的《中国古建彩画》[1]，该书图文并茂，总结了他个人研究彩画数十年的宝贵经验；蒋广全先生的《中国清代官式建筑彩画技术》[2]，以及在古建园林技术杂志上发表的多篇关于北方官式彩画设计及绘制方法的文章，对从事官式彩画设计及施工有重要的指导意义；孙大章先生的《中国古代建筑彩画》[3]梳理了数千年古建彩画的发展脉络，为了解中国建筑彩画的全貌提供了捷径；杨春风、郭汉图老师的《中国现代建筑彩画》[4]一书总结了近现代中国彩画的发展，开拓了新式建筑彩画的设计领域。其余关于彩画图集的书籍还有何俊寿、王仲傑编著的《中国建筑彩画图集》[5]，赵双成的《中国建筑彩画图案》[6]，涉及彩画技术的有边精一先生的《中国古建筑油饰彩画》[7]，该书以阐述北方官式彩画工艺为重点，解决了在施工中遇到的各种实际问题，文约旨明，完备而精要；中国科学院自然科学史研究所主编的《中国古代建筑技术史》[8]、王璞子的《工程做法注释》[9]、王世襄的《清代匠作工程工部做法》[10]，以及《北京公园古建筑油漆彩画工艺木工瓦工修缮手册》[11]《油饰彩画作工艺》[12]等书都包含有官式彩画绘制工艺的内容。

江南彩画的形式和工艺与宋代《〈营造法式〉彩画作》[13]中的记述密切相关，目前宋代彩画研究主要有：吴梅的博士学位论文《〈营造法式〉彩画作制度研究和北宋建筑彩画考察》[14]及清华大学李路珂的博士学位论文《〈营造法式〉彩画研究》[15]，这两篇论文虽然主题相同，但各有侧重，均详细探讨了宋代的建筑彩画。我国各地的人文、地理、气候、环境等一系列因素的区别，也构成了古建筑彩绘不同的风格。目前针对地方彩画的研究虽然相对薄弱，但近几年已经逐步展开，如张昕的博士学位论文《山西风土建筑彩画研究》[16]，高

1 马瑞田．中国古建彩画 [M]．北京：文物出版社，1996
2 蒋广全．中国清代官式建筑彩画技术 [M]．北京：中国建筑工业出版社，2005
3 孙大章．中国古代建筑彩画 [M]．北京：中国建筑工业出版社，2006
4 杨春风，郭汉图．中国现代建筑彩画 [M]．天津：天津大学出版社，2006
5 何俊寿，王仲傑．中国建筑彩画图集（修订版）[M]．天津：天津大学出版社，2006
6 赵双成．中国建筑彩画图案 [M]．天津：天津大学出版社，2006
7 边精一．中国古建筑油漆彩画 [M]．北京：中国建筑工业出版社，2007
8 中国科学院自然科学史研究所．中国古代建筑技术史 [M]．北京：科学出版社，1985：277-306
9 王璞子．工程做法注释［M］．北京：中国建筑工业出版社，1995
10 王世襄．清代匠作则例汇编［M］．北京：中国书店出版社，2008
11 北京园林局修建处．北京公园古建筑油漆彩画工艺木工瓦工修缮手册 [M]．北京：北京园林局修建处，1973：2-9
12 王效清．油饰彩画作工艺 [M]．北京：北京燕山出版社，2004
13 ［宋］李诫．营造法式 [M]．北京：中国建筑工业出版社，2006
14 吴梅．《营造法式》彩画作制度研究和北宋建筑彩画考察 [D]．南京：东南大学建筑学院，2003
15 李路珂．《营造法式》彩画研究 [D]．北京：清华大学，2006
16 张昕．山西风土建筑彩画研究 [D]．上海：同济大学，2007

晓黎的博士学位论文《传统建筑彩作中的榆林式》[1]，黄文华的硕士学位论文《陕北民间匠作彩画与相关传统建筑的协调保护研究》[2]均对地方彩画的特点、工艺，进行了系统的整理与分析。

1.5.3 彩画保护的研究

传统的油饰彩画基本每隔数十年就要翻新一次，以达到焕然一新的效果。随着中西方文化交流的不断深入，彩画保护在国内逐步引入西方的修复理念，尤其是具有深远影响力的《保护文物建筑及历史地段的国际宪章》[3]。该宪章强调完全保护和再现历史文物建筑的审美和价值，还强调对历史文物建筑的一切保护、修复和发掘工作都要有准确的记录、插图和照片。其中第八项："文物建筑上的绘画、雕刻或装饰只有在非取下便不能保护它们时才可以取下。"明确指出了建筑表面的装饰不能随意更换，必须将现状完整地保留下来。这些对于中国古建彩画的修复有重要的指导价值，使得文物工作者在实践中逐渐了解到不仅建筑构件需要保护，包括构件上的彩画也属于保护的范畴，在此之后进行的国保单位的维修中逐渐增加了彩画修复前的图片与文字的记录工作，并且尽可能地保存梁架上面的彩画。但真正开始旧彩画的保护还是70年代末，彩画专家王仲傑先生指出古建维修者采用除尘、软化地仗、粘结、填配方法保护修复彩画[4]；另据彩画专家王效清先生回忆：他在90年代初对北海快雪堂彩画的保护中首次采用了将旧彩画地仗原位保护，在开裂缺失部位用传统材料随旧补做，完工后此项措施受到国家文物局的肯定和赞赏，而当时北京地区普遍流行的作法仍然是在维修中把旧的彩画砍净重做。这表明至少在80年代末彩画的修复还没有引起足够的重视。

21世纪初，中国古建彩画的保护理念与技术方法已经在相对充足的时间和资金条件下进行从容的思考，随着中西方交流的加深，国际文物修复上通行的"最少干预原则、可再处理原则、建立修复档案的原则"逐渐地应用于彩画修复中。并且在2000年国家文物局公布的《文物古迹保护准则》中第12-1-3条明确规定：修缮不允许以追求新鲜华丽为目的重作装饰彩绘，对于时代特征鲜明，式样珍稀的彩画，只能作防护处理。其后，《北京文件》与《曲阜宣言》都探讨了彩画修复的原则问题，特别是2008年在北京召开的"东亚地区木结构彩画保护国际研讨会"，针对东亚地区木构建筑彩画保护的特殊性探讨了有东方特色的"关于东亚地区关于彩画保护和修复的北京备忘录"[5]。原则上要坚持以彩画科技保护为主，在特殊情况下允许重绘，同时加强彩画传统工艺的研究，争取在彩画保护中应用传统材料。

由于彩画多分布于北方地区，近二十年内建筑彩画的保护研究工作也主要集中在我国北方地区，且大部分是绘于建筑外檐有地仗的古建筑彩画，部分保护从木材材质分析、颜料分析、胶料分析、表面清洗、显色加固、封护试剂、损坏原因到生物防治都进行了研究。以具体彩

---

1 高晓黎. 传统建筑彩作中的榆林式 [D]. 西安：西安美术学院，2010

2 黄文华. 陕北民间匠作彩画与相关传统建筑的协调保护研究 [D]. 西安：西安建筑科技大学，2009

3 《保护文物建筑及历史地段的国际宪章》，简称《威尼斯宪章》，是保护文物建筑及历史地段的国际原则，1964年5月31日通过，从事历史文物建筑工作的建筑师和技术员国际会议第二次会议在威尼斯通过的决议。宪章肯定了历史文物建筑的重要价值和作用，将其视为人类的共同遗产和历史的见证。

4 王仲傑. 四十年来古建彩画维修工作的发展和进步 [J]. 古建园林技术，1994（3）：59-61

5 "关于东亚地区彩画保护和修复的北京备忘录"。该文件符合国际广泛认同的真实性、完整性和可持续性原则，并尊重东亚文化背景、传统和价值体系的多样性。

画保护工程为研究对象的文章有 Mazzeo R，Cam D 等《中国明代木质古建西安鼓楼彩绘的分析研究》[1]，赵兵兵、陈伯超等的《锦州市广济寺彩绘保护技术的应用研究》[2]，郑军的《福建莆田元妙观三清殿及山门彩绘的保护》[3]，肖东、杨蔚青、张月峰的《中—意合作洛阳山陕会馆建筑彩画的保护技术与成效探讨》[4]等三十余篇与保护工程相关的文章。

最近十年彩画保护已经进入了一个保护技术与方法迅速发展的阶段，中国政府将《古代建筑彩画保护技术及传统工艺科学化研究》列入国家科技支撑计划进行研究，该课题由西安文物保护修复中心承担。课题在调查古建筑油饰彩画病害与风化机理的基础上，完成古建筑油饰彩画原状保护修复方法和材料的研究，规范了古建筑油饰彩画的保护修复技术。如："油饰彩画传统工艺科学化""重点地区古建油饰彩画保存现状调查及历史序列数据库""油饰彩画原真保护材料与技术"等相关课题，与该课题相关文章主要有齐扬的《中国传统古建彩画的保护修复研究进展》[5]，胡道道、李玉虎、李娟等的《古代建筑油饰彩绘传统工艺的科学化研究》[6]，马涛、白崇斌、齐扬的《中国古建油饰彩画保护技术及传统工艺科学化研究》[7]，何秋菊、王丽琴、严静的《湿度对古建油饰彩画的影响》[8]，李玉虎、邢惠萍、汪娟丽等的《古代壁画、文物彩绘病害调研与治理研究》[9]。

对于江南彩画的保护由南京博物院文保所承担，主要有龚德才、何伟俊、徐飞等对于无地仗彩画工艺的研究、江南地区彩画颜料褪变色研究、彩画保护修复材料及方法的研究，此外他们还参与多项彩画保护工程，如常熟綵衣堂、无锡曹家祠堂、江阴文庙大成殿、常熟脉望馆、常熟严讷故居、杭州文庙等相关彩画保护工程，积累了丰富的江南地区彩画保护经验与技术，并在期刊杂志上发表了多篇论文，如：《无地仗彩绘保护技术研究》[10]、《常熟赵用贤宅无地仗层彩绘的保护研究》[11]、《常熟綵衣堂彩绘保护研究》[12]、《传统材料及方法在江苏古建筑彩绘保护中的应用——漫谈江苏常熟严讷宅明代彩绘的保护研究》[13]、《杭州文庙彩绘现场保护研究》[14]等。

东亚地区的韩国与日本也有彩画装饰的传统，相关保护修复技术也起步较早，韩国与日本相比，更加注重彩画的"精神价值"，庙宇彩画经常重绘以突出其宗教氛围，并且彩画工

1 Mazzeo R，Cam D，Chiavari G，和玲，Pratis. 中国明代木质古建西安鼓楼彩绘的分析研究 [J]. 文物保护与考古科学，2005（2）：9-14
2 赵兵兵，陈伯超，蔡葳蕤. 锦州市广济寺彩绘保护技术的应用研究 [J]. 沈阳建筑大学学报（自然科学版），2006（5）：754-758
3 郑军. 福建莆田元妙观三清殿及山门彩绘的保护 [J]. 文物保护与考古科学，2001（2）：54-57
4 杨蔚青，肖东. 洛阳山陕会馆古建筑彩画的保护与成效 [J]. 古建园林技术，2011（4）：26-28
5 齐扬. 中国传统古建彩画的保护修复研究进展 [J]. 文物保护与考古科学，2008（12）：109-113
6 胡道道，李玉虎，李娟，等. 古代建筑油饰彩绘传统工艺的科学化研究 [J]. 文博，2009（6）
7 马涛，白崇斌，齐扬. 中国古建油饰彩画保护技术及传统工艺科学化研究 [J]. 文博，2009（6）：412-421
8 何秋菊，王丽琴，严静. 湿度对古建油饰彩画的影响 [J]. 西北大学学报（自然科学版），2009（5）：770-772
9 李玉虎，邢惠萍，汪娟丽，等. 古代壁画、文物彩绘病害调研与治理研究 [J]. 文博，2009（6）
10 龚德才，何伟俊，张金萍，等. 无地仗彩绘保护技术研究 [J]. 文物保护与考古科学，2004（1）：29-32
11 何伟俊，杨啸秋，蒋凤瑞，等. 常熟赵用贤宅无地仗层彩绘的保护研究 [J]. 文物保护与考古科学，2008（1）：55-60
12 龚德才，奚三彩，张金萍，等. 常熟綵衣堂彩绘保护研究 [J]. 东南文化，2001（10）：80-83
13 龚德才，王鸣军. 传统材料及方法在江苏古建筑彩绘保护中的应用——漫谈江苏常熟严讷宅明代彩绘的保护研究 [J]. 文博，2009（6）：422-425
14 徐飞，万俐，王勉，等. 杭州文庙彩绘现场保护研究 [J]. 文博，2009（6）：285-291

艺也存在僧侣传承之例。日本彩画的保护理念在1950年代前后发生了巨大的变化，在1950年之前，彩画被最大限度地原状保护，而之后，更多装饰丰富的建筑被列入保护范围，为强调其极具价值的装饰特色，木构建筑上的彩画常被重涂或重绘[1]。

日本著名彩画专家有窪寺茂[2]先生对笔者本书的写作给予大力的支持和帮助，由于中国的江南地区彩画与日本彩画的绘制工艺相近，他曾多次来中国考察，并进行学术交流，他认为彩画的“原真性”不仅包括其设计、工艺方面的价值，也包括有宗教和哲学价值，特别是彩画最大的功能在于对木构件的装饰不能忽视。对于彩画保护他有独到的见解：“建筑物内檐的彩画应当被最大限度地保存下来，外檐彩画如经过专家共同谈论过无保留价值，必须按原材料、原工艺、原形制进行重绘，这样可以确保传统工艺能够延续下去，对于保护地域文化特色非常重要。”他还提出：“对传统工艺的深入研究是彩画保护的基础，在保护中不能过分依赖化学材料，为了保证材料的兼容性，尽量选用传统材料。”[3]

古人云：“举前贤之未及、启后学于成规”。通过文献综述可知，近十年来，古建彩画从形式到工艺再到保护的研究已经从官式彩画辐射到分布在各文化圈的地方彩画。这些研究者大部分都是国内外长期从事彩画研究且成果卓著的专家，对后来学人专业素养的提高大有裨益。笔者在前人铺垫的基础上，不揣浅陋，下文将对江南地区彩画的形式、工艺与保护分别进行探讨。

1 窪寺茂. 日本在彩画修复政策形成过程中修复方法与理念的转变 [C]// 东亚地区木结构彩画保护国际研讨会论文集 . 国家文物局 ,2008：1–10

2 窪寺茂：原日本奈良文化财研究所建造物研究室室长

3 窪寺茂. 协会通信 37 号 [C] . 文化财建造物保存技术协会编，1988，14–17

第二章 江南地区彩画发展概况

彩画作为依附于建筑构件上的色彩装饰，其发展脉络与古建筑的发展基本是一致的，中国历史从原始社会末期到封建社会末期，其间并没有发生突变，而是一个连续进化的体系，故建筑包括彩画在演变上不易分辨，再加上地域间交流的封闭，往往地域性大于时代性[1]。历史上江南地区的南京、杭州都曾建都，这使得该区域建筑彩画随着政权的交替，形成了一个民式与官式不断交错、渐变的演进过程，一方面对宋代《法式》彩画多有继承，另一方面明初南京建都，以及明永乐以后香山帮进京营建北京故宫，香山帮彩画技艺对北方官式彩画的最终成型也有一定的推进作用，故本章依据古建筑彩画的发展大致经历的五个阶段：初生期、原创期、发展期、规范期、衰落期[2]。主要抓住该区域历史发展的几个重要时间段：魏晋南北朝、五代十国、南宋、明晚、清前期、太平天国时期、民国时期，以有限的实物与文献资料对在这些时间段留下来的江南彩画发展进行概述，为下文铺垫。

2.1 简述古建筑木构彩画发展

古建筑彩画简而言之，即为绘于木表的装饰画，与舆服一样，从材质到类别、从图案到配色，均成为封建等级制度的物质体现，起到定尊卑、明贵贱的作用。其作为构成建筑物真实性和完整性的重要元素，自身也具有很高的历史、艺术和科学价值。

彩画是东亚地区传统建筑文化区别于世界其他地区的主要特征之一，发展历史源远流长，由于其易于受到自然环境的侵蚀，现存大多数彩画多为清代绘制，清中期以前的彩画在全国范围内也是非常珍贵，除去地下墓葬彩画可以明确其绘制年代外，地面建筑彩画的年代难以保证其与建筑的遗存年代相同，故要总结中国古建筑彩画的发展并非易事，尽管部分学者、专家对彩画的发展进行总结，但仍然需要不断完善与修正。

关于中国古代建筑彩画的起源，杨建果先生认为“在原始社会，彩画装饰着重为宗教图腾的需要而出现，这些图腾既是部落氏族的标志，也是威慑的象征。将某种符号、标志画于器皿，绘于屋宇，借以护身祈福、消灾避邪，这种原始的本能冲动的产物，则兼有宗教意义和朴素的实用价值。”[3]进入奴隶社会以后，彩画逐渐地带上阶级的烙印，成为装饰建筑物并且标识建筑等级的重要手法。关于建筑彩画的文献记载是春秋末年《论语·公冶长》所记载“子

---

1 对于历史的研究，无论是通过古籍文献还是古代遗迹、遗物，其目的都在于尽可能如实地去认识古代社会的各个不同的侧面。这就是说，历史学、考古学以及包括建筑史、美术史、科学技术史在内的一切的历史研究，都是一项科学的复原工作。摘自：杨鸿勋．建筑考古学——建筑史学的基础 [M]// 王明贤．名师论建筑史．北京：中国建筑工业出版社，2009．45

2 此四个时期是在吴梅的博士论文《营造法式》彩画研究和北方建筑彩画考察中对彩画分期：初生期、原创期、再生期、僵化期的基础上形成，这四个时期与古建筑发展的时期基本上相对应。

3 杨建果，杨晓阳．中国古建筑彩画源流初探 [J]．古建园林技术，1992（2）：26

曰：臧文仲居蔡，山节藻棁。[1]”讲的是鲁国的正卿臧文仲在房子里养大龟，在房子斗栱上绘山岳纹、柱子上绘水藻纹。养龟用来占卜吉凶，柱子绘藻纹以厌火免灾，反映当时彩画装饰已有祈福作用。秦汉时期，彩画依附壁画艺术，在汉代壁画墓与文献中可见高等级建筑物的柱子、天花、墙壁多绘云纹、龙凤纹与瑞兽纹。

随着佛教在中国的兴盛，魏晋南北朝时期的彩画开始吸收印度佛教艺术的元素，一些明显带有西域特征的图案如卷草纹、火焰纹、莲花纹等迅速传播开来，这时期的彩画实物在敦煌莫高窟内的天花、椽子上均有保存。除图案外，在彩画绘制上引入了“晕染”技法。隋唐在色彩的技法上，已从南北朝的“晕”和“晕染”发展成为“叠晕”，并且日益成熟，在敦煌莫高窟与唐代高等级墓葬中，仿木构斗栱和柱枋与天花藻井上皆绘彩画。宋代是古建筑装饰极大发展的时期，宋代政和年间将作监李诫所著的《营造法式》卷十四“彩画作”中详细规定了彩画的等级、绘制工艺、颜料配制和图样[2]。宋代留下的彩画实例相对更多些，敦煌石窟、宋辽金墓（图 2.1）以及部分宋代建筑上仍可见其貌，且色彩可辨。根据东南大学近期在山西太原晋祠圣母殿上檐栱眼壁彩画（图 2.2）的测绘，其留存的图案与《法式》极为相似。元代留存下来的地面建筑与地下墓葬建筑可见官式旋子彩画的雏形，色彩以青绿色为主色调。明清时期是中国古建彩画发展的规范期。明代现存彩画以青绿旋子彩画为主，清代以合玺彩画、旋子彩画与苏式彩画为主。清雍正十二年（1734 年）工部刊行的《工部工程做法》卷五十八所列建筑彩画对彩画的种类、工艺、用料有具体的记录。这一时期彩画成为建筑整体艺术的组成部分，更多地要服从建筑整体艺术的要求，样式与做法也高度程式化。与北方官式彩画相比较，地方彩画形式活泼，较多地保留了早期的彩画特征，其主要分布在华北地区（图 2.3）、西南地区（图 2.4）、江南地区、闽南地区与西藏等地。

图 2.1　河北宣化辽代张匡正墓室彩图

图 2.2　晋祠圣母殿上檐栱眼壁彩画

图 2.3　河北涞源县阁院寺文殊殿彩画

图 2.4　云南大理东海本祖庙

1　《十三经注疏》整理委员会. 语注疏 [M]. 北京：北京大学出版社，1999：63. 蔡：大龟；居：饲养。山节：指上面刻着山岳的栱，藻棁：指画着水藻的柱子。

2　五彩遍装，碾玉装，青绿叠晕棱间装，解绿装，杂间装，丹粉刷饰等详细作法。

清代末年，随着西方文化在中国的传播，彩画在题材与绘制技巧上也受其熏染，画面更具立体感。辛亥革命后，中国建筑装饰发展到了一个新的时代，写生画在彩画中比例越来越大，图案画比例减小，近似国画（小写意、泼墨）画面的出现，更贴近了市民生活 。民国时期及解放初，彩画开始绘于各大城市的大型公共建筑，并且彩画的设计已经由画工、画家以及建筑师共同参与，在纹饰与色彩方面结合现代建筑设计，彩画图案简洁、概括，色彩以复合色为主，成为新式彩画。20 世纪六七十年代“文化大革命”使得传承了数千年的彩画行业中断，大部分彩画艺人都被迫改行，改革开放后到今天，随着各地老艺人的离世，地方传统彩画工艺几近失传，使得大江南北都以清晚期官式彩画的绘制为主，地方彩画面临为官式彩画所同化的危险。近年来，随着各地高校与科研机构逐步开展关于濒危失传工艺的研究，彩画也列入名单，地方彩画的研究文章与研究著作不断涌现，相信在学者与画师的共同努力下，在社会的关注与支持下，地方彩画能够逐渐恢复生机，薪火相传。

2.2 彩画初生期：魏晋南北朝及以前的江南彩画

2.2.1 秦汉时期

秦汉时期，木构建筑发展渐趋成熟，虽无地面遗存，但从当时的画像砖、画像石、明器陶屋等间接资料来看，抬梁式和穿斗式两种主要木结构已经形成。彩画在初生期是依附于壁画艺术，其差别多在于两者画面基层的材质不同，以及所处的位置不同而选择的图案略有差异，但在绘制技法与风格上是接近的。这一时期木构架主要以柱、梁、斗栱为主要装饰对象，据现存文献，高等级宫殿建筑与贵族豪宅多“木衣绨锦”、“裹以藻绣”[1]，以大量织物装饰木构件；另一方面在木构件上刷饰色彩和彩绘纹样也都有记载。《西京杂记》中记载：“椽榱皆绘龙蛇，萦绕其间”和“柱壁皆画云气花葩，山灵鬼怪”[2]，记录了西汉昭阳殿宫殿在椽子上绘制龙蛇盘绕而上，董贤宅在柱子及墙壁间绘制云纹花朵，山灵鬼怪，说明了汉代建筑物上色彩装饰在美化建筑的同时皆具有震慑作用，尤其在椽子上面绘制龙纹与蛇纹来说，反映了汉代多绘异兽的特征，实际上从装饰角度也可以推测宫殿建筑构件椽子的直径相对较大，在此后的文献与实物中椽子上极少绘异兽纹样，这也是汉代装饰的时代特征。除此之外，记录这一时期的文献如《鲁灵光殿赋》《两都赋》《汉书・贾谊传》均有关于色彩装饰的记载，在图案上基本以“龙蛇异兽、云气仙灵、锦潇绮纹、河渠水藻”[3]为主。在彩画的用色等级方面，史书中并没有提及，这是由于在中国古代社会中，建筑和舆服虽都被纳入礼制范畴，但建筑的营造相对于车服仪仗、礼乐器用之类，始终出于相对低下、从属的地位。这决定了建筑技术（包括工具）以及建筑装饰的样式和作法往往滞后并借鉴其他门类[4]。汉代色彩运用的等级方面，根据《后汉书・舆服志》[5]记载，东汉帝王官员印绶的等级颜色：“乘舆（皇帝）黄赤绶”“诸

---

1 《文选・京都上・西都赋》，“卷一：昭阳特盛，隆于孝成，屋不呈材，墙不露形。裹以藻绣……北阙甲第，当道直启。程巧致功，期不陁移。木衣绨锦，土被朱紫”。

2 潘谷西，何建中．《营造法式》解读［M］．南京：东南大学出版社，2005：167

3 中国科学院自然科学史研究所．中国古代建筑技术史［M］．北京：科学出版社，1985：276

4 钟晓青．魏晋南北朝建筑装饰研究［M］// 杨永生，王莉惠．建筑史解码人．北京：中国建筑工业出版社，2006：330–332

5 ［南朝宋］范晔．后汉书［M］．北京：中华书局，2005

侯王赤绶”“诸侯贵人、相国皆绿绶”“公侯将军紫绶”“九卿、中二千石、二千石青绶”“千石、六百石黑绶”“四百石、三百石、二百石黄绶”。即从高到低的等级为：黄赤、赤、绿、紫、青、黑、黄（土黄），这种用色制度与彩画的色彩等级基本是一致的。

秦汉时期，国家的经济与政治中心在黄河流域，整个长江以南都可称之为“江南”，这一时期大型的壁画墓主要集中在以洛阳为中心的河南和河北地区[1]，从这些墓室彩画来看，仿木构的阑额、柱子、天花、斗栱上绘有彩画，色彩以红、白为主色，纹饰上绘有仿木纹、藻纹、云纹之类。但在江南地区很少有壁画墓发现，故秦汉时期的江南彩画还不明朗。

2.2.2 魏晋南北朝时期

魏晋南北朝时期，自曹操建安元年（196年）迎汉献帝建都许昌起，至隋文帝杨坚开皇九年（589年）灭陈统一全国为止，近400年内，中国基本处于分裂割据的状态，魏、蜀、吴三国纷争，西晋取代曹魏并统一中国，但不久就覆亡了，其残余势力在江南建国，即东晋。自公元420年刘宋取代东晋后，经历宋、齐、梁、陈四朝，在此期间，随着晋室南迁，中原人口大量涌入江南，也将北方的中原文化传播到了江南，并与吴越文化融合为新型的江南文化，使得东晋以后江南地区经济迅速发展，这一时期东吴、东晋、南朝的宋、齐、梁、陈均在建康（今南京）建都。

由于西域文化随着佛教和商业交流不断传入中国，这个时期最突出的建筑成就是佛寺、佛塔和石窟的发展，受到西域佛教建筑中雕刻、绘画艺术的影响，使得秦汉流传下来装饰符号大量吸收了西域佛教装饰的养分，并迅速发展起来。卷草纹、连珠纹、火焰纹等具有明显西域特色的纹样迅速传播。此时由于国家的政治中心一度在江南地区，使得这一区域的色彩装饰包括纹样与技法都有了新的发展。据该时期《景定建康志》中“宫苑记”记载，南齐景帝萧道生修安陵，有大幅砖刻壁画，绘有莲花纹、线纹、缠枝莲花纹、飞天、羽人戏虎、竹林七贤。这一时期彩画仍依附于壁画，且宫殿、庙宇、墓葬壁画均由画家参与，据裴孝源《贞观公私画史》一书的记载：到了初唐，在长安、洛阳、江都、江陵、江宁、会稽各地还保留有47处魏晋以来的壁画[2]。在绘制技法上，许嵩《建康实录》记录了梁代著名画家张僧繇[3]在建康（今南京）一寺庙的门楣上画凹凸花纹：“一乘寺，梁邵陵王王纶造，寺门遗画凸凹花，称张僧繇手迹。其花乃天竺遗法，朱及青绿所造，远望眼晕如凹凸，近视即平，世咸异之，乃名凹凸寺云。”叠晕手法在彩画中的运用，增加了彩画的体积感和表现力度，使彩画的绘制开始趋向精微，由汉代注重线条转为线条与色彩的并重。此外，木构件刷朱红色、墙壁刷白色的刷饰搭配也应用极广，文献中多见“白壁丹楹”、“朱柱素壁”之描述。江南地区虽出土六朝陵墓较多，但基本为壁画砖墓，少见墓室色彩装饰。

从文献来看，与江南地区官式建筑色彩装饰相关资料有《吴都赋》，该文献对吴国宫殿

1 罗世平．埋藏的绘画史——中国墓室壁画的发现和研究综述［J］．美术研究，2004（4）：69

2 秦岭云．民间画工史料［M］．北京：中国古典艺术出版社，1958：7

3 张僧繇（502—549）：梁武帝（萧衍）时期的名画家，吴中（今江苏苏州）人，一说为吴兴（今浙江湖州）人。梁武帝天监（502—519）中为武陵王国侍郎、直秘阁知画事，历任右军将军、吴兴太守。擅写真、项道人物，亦善画龙、鹰、花卉、山水等。擅作人物故事画及宗教画，梁武帝好佛，凡装饰佛寺，多命他画壁。他与顾恺之、陆探微以及唐代的吴道子并称为「画家四祖」。

的描述："雕栾镂楶，青琐丹楹，图以云气，画以仙灵。"[1]《南史》记载南齐东昏侯"大起诸殿，芳乐、芳德、仙华、大兴、含德、清耀、安寿等殿，又别为潘妃起神仙、永寿、玉寿三殿，性急暴，所作便欲速成，造殿未施梁桷，便于地画之，唯须宏丽，不知精密。酷不别画，但取绚耀而已，故诸匠赖此得不用情，繁役工匠，自夜达晓，犹不副速，乃剔取诸寺佛刹殿藻井、仙人、骑兽以充足之。"[2]又《南齐书・皇后传》卷二十："世祖嗣位，运藉休平，寿昌前兴，凤华晚构，香柏文柽，花梁绣柱，雕金镂宝。"[3]这三处文献可知，木构件雕刻、彩画、墙面壁画已经成为江南宫殿建筑的主要装饰手段，且在色彩等级方面，基本沿袭汉制，以朱、青、绿为主色，在纹饰上有云纹，仙灵、异兽之类反映神仙世界的绘画符号。

2.3 彩画原创期：隋唐至五代十国的江南彩画

2.3.1 隋唐时期江南彩画

隋、唐是我国封建社会的鼎盛时期，也是我国古代建筑的成熟时期。建筑古朴却富有活力，风格华美而不纤巧。现存唐代地面建筑稀少，且构件多为丹粉刷饰，故仅能依据地下壁画墓与敦煌莫高窟来了解唐代宫殿彩画与庙宇。宫殿彩画主要参照高等级地下墓室彩画如贞观比（643 年）年长乐公主墓，唐天宝元年（742 年）让皇帝惠陵，仿木构件以朱白刷饰为主，装饰重点往往集中在天花部件。庙宇建筑彩画参考敦煌壁画中的建筑形象。建筑构件如：柱、阑额、枋、斗栱、藻井、天花及椽子绘有彩画。在图案上主要吸收了唐代丝织物纹样，以卷草纹、团花锦纹、祥禽瑞兽为主；色彩方面，唐代的颜料品类已非常齐全，高等级彩画亦贴金，在色彩等级上："黄、紫、朱、绿、青、黑、白七色构成的颜色序列。"[4]在绘制技法上，已从南北朝的"晕"和"晕染"发展成为"叠晕"，这种技法主要包括两种，其一是由同类色层层减退，其二是以不同类色轻重变化构成退晕效果。

历史上江南作为地理和行政区划始于唐代。贞观元年（627 年）定江南道为天下十道之一道，包括长江以南的大部区域，范围极大。在开元二十一年（733 年），将江南道细分为江南东西道和黔中道三部分。唐中期，又将江南东道细分为浙西、浙东、宣歙、福建四个观察使辖区。从唐代行政区划的不断细分中，已经暗合了后世人们对江南地域认识从广义到狭义的三个层面。江南道的范围包含长江以南、岭南以北的大片区域，是最广义的江南范围；江南东道涵盖浙江、福建两省以及江苏、安徽两省的南部地区，是中间层次的江南概念，历史上又称为江东或江左；而浙西包含苏州、湖州、常州、润州、杭州五州，这也是江南概念中的核心区域。[5]由于唐代政治中心在中原地区，墓葬主要集中在中原一带，江南地区现存唐

1 《三都赋》由西晋左思所撰写，分别是《魏都赋》《蜀都赋》《吴都赋》，是魏晋赋中独有的长篇，写的是魏、蜀、吴三国的国都的建设。今人傅璇琮考证，《三都赋》成于太康元年（280 年）灭吴之前。左思在序中批评前人作赋"侈言无验，虽丽非经"，提出作赋应"贵依其本""宜本其实"，故他对吴国宫苑京殿的描写较写实。

2 ［唐］李延寿．南史［M］．北京：中华书局，1975

3 ［南齐梁］萧子显．南齐书［M］．北京：中华书局，1972

4 《旧唐书・高宗纪》使九品之官服色各异，所有社会成员的等级身份、大小官员的品秩序列都有等级标志。

5 周振鹤．释江南［J］．中华文史论丛，1992

代壁画墓的发掘资料非常少，仅为晚唐浙江临安钱宽墓[1]（900年）与其妻子水邱氏墓（901年）[2]。钱宽身前为镇海镇东节度使，其墓室四壁绘黄、白相间帷幔装饰彩画，穹顶绘天象图。水邱氏墓，在过道及前室顶部绘缠枝花卉，后室顶部绘天象图，这两处墓葬的彩画及壁画装饰与晚唐中原地区壁画墓装饰较相近，其基本布局为墓室墙壁上部绘帷幔纹以模拟府邸或宫室，穹顶绘天象图反映了当时盛行的数术思想和道家文化。[3]

2.3.2 五代十国时期江南彩画

唐中叶后经藩镇割据，宦官专权，中国进入了分裂时期。黄河流域经历了后梁、后唐、后晋、后汉、后周五个朝代，而其他地区先后有十个地方割据政权，史称“五代十国”。各个割据政权之间战争频繁，而南方十国相对安定，其中吴越、南唐、前蜀的经济文化在唐代基础上仍有发展，尤以吴越之富“甲于天下”，杭州作为其首都亦日趋繁盛，史称“钱唐富庶，盛于东南”[4]。这一时期最重要的几处江南彩画遗迹主要是南唐与吴越的壁画墓[5]，这些墓室内部多为仿木构砖石建筑，其构件柱、枋、斗栱及墙壁上亦模仿地面木构建筑作彩画与壁画装饰。主要有：浙江临安钱元玩墓（910年）、浙江临安吴越国康陵（939年）、杭州钱元瓘墓（941年）、杭州吴汉月墓（952年）、江苏邗江蔡庄五代公主墓（929年）、江苏吴大和五代墓（933年）、江苏南京李昪陵（943年）和江苏南京李璟陵（962年），这七处墓葬既有地域特色，又承唐启宋，在中国古代彩画发展史上具有重要地位。

这一时期的彩画根据墓主人的身份不同，等级有高低之分，等级最高的是帝王陵寝，如：康陵、李昪陵、李璟陵，这些陵墓中墓门、前室、中室及后室仿木构遍绘彩画。均通长式构图，以朱红色为大色，且作为底色，其上绘慧草云纹与缠枝牡丹花。斗栱部分四周留有缘道，内绘团科或柿蒂纹，这种做法在宋代大量出现一直延续到明代。柱子已经出现分段式构图……李昪陵墓门、前室的方形壁柱四周为白色或黄色缘道，身内通长以红色衬地、青绿枝条的缠枝牡丹花彩画，柱头部分多由束带纹和覆莲瓣组成箍头，柱头与柱身间用横向柿蒂纹或宝相花等饰带分界。康陵的后室石枋与柱子上都有金箔对凤，墓墙边饰仿垂幔牡丹花，花形饱满，青绿花叶，金线勾边，与南唐二陵墓彩画重整体装饰气氛相比精雅而注重细节（图2.5）；次一等级的为皇亲国戚的墓葬，如：蔡庄五代公主墓、钱宽墓、钱元瓘墓、吴汉月墓[6]，这些墓室内以朱红色或绿色刷饰、柱枋构件朱红地绘缠枝牡丹花、墙壁有贴金牡丹花边饰；其余江南地区发掘中小型墓仅为单室墓，无色彩装饰。除此之外，现存五代云岩寺塔（图2.6）内各层阑额两端采用“缘道两头相对作如意头”的彩画样式，身内刷七朱八白，各层回廊壁面的上下额枋之间以及斗栱间，都浮塑折枝牡丹花，其中阑额两端不同类型的“如意头”，与《法

---

1 陈元甫，伊世同．浙江临安晚唐钱宽墓出土天文图及“官”字款白瓷［J］．文物，1979（12）：18–22

2 明堂山考古队．临安县唐水邱氏墓发掘简报［M］// 浙江省文物考古所学刊．北京：文物出版社，1981：94–104

3 李星明．唐代墓室壁画研究［M］．西安：陕西人民美术出版社，2005

4 《资治通鉴》卷二百六十七《后梁纪》二，见：倪士毅．浙江古代史［M］．杭州：浙江人民出版社，1987

5 郑以墨．五代墓葬美术研究［D］．北京：中央美术学院，2009：183–256

6 钱氏家族墓：中国晚唐镇海镇东节度使及五代吴越国王钱氏的家族墓。浙江临安明堂山的镇海镇东节度使（吴越国武肃王）之父钱宽的墓、其母水邱氏墓，杭州玉皇山的吴越国文穆王钱元瓘墓、施家山的钱元瓘次妃吴汉月墓，临安功臣山第十九子钱元瓘墓，板桥钱氏、吴氏两座贵族墓，以及江苏苏州七子山的吴越国广陵王钱元璙家族墓等。

1[五代]浙江临安吴越国康陵后室彩画(939年)　2南唐李昇陵斗栱彩画　3南唐李昇陵额枋彩画

4[五代]浙江临安吴越国康陵后室垂幔彩画　5[五代]南京南唐李昇陵后室彩画（943年）

图 2.5　五代时期江南彩画

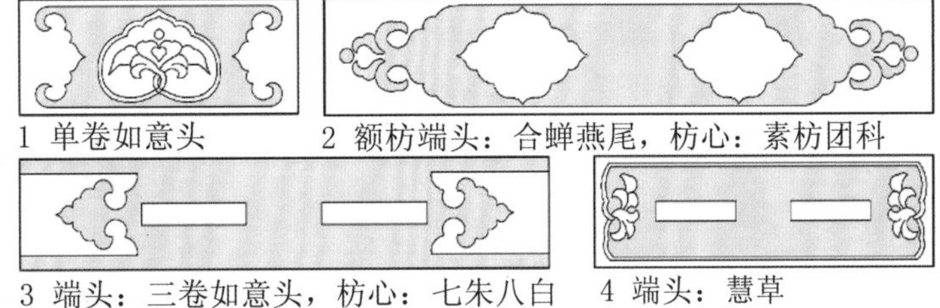

1 单卷如意头　2 额枋端头：合蝉燕尾，枋心：素枋团科

3 端头：三卷如意头，枋心：七朱八白　4 端头：慧草

5 虎丘塔内彩画：赤白装彩画　6 柱头：如意头；额枋端头：单卷如意头；枋心：七朱八白

图 2.6　苏州五代虎丘云岩寺塔额枋彩画

式》“彩画作”解绿装中提及的端头作如意头角叶极为相似。

总之，这一时期的高等级墓室彩画与唐代敦煌石窟佛教彩画相比，前者彩画等级较高，均以朱红为主色调，辅以青绿，贴真金，图案较单纯，以牡丹花、慧草龙凤为主；后者由于文化交流频繁，建筑彩画更具活力，五彩并施、少金饰、图案种类较多，有华纹、锦纹、飞天，瑞兽等，宗教色彩浓郁，五代十国时期的江南彩画为宋代彩画的发展奠定了基础。

2.4　彩画发展期：两宋时期的江南彩画

2.4.1　北宋时期江南彩画

宋代以后，尤其是南宋，国家政治中心再次南迁，江南地区成为经济、文化发展重心。两宋时期的江南主要包括江南东、西路，两浙东、西路，其范围约当今苏、皖南部、浙江省和江西省。”[1] 这一时期，建筑装饰更为精致华丽，彩画已脱离壁画艺术，发展成为一门

1　陈国灿. 略论南宋时期江南市镇的社会形态［J］. 学术月刊，2001（2）：65-72

独立的匠作技艺，为上流社会所服务。《宋史》中第154卷《舆服志之臣庶室屋制度》记载："私居，执政、亲王曰府，余官曰宅，庶民曰家。……凡民庶家，不得施重栱、藻井及五色文采为饰，仍不得四铺飞檐"[1]。又载"天下庶之家——非宫室寺观，毋得彩绘栋宇及朱漆，梁柱窗牖雕铸柱础。"从此制度来看，宋代除去宫室寺观，庶民房舍不得绘制彩画。北宋时期的彩画资源相对丰富，除了墓葬彩画以及北方辽、金时期木构建筑彩画的实例之外，还有一部非常重要的官方文献《营造法式》，该书 "彩画作制度"代表了当时中原地区官式建筑彩画的主流，主要介绍了五种等级的彩画：五彩遍装、碾玉装、青绿叠晕装、解绿装、丹粉刷饰。除此之外还有上述彩画的变体：解绿结华装、杂间装两类，并且有不同的等第之分。依据《法式》，一般认为："五彩遍装与青绿碾玉装为上等，主要用于宫殿及寺观的主要殿堂；青绿棱间、解绿装列为中等，多用于次要殿堂、府邸、官衙和祠堂；丹粉赤白为下等，主要用于次要民舍，或墙面及构件的边框，但这种制度又不是绝对的，同样一座官式建筑根据梁栱层、柱列层、檐口层可以绘制不同等级的彩画。关于宋代彩画的构图法则、题材内容、艺术风格、绘制工艺和材料使用，可见东南大学吴梅的博士学位论文《〈营造法式〉彩画作制度研究和北宋建筑彩画考察》[2]及清华大学李路珂的博士学位论文《〈营造法式〉彩画研究》[3]。北宋时期江南地区留下的建筑中，从杭州灵隐寺石塔（图2.7）、宁波保国寺大殿、镇江甘露寺铁塔等阑额上都隐出七朱八白[4]图案，无彩画装饰，地下墓葬也未见彩画。北宋欧阳修写有《送慧勤归余杭》："越俗僭宫室，倾赀事雕墙。佛屋尤其侈，耽耽拟侯王。文彩莹丹漆，四壁金焜煌……"从这首诗中可见北宋江南佛寺雕刻、彩画、贴金等装饰，极尽奢华，据史书记载宋代屡有销金禁令，扼杀奢侈之风[5]。

图2.7　杭州林隐寺石塔七朱八白示意

2.4.2　南宋时期江南彩画

南宋建都临安（今杭州），其宫殿官署均毁于亡国时，只能从南宋院画中看到其形象。据画中所示，其建筑在北宋官式基础上逐渐与地方传统结合，风格趋向秀雅含蓄，形成南宋官式[6]。这一时期由于官方的喜好促使建筑彩画的技艺日益精湛，据《宋朝事实》记载："龙德宫落成之日，宋徽宗对画在柱廊栱眼壁中折枝月季花大为赞赏。"折枝花自唐代起到宋代都是最重要的装饰图案之一，无论彩画、壁画、砖雕都应用极广。南宋《五山十刹图》[7]中有一幅浙江临安佛教寺庙"径山法堂月梁"的图纸，从中可见其彩画端头作"三卷如意头"构图与现存江南地区金坛戴王府梁栿彩画的构图几乎是一致的（图2.8、图2.9）。在民间杭

1　《宋史》卷一五四。志第一百七

2　吴梅.《营造法式》彩画作制度研究和北宋建筑彩画考察［D］. 南京：东南大学，2003

3　李路珂.《营造法式》彩画研究［D］. 北京：清华大学，2006

4　七朱八白：宋《营造法式》彩画作制度中丹粉刷饰屋舍的方法之一。"七朱八白"就是把阑额的立面之广分为五份（广在一尺以下的）、六份（广在一尺五寸以下的）或七份（广在二尺以上的），各取居中的一份刷白，然后长向均匀地分成八等份。每份之间用朱阑断成七隔，两头近柱处不用朱侧阑断，隔长随白之广。

5　《宋史·仁宗记》记载："康定元年（1040年）八月戊戌，禁以金箔饰佛像。"

6　傅熹年. 试论唐至明代官式建筑发展的脉络及其与地方传统的关系［J］. 文物，1999（10）：81–93

7　张十庆. 五山十刹图与南宋江南禅寺［M］. 南京：东南大学出版社，2000：128

州酒楼亦“店门首彩画欢门，设红绿杈子，绯绿帘幕，贴金红纱栀子灯”[1]，这说明除官式建筑外，店铺亦施彩画。

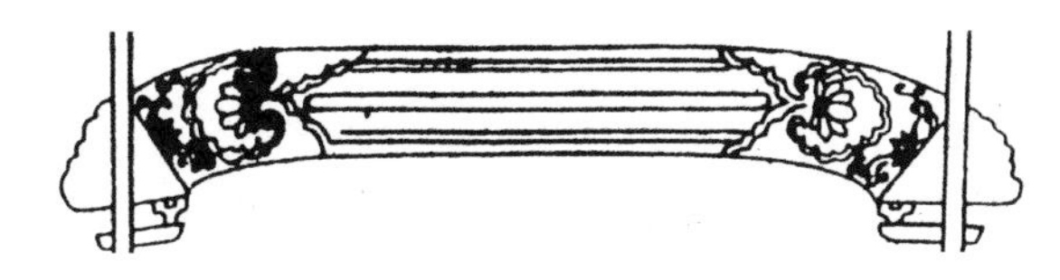

图 2.8　径山法堂月梁如意藻头

图 2.9　常州戴王府月梁如意藻头

此外，南宋周必大所作《思陵录》[2]对高宗皇帝（赵构）的陵墓制度记录非常详密，从中可见南宋的墓葬装饰非常简朴，其中关于殿门、攒殿龟头殿、上宫附属建筑、下宫前后殿并无彩画装饰，仅于柱头处用“丹粉赤白装”，属于《法式》中的“丹粉刷饰”[3]。这样的处理方式甚至比南宋寺庙与商铺的装饰都简单，似乎难以理解，或许与南宋统治者仍将杭州视为“行在”，考虑到将来迁葬之事，故而在陵寝建筑装饰上等级降低有关联。除此之外《思陵录》还记录了“真色晕嵌装饰造”、“真色金线解绿装造”、“法红油造”等油饰彩画做法[4]。

在宋吴自牧《梦粱录·团行》中记载：“其他工役之人或名为‘作分’者，如碾玉作、钻卷作、篦刀作、腰带作、金银打鈒作、裹贴作、铺翠作、裱褙作、装銮作、油作、木作、砖瓦作、泥水作、石作、竹作、漆作……”[5]从中明显看出在不同的工种中，“装銮作”与“漆作”分工明显，但是该书中并没有列“彩画作”，极有可能在南宋代将“装銮作”与“彩画作”列为一个工种，因为法式彩画作中就将“布彩于梁栋枓栱或素象什物之类者，称之装銮”，故在宋代装銮作与彩画作应该为一个工种。

绍兴十五年（1145 年）《营造法式》在苏州的重刊[6]，一方面推进了江南地区建筑的发展，另一方面其记载的彩画样式，在江南地区逐渐传播开来，即使在明代以后仍然得以保留，如：在工艺上，现存江南彩画基本与《法式》记录基本是一致的，仅在木构件表面作衬底即可，并无地仗；在类型上，《法式》记载的五彩装、碾玉装、杂间装基本都能找到类似实物对应；在图案上，江南地区保留了较多的锦纹与华纹。

2.5　彩画规范期：元明、清时期的江南彩画

2.5.1　元明江南彩画

元朝的统治虽然仅有百年的历史，但它结束了唐末、五代以来军阀割据和宋、辽、金、夏等政权对峙的局面，实现了空前的大统一。这一时期，中国与东亚、欧洲的贸易往来较频繁，伴随着伊斯兰教与喇嘛教的传入，新的装饰图案也传播开来，这一时期官式建筑彩画的色调以青绿为主这一点从元代墓室彩画（图 2-10）可以看出，此外现存地面元代建筑山西芮城永

1　［宋］吴自牧．梦粱录［M］．杭州：浙江人民出版社，1980

2　［宋］周必大．思陵录［M］// 古今图书集成．第十九册：349-403

3　“丹粉刷饰”又名“丹粉赤白装”，属于《法式》中的下品彩画，以土朱为刷饰木构的主色，间以丹（黄丹）粉（白粉）之色，形成黄白二色的设色效果。

4　李路珂．《营造法式》彩画研究［M］．南京：东南大学出版社，2011：337

5　［宋］吴自牧．梦粱录［M］．杭州：浙江人民出版社，1980

6　吴梅．《营造法式》彩画作制度研究和北宋建筑彩画考察［D］．南京：东南大学，2003：24

图 2.10　山西省沁源县东王勇村元墓如意旋花找头

图 2.11　永乐宫三清殿明间天花梁底面如意旋花

乐宫三清殿、山西广胜寺明应王殿、大佛殿（图 2.11）的元代彩画已经可以看出青绿色旋子彩画[1]端倪，元代江南彩画无遗存。

明代以后江南地区的范围基本确定，学者李伯重认为广义的江南地区包括苏南（江苏长江以南）、皖南（安徽长江以南）以及浙江全部。狭义的江南地区专指苏南的苏、锡、常地区、浙江杭、嘉、湖地区以及上海市，即太湖流域[2]。本书的研究范围是广义的江南地区。

明代作为汉族建立的统一全国的政权，立国之初，万象更新，视辽金元以来的典章制度为非正统，要在传统汉族文化基础上重建制度。故明初所倚重的文臣多是江浙的文士，所继承的主要是南宋以来的江浙文化传统。明初定都南京，修建宫殿所用主要是本地工匠，明初的南京官式是在南宋以来江浙地方传统的基础上形成的。明永乐帝修北京宫殿，拆毁元宫，按南京宫殿形制修建，明初的南京官式遂北传而成为北京的官式作法，据史籍记载：永乐十八年（1420）建成的北京城池凡宫殿、门阙、庙社、坛场、郊祀等规制悉如南京，而高敞宏丽过之[3]。

由此可推测附着在木构表面的建筑彩画亦可能对北方官式彩画有重大影响。可惜南京明故宫、明孝陵无木构件彩画遗存，明洪武二十六年定制的《舆服制》载："官员房屋不得用歇山、重檐、重栱及绘藻井。公侯家的梁栋、斗栱和檐角可以五彩绘饰，门窗、柱枋用金漆饰，一品至五品官员梁栋、斗栱和檐角用青绿绘饰，六品至九品只许刷土黄，品官房舍的门窗一律不得用丹漆。"[4]从中不难看出其所指的青绿彩画极有可能就是旋子彩画。现存最早的旋子彩画实例是永乐十四年的武当山金殿旋子彩画，它记录了明代早期的彩画样式，这种样式有可能在明初南京已成型[5]。

图 2.12　武当山金殿

永乐十四年（公元1416年）武当山金殿（图 2.12）铸成后，它的铸成时间早于北京故宫建筑群完成时间，极有可能为南京官式彩画的纹

1　旋子彩画的母题为旋花（或旋子），是漩涡状的花瓣组成的几何图形。旋花以"一破二整"为基础，主要用于（藻头）藻头部位，这种迥异于宋代以写生花为主题的图案题材，是经过不断创造逐渐形成的。关于旋子彩画的产生，一般认为是早期的"冋"形纹样孕育了卷勾的旋花、如意图案和'一整两破'的连续构图方式。

2　李伯重．简论"江南地区"的界定［J］．中国社会经济史研究，1991（1）：100–107

3　傅熹年．试论唐至明代官式建筑发展的脉络及其与地方传统的关系［J］．文物，1999（10）：81–93

4　潘谷西，何建中．《营造法式》解读［M］．南京．东南大学出版社，2005：169

5　明代从开国起就实行"工匠役制法"。全国各地的各行工匠每隔几年就要调到京城服役三月至五月，叫"轮班"。北京附近的匠人每月服役一旬叫"住坐"。当时轮班的油漆妆銮匠人，据《明会要》书中记载，规定为六千七百一十人。这些画工经常跋涉在京都与外地的旅途中。供役制度使得地方彩画与官式彩画得以不断地交流，与互相借鉴，并且明初苏州香山帮匠人大量进京轮班，对促成官式彩画的形成有重要影响。见：秦岭云．民间画工史料［M］．北京：中国古典艺术出版社，1958：14

样，极具参考价值。金殿建在天柱峰最高处，重檐庑殿顶，坐西朝东，面阔三间。金殿的铜构件线刻镏金，保持了建成之初的纹饰，室内檐下部分作旋子彩画，天花部分饰祥云，室外的门窗与檐部檩条等也作旋子彩画雕饰（表 2.1）。

明代是官式旋子彩画发展的重要时期，虽然形式较不稳定，但逐渐向规范化发展。这一时期的旋子彩画旋子彩画采用三段式布局，并非清式的分三停。藻头部分旋花多呈长圆形，不同于清代的圆形，明代早中期旋花的花瓣也多有抱瓣。旋花图案有八瓣式，也有如意头式，花心部分变化较多，有荷莲华、如意华、石榴华，藻头部分的组合方式主要有清代习惯称呼的“一整两破”、“喜相逢”、“勾丝咬”和“金道冠”构图形式。

表 2.1 武当山金殿构件彩画线描图

序 号	位 置	名 称	彩画照片	彩画线描图
1	上檐次间额枋	金道冠		
2	上檐明间额枋	一整两破两路		
3	上檐平板枋	降魔云		
4	下檐次间大额枋	抱瓣旋花		
5	下檐次间小额枋	圆旋花		
6	下檐明间大额枋	一整两破加卷叶		
7	童柱、将出头	如意盒子		
8	霸王拳，柱头	祥云纹、牡丹纹、如意纹		
9	侧立面挑檐檩，随檩枋	一整两破（圆旋花加如意头半旋花）		
10	正立面挑檐檩	旋花加盒子，一整两破		
11	椽头飞头	火焰宝珠纹		

除武当山金殿彩画外，现存旋子彩画主要集中在京畿地区，故宫的南薰殿、钟粹宫、北京东城的智化寺、西山的法海寺、潭柘寺、昌平的十三陵大石牌坊、昭陵明楼等建筑都保留着明代不同时期的管式建筑彩画，北京以外的四川、湖北、浙江也保留有部分明代旋子彩画。

浙江绍兴吕府与何家台门木构建筑上同样保留有明代中晚期旋子彩画（图 2.13），绍兴吕府[1]建于明代万历十一年（公元 1583 年），是太子太保文渊阁大学士吕本的住宅（官至从一品），后改为祠堂，其主体建筑为永恩堂，共七间，明间及东西次间通作一间，其余各间均以墙分隔，形成三明四暗格局。永恩堂明间为七架抬梁直梁体系，其余边贴取穿斗式，结构简洁，大厅除后轩梁外，其余梁架皆绘如意头造型官式彩画；何家台门是明代南刑部郎（官至二品）何继高[2]的住宅，仅存大厅一进，其构件皆绘青绿旋子彩画。这两处彩画均直接绘于木表，为无地仗彩画，褪色严重，且表面污浊，只有局部旋花图案可以辨认。在构图上均采用“一整两破”外形如意头式旋子彩画，枋心处为素地，旋瓣均为长圆形，花蕊部分为仰俯莲加如意头与仰俯莲加石榴头两种类型（表 2.2）。

图 2.13　吕府永恩堂与何家台门大厅彩画布局

表 2.2　吕府永恩堂与何家台门大厅旋子彩画比较

建筑	构件彩画案例分析
吕府永恩堂	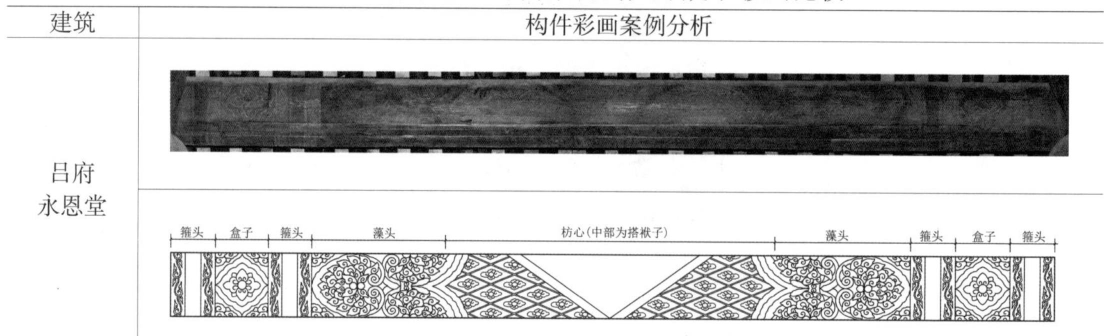

1　吕本（1503 — 1587）：字汝立，号南渠，明代余姚人，嘉靖十一年进士，官拜太子太保文渊阁大学士。
2　何继高：字泰宁，何诏之孙，峡山人氏，明代万历进士，官至南刑部郎。

续表

建筑	构件彩画案例分析
何家台门大厅	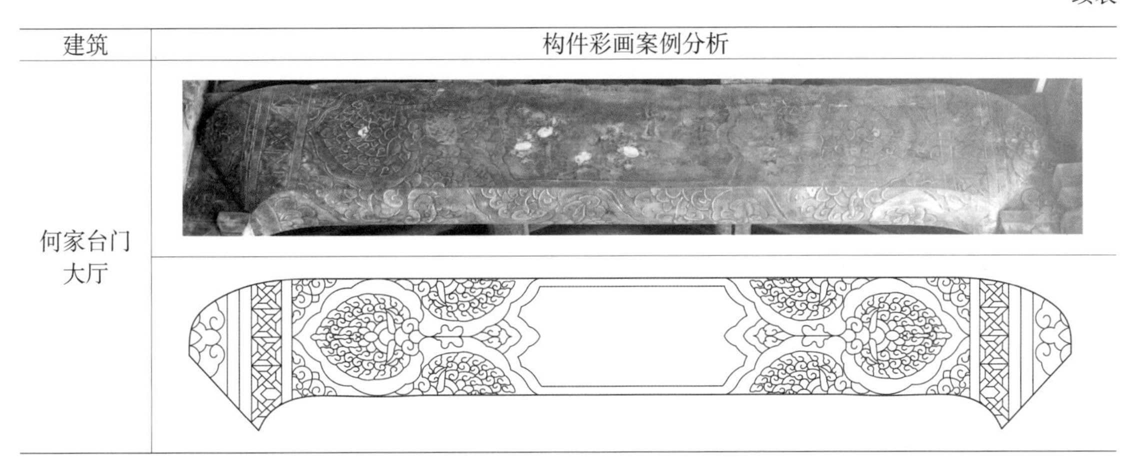

江南官式彩画构图上出现了箍头、藻头、枋心的格局。枋心的构图在 1/3~1/4 之间，藻头为一整两破的格局，旋花狭长，而非整圆，花心为如意莲瓣。整体色彩是青绿色调，无贴金。

除去上述两个实例，明代中期江南画坛四大家之一，仇英的作品《汉宫春晓图》[1] 中我们可以很清楚地看到梁架上的旋子彩画，旋花图案狭长，非整圆，花心为石榴头，含有两层花瓣，里为凤翅瓣，外为圆形旋瓣，藻头部分采用“一整两破”的格局，枋心部分为素地，枋心大线随形，为三段内弧。与北方明代中期官式彩画极为相似，并且色彩也选用青绿色调，其梁架上的彩画可作为明代江南官式彩画的见证（图 2.14，图 2.15）。根据明代张潮《虞

图1 仇英<汉宫春晓图>局部——月梁上绘一整两破青绿彩画

图2 仇英<汉宫春晓图>局部——直梁上绘一整两破青绿彩画

图3 仇珠<女乐图>局部——直梁上绘两破青绿彩画

图4 仇珠<女乐图>局部

图 2.14　仇英父女画旋子彩画

1　仇英（约 1501—约 1551）：字实父，号十洲，太仓人，居苏州。

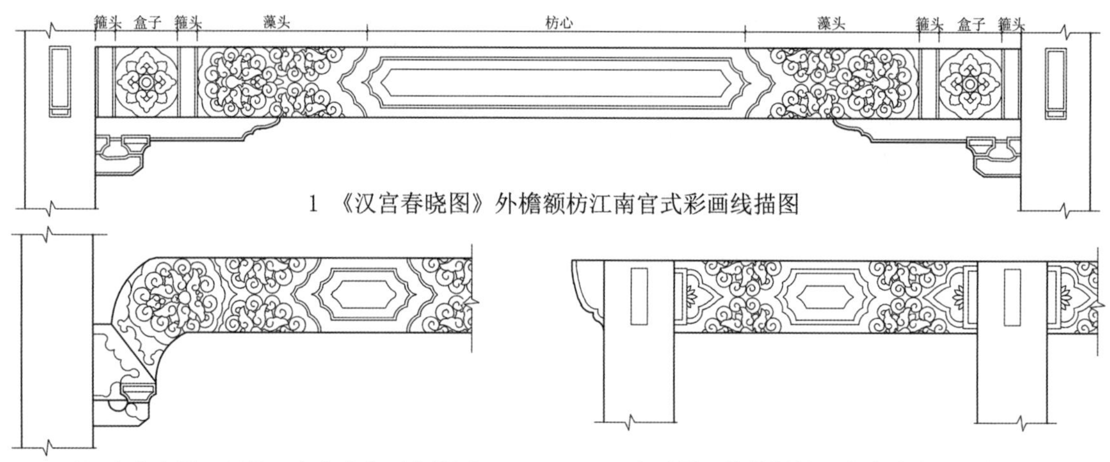

1 《汉宫春晓图》外檐额枋江南官式彩画线描图

2 《汉宫春晓图》月梁江南官式彩画线描图　　3《女乐图》外檐额枋江南官式彩画线描图

图 2.15　仇英父女绘画作品中的官式彩画线描图

初新志 · 戴进传》中附记仇英云："仇英出生于贫寒家庭，其初为漆工，皆为人彩绘栋宇，后从而业画。"[1]可见他最初为一民间画工，当时画工可能也兼职漆工，仇英在文人荟萃的苏州地区和等级观念强烈的社会以一个出身低微的画工跻身于画家之林，且其绘画风格以写实见长，他画中所绘的彩画样式应为苏南一带的官式旋子彩画。仇英女儿仇珠也为当时女画家，画风与其父相仿，她的作品《女乐图》收藏于故宫博物院，其上所画青绿彩画与其父的绘画相近。

江南地区除去官式建筑中使用青绿旋子彩画外，一般的庙宇、官宅、宗祠都采用有地方特色的包袱锦彩画，这种彩画的选用与整个区域的社会环境相适应。其原因是江南自宋代成为全国三大丝绸生产中心之一后，经过元代的过渡，到明后期成为全国最为重要的丝绸生产基地，蚕桑丝绸商品生产日益兴盛，出现普遍化的倾向，并且在南京、苏州、杭州等江南城市，集中了全国最为主要的官营织造机构，承担了大部分官用缎匹的生产[2]。丝绸纹样以其高雅清新的风格特征在各种不同门类的艺术品多被借鉴应用，一时蔚然成风。彩画的图案也多来源于丝绸图案，并且在色彩搭配上也模仿丝绸的配色原则，非常清新秀雅，这一时期江南高等级建筑有绘织锦彩画的风气。

图 2.16　江南地区明式彩画分布图

现存明代江南彩画实例究竟有多少处，难以下结论，这是由于在中国古代社会，画师并没有在彩画上面题名的权利，所以彩画的断代就成为研究彩画演变的最大问题，而且大多数彩画的残损周期小于木构架的损坏周期，所以

1　林家治，卢寿荣．仇英画传［M］．济南：山东画报出版社，2004：3

2　刘兴林，范金民．论古代长江流域丝绸业的历史地位［J］．古今农业，2003（4）:56

建筑的建成年代与彩画的绘制年代往往不一致，我们不能仅依据建筑年代来断定彩画年代。建筑的年代只能给我们提供一个彩画年代的上限，即彩画最早可能绘于何年代，再根据彩画的图案、构图与地仗层的薄厚等多种因素进行综合考虑，对彩画的绘制年代进行大体判断，从而确定彩画的风格特征。其次，建筑年代本身就存在很多的问题，有的建筑始建于某年代，而实际上后代经过不断的修缮，其建筑结构也不断被改造或替换，每次建筑构件的更换都会带来彩画的重绘。图 2.16 中所列的 13 处彩画地点，其建筑年代均为明代，通过对其彩画的构图、纹样与色彩的分析发现这部分彩画绘制精美、样式珍稀，其中明代彩画遗存比较确定的是徽州呈坎乡罗东舒祠宝纶阁、绍兴吕府、绍兴何家台门，其余如綵衣堂、脉望馆、唐模高阳桥、冯岳台

图 2.17　宝纶阁彩画（张仲一先生绘制）[1]

1　孙大章 . 中国古代建筑彩画［M］. 北京：中国建筑工业出版社，2005：123-139

门则有可能是清代绘制，但具有明代包袱锦彩画特征，故将其称为明式彩画[1]。

东南大学中国建筑研究室（南京分室）[2]张仲一先生，在1958年对皖南明代彩画做过调查，并对其图样进行临摹，绘制了一批精美的图样，今天这批珍贵的彩画临摹品珍藏在中国建筑设计研究院历史所（图2.17）。这批彩画图纸既写实又传神，将江南彩画的神韵通过笔墨完整地再现出来，令人叹服。此外，张仲一先生还完成“皖南明代彩画”一文，文中深入分析了呈坎乡罗东舒祠宝纶阁、休宁县枧东乡吴省福宅及西溪南乡黄卓甫宅三处彩画案例。他认为皖南彩画均构图自由，不似北方那样更呈式拘束，用色素净淡雅，直接绘于木表，故颜色显得较为透明，看去活泼而有生气。因为用笔一气呵成，并不注重涂饰，因此看去宏伟有力，线条生动，远看固佳，近看亦耐人寻味。[3]

2.5.2 清代江南彩画

清代，北方的官式建筑彩画已经发展的相当成熟，旋子、苏式宝珠吉祥草、海墁彩画均已成型。清代早期以前江南彩画还继续明代晚期风格，以包袱锦彩画为主。到了清代中晚期又增加了堂子画，此类彩画以堂子内写生绘画为主。这是由于自明朝末年开始，整个时代已经变得非常世俗化了，小说、戏曲、文人画、版画的兴盛都为彩画提供了大量可以借鉴的素材。清代江南彩画盒子中的戏曲故事、花鸟鱼虫呈现给人们的已经不是抽象的华纹和锁纹图案，而是有现实人情味的世俗生活喜好了，尽管这远不及文人艺术趣味那么纯粹、高雅，但是这些却充满了生命的活力，清中后期的彩画向我们展开了一幅幅世俗生活的画廊。此外，清代中后期江南地区的彩画相对较多，苏南、徽州、浙江等地的建筑彩画地域特征逐渐清晰起来。

这一时期苏南地区除了宗教建筑仍采用彩画装饰以外，住宅的装饰重点转变为雕刻，一般的高等级住宅仅在大堂檩脊上绘制一幅五墨包袱锦，其余构件都作油饰。宗教建筑中多绘天花彩画，木构架仅作油饰，现存彩画主要在苏州城隍庙、江阴文庙、苏州西园寺、东山久大堂、白沙湾达顺堂等地；徽州地区彩画一般也是住宅的厅堂仅天花有彩绘，主要集中在黟县周边地区，时间在清道光以后，绘制精美，部分彩画作品堪比文人画，如：黟县萃和堂、瑞玉堂，南屏倚南别墅、宏村陪德堂（图2.18）、树人堂等；浙江地区建筑基本以木雕、雕彩、天花彩画、墙面墨绘为主，且分布较散，一般在宗祠或庙宇中绘制，图案以戏文为主，也有山水、花草、鸟兽之类，如：榉溪孔氏家庙、楠溪江水云村赤水厅、杭州文庙大雄宝殿、浔里文昌阁（图2.19）等。

清末太平天国时期是清代江南彩画发展史上的最后一个高峰期，这批彩画主要集中在江南各地的太平天国王府，壁画与彩画都大量涌现，彩画的绘画质量较高，绘画风格延续了清末的风格，并没有大的突破，只是在内容上不绘人物是该时期的最大特点。据丁守存《从军

1 明式彩画之说最早是东南大学陈薇教授在其硕士学位论文《江南明式彩画》中提出。所谓明式彩画是指那些明代所作的，或者后人在原作上重绘但留有原来风格的，甚至虽清代绘制但模仿明代建筑风格和样式的彩画。

2 当时由北京建筑科学研究院（中国建筑设计研究院前身）与南京工学院（东南大学前身）合办中国建筑研究室，分为南北两研究室。在50年代对南北方彩画进行考察，1954年，北室的林徽因先生与其余工作人员对北方彩画进行研究，完成《中国建筑彩画图案》。

3 建筑理论及历史研究室南京分室．建筑历史讨论会文件：第2集．南京：东南大学资料室，1958：1–11

图 2.18 徽州陪德堂楼梯间天花彩画

图 2.19 浙江浔里文昌阁

图 2.20 苏州忠王府工字厅次间脊檩包袱彩画

日记》中记载，太平军在建都天京后，设在上街口（今洪武路）的绣锦衙主彩画事，多以两湖太平军中的"知画者"为骨干，兼收民间画师、画匠和部分士大夫画家。彩画成就最高者当为苏州太平天国忠王府（图 2.20）、常州金坛戴王府、金华侍王府，清朝末年，外侮内乱，各种行业日趋衰微，随着画行的倒闭，地方彩画工艺也逐渐失传。

2.6 江南彩画衰落期：民国建筑彩画

2.6.1 民国时期

19 世纪末 20 世纪初，在整个社会大变革的背景下，延续了数千年的木结构建筑营造体系被改变了，在"民族复兴"主义的影响下，一批外形继承传统大屋顶建筑风格、结构上采用钢混与砖混的"折中主义"建筑应运而生，以当时中华民国的首都南京为中心，向四周辐射。这批民国建筑，在室内装饰方面采取中西合璧风格，其中建筑的内外檐及天花部分采用北方官式彩画样式。根据调研，南京地区目前有二十多处建于 20 世纪 30 年代的民国建筑绘有彩画（表 2.3），主要有原国民政府行政院、监察院办公大楼、中山陵（图 2.21，图 2.22）、原国民党中央监察委员会（图 2.23）、宋美龄别墅（图 2.24）等建筑，这些建筑彩画的题材来源于清末官式玺彩画与旋子彩画，并在其基础上进行简化。彩画的设计上也主要由建筑师参与，著名建筑师吕彦直与杨廷宝曾设计过建筑彩画。在彩画施工方面，与木构建筑类似，构件表面不需要作厚地仗，仅打底找平即可，颜料使用方面除矿物颜料外，还采用部分进口颜料，如洋青、洋绿。施工主要由当地画工负责，苏州横街几家画铺就曾经到南京绘制彩画，据彩画匠师薛仁元回忆，他父亲曾参与过总统府与原国民政府交通部大厅的彩画工程。在最近的十年内大部分民国彩画已经重绘，部分延续了原有彩画样式，大多数经重新设计绘制，通过调研发现重绘的彩画无论从材料到工艺都不及民国年间。

图 2.21　中山陵祭堂天花彩画

图 2.22　中山陵藏经楼大厅旋子彩画

图 2.23　国民党中央检查委会旧址和玺彩画

图 2.24　宋美龄别墅入口外檐旋子彩画

表 2.3　南京民国建筑彩画分布

号	建筑名称	原建筑名称	主要建筑	始建年代	彩画位置
1	解放军南京政治学院	原国民政府行政院、原国民政府粮食部	行政院主楼、粮食部主楼	1930 年	外檐部位
2	军人俱乐部	原国民政府立法院、监察院办公大楼	立法院、监察院	1935 年	外檐部位
3	南京军区档案馆	原国民党中央监察委员会办公楼	中央监察委员会办公、牌楼	1937 年	外檐部位
4	中国第二历史档案馆馆舍	原国民党中央党史史料陈列馆	史料陈列馆	1936 年	外檐部位
5	南京师范大学老校区	原金陵女子大学教学楼	会议厅、科学馆、图书馆	1921 年	外檐部位
6	中山陵	中山陵	中山陵祭堂、谭延凯墓祭堂、藏经楼、流微榭、仰止亭、行健亭	1926 年	外檐、天花
7	还都纪念塔	还都纪念塔	还都纪念塔	1940 年	内外檐
8	美庐	小红山官邸	美龄宫、宫门	1931 年	外檐、天花
9	南京市人民政府	原国民政府考试院	东大门、武庙大殿、宁远楼、华林馆、宝章阁、西大门、问礼亭	1931 年	外檐部分
10	江苏省人大常委会	原国民政府外交部大楼	外交部大楼	1934 年	内檐及天花彩画
11	南京工业大学	原国民政府资源委员会	国民政府资源委员会、大门	1947 年	外檐部位

续表

号	建筑名称	原建筑名称	主要建筑	始建年代	彩画位置
12	中国科学院江苏分院	原国民政府国立中央研究院	总办事大楼	1947 年	外檐部位
13	鼓楼区人民政府	中英庚款董事会	中英庚款董事会	1934 年	外檐部位
14	南京大学	金陵大学	东大楼、北大楼、校史陈列馆	1913,1936,	外檐、天花
15	钟山宾馆	励志社	大礼堂、一号楼、三号楼	1929–1931	外檐部位
16	江苏议事园	华侨招待所	华侨招待所	1933 年	外檐部位

2.6.2 中华人民共和国成立到现在

中华人民共和国成立初期，除北京部分官式彩画还在继续外，各地的彩画作坊基本倒闭，尤其经历“文革”“破四旧”之后，传统画匠都被迫转行，传承千年的彩画艺术就此中断。改革开放后，随着全国仿古建筑的兴起，很多地方又开始重新在构件表面油饰彩画，但是由于老一批彩画匠师的离世，使得地方彩画传承出现断层，各地都模仿官式彩画做法，已经丧失了民式彩画的内涵，毫无地方特色可言，不仅造成资源浪费，还对古代建筑的风貌有负面影响。此外，彩画工艺也已经简化甚至退化了，比如用乳胶漆代替骨胶、化工颜料替代矿物颜料，特别是画工水平的普遍下降，导致彩画的质量无法与清代相比。

总之，随着社会的加速发展和生活节奏的加快，工艺中的细节被肤浅地认为是浪费时间，但在精简工艺的过程中也将一些最精华、最传神的传统失去。20 世纪仅仅一百年的时间，由于社会变革、传统建筑体系的断裂、营造材料与营造方式的变化，精美的江南彩画渐渐地退出了历史的舞台。

2.7 小结

本章节依据古建筑彩画的发展大致经历的五个阶段：初生期、原创期、发展期、规范期、衰落期，对江南地区彩画的发展脉络进行梳理。魏晋南北朝及以前是彩画的初生期，主要通过文献与地下墓葬资料的相互对照来理解该时期江南彩画的状况。隋唐—五代为彩画的原创期，以五代南唐二陵与吴越国康陵的墓室彩画成为江南官式彩画的代表。宋代是彩画的发展期，最终完成了对壁画的脱离，成为独立的审美艺术，从法式彩画作可见这一时期的彩画虽然附着于建筑，但却在构图方面较少受建筑整体艺术的约束，创作较自由。南宋时期《营造法式》在杭州的刊行，推进了《法式》“彩画作”图样在江南地区的流布。明朝以后，彩画的发展逐渐规范化，各地官式建筑多采用青绿彩画，除官式建筑外，江南地区民间高等级的庙宇、祠堂、民宅则采用形式多样创作自由的地方彩画，在苏南、皖南、浙江等地呈现出不同的风格特点。民国后，彩画发展进入衰落期，江南重要城市南京、上海、杭州等地兴建一批其檐外与室内装饰均仿北方官式的彩画，地方彩画逐渐被淘汰。解放后，尤其是“文革”以后，地方画师被迫转业，流行于江南一带的传统彩画工艺已经成为历史，一去不复返。

第三章　明清江南地区建筑彩画形式特征分析

彩画保护的目的是最大限度地保留其真实性和完整性。完整意义上的保护是在关注本体保护修复技术的同时，也关注对彩画的诠释与研究，强调对彩画的历史规制、现状分布、艺术特色、技艺和材料沿革等的研究。从某种角度上讲，彩画保护最终目标就是延续其形式与工艺。故本书在探讨江南彩画保护修复之前，先对其形式特征进行总结。

江南彩画，与北方官式彩画风格迥异，不求雄奇博大，以形式多样、富丽高雅在中国古建彩画中独树一帜。现存江南彩画数量稀少，以清代彩画居多，明代极少。且外观上破损严重，很少能够看到其绘成之初时美轮美奂的装饰效果。整体而言，地域性大于年代性，但仍依稀能看出清代中期以前的彩画以包袱画居多，清代晚期才增多以写实绘画为主的堂子画。本章前半部分论述江南地区苏南、徽州、浙江三地彩画的总体特征，他们在体现出色彩丰富、纹饰多样，以及构图率性自由的同时，也体现出地区特征的丰富性。其中苏南彩画以精雅富丽见长、徽州彩画更具文人气质、而浙江彩画则偏于世俗人情味。本章后半部分即从构图、纹样与色彩逐一分析画师所传达的艺术构思。

3.1　江南建筑彩画总貌

中国的地域装饰文化千差万别，蕴含了不同的地域性与时代性。江南地区彩画在工艺程序、构图、设色、纹样上均有独特性，体现了其特定的建筑特征、空间关系和审美情趣。明清时期江南地区经济繁荣、丝织业发达。江南文化从审美的角度来看，被喻为“诗性文化”，在建筑及装饰上带有浓郁的文人气息，体现了一种“发乎情、止乎礼”的审美追求。区域文化造就了“尚雅”的装饰特征，建筑外观白墙黛瓦，室内装饰以雕刻为主，彩画次之。与现存同时期的北方地区、西南、闽南、西藏等地区的彩画相比，江南彩画数量少、格调高、类型多。

3.1.1　江南建筑彩画分布范围

自 2006 年始，笔者与课题组其他成员一起开始对江南地区彩画进行调研，这次调研主要包括调研测绘、匠师访谈、工艺模拟等。据目前调研结果与收集资料[1]来看，该区域明清时期木构建筑彩画 200 余处。由于整个江南地区气候高温高湿、日照充分，多数彩画都已经褪色、脱落。保存较好的不足百处，且主要集中在苏南与徽州地区，浙江彩画较少。对照 1959

1　由于江南木构彩画数量稀少，很少受学界关注，这对彩画资源的收集造成较大的困难，调研的地点一方面得益于东南大学陈薇教授的硕士学位论文《江南明式彩画》所提到的地点，另一方面通过联系各地文物部门，咨询，以及查阅古建书籍、网络资源。

1 苏州陕西会馆梁枋彩画（薛仁生临摹）

2 苏州解放初旧邮局包袱锦彩画（薛仁生临摹）

3 苏州申时行祠享堂边贴梁柱彩画（薛仁生临摹）

4 休宁县吴省初宅彩画（张仲一临摹）

图 3.1　已经消失的彩画

年薛仁生画师受苏州市文物保管委员会邀请临摹八处建筑彩画小样并出版《苏州彩画》一书，书中的三处建筑及彩画（陕西会馆、申时行祠、原邮局古建筑）已在解放初破四旧时拆除（图 3.1）。再对照 20 年前陈薇教授的调研，很多实例已经不存或损毁得不可辨识。由于江南地区彩画长期不受重视，在评定文物等级时无法凸显其应有价值，部分建筑因未被纳入文保体系中而被拆除，如黄山市休宁县的绘有明代彩画的建筑枧东乡吴省初宅[1]就不知去向。黄山市程氏三宅旁的程氏祠堂在2006年的调查中始发现梁栿上绘有彩画，但当 2008 年再度踏访时只余下瓦砾一片。

图 3.2　江南地区保存较好的彩画地点分布图

（红点代表彩画分布相对较密集的地方）

对整个江南彩画调研地点进行筛选后发现，目前苏南地区保存较好的、较为典型的彩画地点有 52 处，徽州 32 处，浙江省 24 处（图 3.2）。其中每处都有一座建筑或多座建筑上绘有彩画。这三个区域由于文化背景相似，同多异少。建筑彩画多绘于庙宇、祠堂及官商住宅内檐中，以包袱锦与天花彩画为主，五彩并重，工艺上继承了宋代彩画直接绘于木表的做法。此三区域的彩画从类型上来看，苏南彩画以包袱彩画为主，皖南与浙江现存明式彩画多包袱锦，清代以天花彩画为主。

1　1958 年，东南大学张仲一老师曾经对徽州明代彩画做过研究，其中就包含有吴省初宅，详见：张仲一 . 皖南明代彩画［C］// 建筑理论及历史研究室南京分室．建筑历史讨论会文件：第 2 辑． 南京：东南大学资料室，1958.

3.1.2 江南建筑彩画的等级

关于江南彩画等级，根据对苏州以及浙江彩画匠师的访谈，了解到清末江南彩画匠师既做佛像装銮，也做建筑彩画，他们将其统称为"作五彩"，并且彩画与装銮的评定等级是一致的，都在大类上分为上、中、下五彩三个等级，这与《法式》"彩画作"的分类方式相近。《法式》卷第二十八"诸作等第"条中对建筑彩画的等级做了明确的规定："五彩装饰（间用金同）；青绿碾玉。右（上）为上等。青绿棱间、解绿赤、白及结华（画松文同）；柱头、脚及搏画束锦。右（上）为中等。丹粉赤白（刷土黄同）、刷门、窗（版壁、义子、钩阑之类同）。右（上）为下等"[1]，由此可见彩画在大类上分为上中下三个等级，各等级又含不同类型的彩画；此外，王世襄先生编著的《清代匠作则例汇编》[2]中也对装銮作分为上、中、下五彩三大类；在苏绣中也基本分为"显五彩、雅五彩、素五彩"并对应上、中、下三等，可见这种分类方式由来已久，并普遍应用。

关于上、中、下五彩具体的纹样及用色特征根据文献记录有如下三种观点：分别是观点一，陈薇教授当年对苏州画师[3]访谈记录；观点二，毛心一先生"苏州建筑彩画艺术[4]"一文中的分类方式；观点三，马瑞田先生在《中国古建彩画》[5]一书中对南方彩画的分类。列表分述如下（表 3.1）。

表 3.1 江南彩画等级分类观点

观 点	上五彩	中五彩	下五彩
一	沥粉后补金线，民间称为沥粉贴金，退晕多为四道。	不沥粉，而是拉白粉线，线条微凸，称为着粉。	既不沥粉，也不拉白粉线，仅以黑线拉边，称作拉黑。
二	花色复杂多样，以锦纹为主、着色退晕，沥粉、装金，多用于高等级建筑中。	花色较为简单，以花草为主，五色退晕、不沥粉、平底装金。	花纹、图案及框线，均用拉黑，一般不画轮廓外棱线，退晕简单，通常退二色。无沥粉无金饰。
三	沥粉贴金，用于高等级建筑	无沥粉贴平金	无沥粉，无金饰。

上述观点基本一致，只是详略有所差异，可见彩画的等级主要体现在用金量和工艺的复杂程度上。在用金方面，"上五彩"与"中五彩"中，上五彩更强调沥粉贴金，而中五彩以平贴金居多，关于下五彩的认识则是相同的，即为无贴金，仅以黑线勾边，晕色简单。明末以后，江南地区社会环境较为宽松，彩画的绘制更加注重装饰效果，由于建筑等级的限制，大部分建筑彩画都是局部平贴金，沥粉贴金者较少，依上述标准而论，上五彩使用较少，中五彩与下五彩居多，而中五彩往往在枋心中部局部贴平金。此外，在同样一座高等级建筑中，三种不同等级的彩画会根据建筑空间的重要程度，分别施用于不同的梁枋、檩条部位。

3.1.3 江南建筑彩画的分类

整个江南地区明清建筑彩画的分类是研究中的难点，根据现存实例来看，建筑彩画年代

1 李路珂.《营造法式》彩画研究［M］. 南京：东南大学出版社，2011：72

2 王世襄. 清代匠作则例汇编［M］. 北京：中国书店出版社，2000：53

3 陈薇教授当年对苏州画行知名的薛仁生画师与陈远义画师的访谈。薛师傅为祖传彩画匠师，他所说的上、中、下五彩主要针对佛像装銮，因为其家族主要以佛像装銮为主业，彩画仅为副业。

4 毛心一. 苏州建筑彩画艺术［M］// 建筑史专辑编辑委员会主编. 科技史文集：第 11 集. 上海：科学技术出版社，1980：97-103

5 马瑞田. 中国古建彩画［M］. 北京：文物出版社，1996：64

的上限为明中晚期，以清代建筑彩画居多（详见附录表格）。学术界往往认为江南大木构彩画就是包袱彩画，实际上包袱彩画作为江南明式彩画的主体及最精华的部分当之无愧，但整个江南彩画的类型远不止此，由于彩画的绘制受地域环境、建筑等级、房屋主人与画师个人风格的影响，彩画类型复杂多变，很难入手，即便如此，从整体上看还是有迹可循。

江南地区的彩画主要集中在大木构架上，小木作部分只有天花部分作彩画的习俗，故按部位江南彩画分为大木构架与天花藻井两部分[1]。

在大木构彩画中，江南彩画还可分为官式彩画与民间彩画两部分。官式彩画即为青绿彩画（以旋花纹与如意纹为主体），主要用于高等级官式建筑中。其余部分为民间彩画，作为匠画艺术，这部分彩画形式自由，构图灵活性大，在分类上，民间彩画根据构图有无枋心分为两大部分——枋心彩画和无枋心彩画。枋心彩画在清代中期以前应用最为广泛的是包袱锦彩画，主要源于彩画为江南地区的上层社会所服务，其图样必须要迎合主人的趣味，故多借用丝织品艺术，无论从构图、纹样、色彩都深受其影响。关于包袱锦彩画成型时间还需考证，据陈薇教授在 1985 年对江苏东山薛仁生师傅的访谈中了解到，薛仁生师傅的祖辈曾跟他讲过在明代江南包袱锦彩画已经成型。但从明中晚期吴门派画家仇英的《宫蚕卷》[2]中可见梁栿遍绘龟背锦纹，局部绘宝相花，还不见包袱的形式（图 3.3）。宝纶阁彩画箍头的如意纹加十字别（图 3.4）与徽州歙县许国牌坊（明代万历年间）枋石雕梁栿上的纹饰（图 3.5）非常相近，且接近于宋代彩画端头作如意角叶的形式。上述明代彩画实例证实江南地区明代彩画多织锦纹装饰，且部分彩画延续宋代风格。关于包袱彩画的定义，陈薇教授在《江南包袱彩画考》[3]一文中指出：“所谓包袱彩画，是形如用织品包裹在建筑构件上的彩画。”其概括恰如其分。根据调研，在苏南、徽州、浙江明末清初凡是绘有彩画的建筑，其彩画几乎都属于包袱锦类型，而在清晚期以后枋心彩画的类型则进一步扩大。从毛心一先生在 20 世纪 70 年代对彩画匠师的访谈记录中了解到，清末苏南地区将彩画称之为堂子画，这类彩画依据木构架长短分为三部分，中间部分称为“堂子”或“袱”，左右两端叫包头，靠近堂子的两端称为地。堂子部分根据具体绘画内容再分为：景物堂子[4]、人物堂子、清水堂子、花锦堂子，此类彩画中花锦堂子延续了包袱锦彩画的特点；另一部分已经在绘画题材上以花鸟、山水、人物画为主。堂子画在太平天国王府、苏州西园寺中应用广泛。无枋心彩画主要用于大木构架的次要构件，如檐檩、随檩枋、单步梁、双步梁等，主要有三种类型，一类为仅有箍头彩画，还有一种类

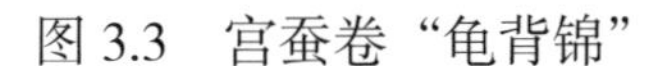

图 3.3　宫蚕卷“龟背锦”

图 3.4　宝纶阁檩条如意藻头

图 3.5　许国牌坊额枋藻头彩画

1　中国传统建筑的木作体系包括大木作和小木作，大木作是建筑的梁柱框架结构，小木作一词来自宋《营造法式》是相对于大木作而言的，是建筑木作中不属于建筑大木构架部分，对建筑不起结构支撑作用的木作装修构件，主要包括门窗、隔扇、天花藻井、栏杆、胡梯、龛橱佛帐以及一些室外木作小品。

2　嘉靖十三年（1534）仇英作《宫蚕卷》，文徵明为之题所作《宫蚕诗》。详见：江洛一，钱玉成．吴门画派［M］，苏州：苏州大学出版社，2004：100.

3　陈薇．江南包袱彩画考［J］．建筑理论与创作，1988（总 2）：18

4　景物堂子中绘有：“国画、花卉、博古、山水、八结、飞禽走兽、云纹等”。

似于官式苏画中的海墁式，即彩画无构图，在木构表面作浅色地，其上绘串枝牡丹，或藤萝一类的爬蔓花卉；再有一类为木构表面绘松木纹。关于浙江地区清代大木构彩画，遗存极少，但在构图上与苏南堂子画极类似，由于未能找到传统彩画匠师，暂归为此类，徽州地区清末大木构架上几乎没有彩画。

关于天花藻井彩画多绘于庙宇，由于绘制时需要画师仰头翻手高空作画，俗称“朝天画[1]”。其中藻井彩画在浙江遗存较多，多为清末绘制，为素地画，以白色作地为主，其上绘祥瑞异兽，图案轮廓单线平涂、不沥粉、不贴金，色彩淡雅而鲜明。苏南地区与浙江地区彩画在构图上差异不大，但在色彩方面苏南地区多用群青与墨色，而浙江地区天花彩画的色彩更为丰富。徽州地区的天花彩画最为独特，主要是民居天花板上绘制的锦地画，无论纹样还是构图全部借鉴丝织品样式，以锦地开光与锦地添花（或称之为锦上添花）两种天花彩画为主流，还有部分简单的素地锦。需要注意的是，在徽州地区的天花彩画有一部分是在纸上作画，属于软天花裱糊在吊顶上的，绝大部分彩画仍直接绘于木天花板。

总之，江南彩画作为南方彩画的重要组成部分，是在不违背等级制度的前提下形成的不拘泥于固定形式的彩画类型，体现了群众艺术与文人审美的完美结合[2]。由于其地域分散、年代跨度大、数量稀少，只能勉强为绝大多数彩画进行归类，实际上无论何种分类方法，对于创作灵活的民间彩画而言，都难以处理妥善，往往会造成混淆不清的疑点。故上述分类仅作参考，亦为将来学人作抛砖引玉之用（表 3.2）。

表 3.2　江南地区建筑彩画的主要类型

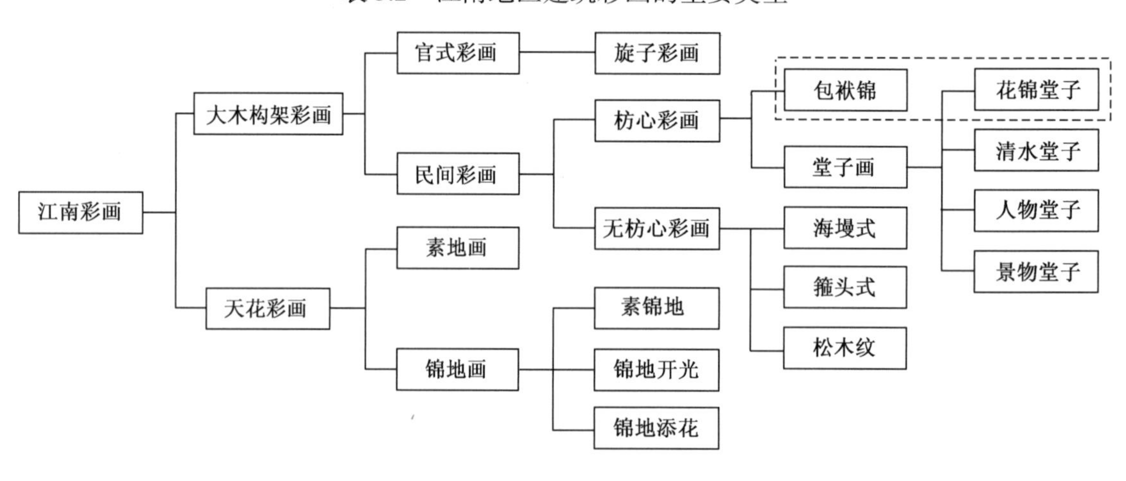

3.2　苏南彩画概况

苏南[3]一带是明清江南彩画的集中地，主要分布在环太湖流域的苏州、无锡、常州、常熟等地（图 3.6）。苏州彩画几乎占到整个苏南彩画的 85%。保存较好的苏南彩画共有 52 处，

1　对于小型的天花板，可以先将彩画画好再放置上去，但对于构件面积较大的彩画，只能由画师仰头翻手搭脚手架高空作画。

2　如果我们把原始社会的彩陶艺术、商周以来的青铜艺术、秦汉以来的画像石及画像砖艺术、南北朝到隋唐的寺院、石窟雕刻及绘画艺术、明清时期的文人画及明以后的官式彩画，就可以看出中国数千年的文明中，有着十分宏大的艺术体系。单从绘画方面来看，宫殿壁画、石窟寺观壁画具有广泛性的群众艺术，这一艺术体系与文人艺术体系有很大不同。详见：赵声良. 敦煌艺术十讲［M］. 上海：上海古籍出版社，2007：36. 笔者认为江南的彩画恰恰是两者的结合点，达到群众艺术与文人审美的完美结合。

3　苏南地区主要指江苏省长江以南的城市：南京、常州、镇江、无锡、苏州。

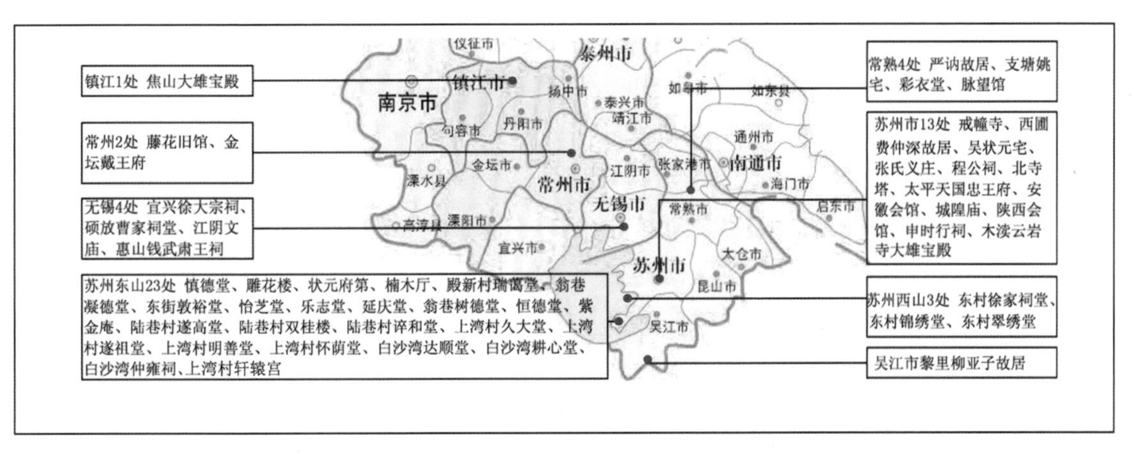

图 3.6　苏南建筑彩画分布图

主要集中在官商住宅（38 处）、庙宇（7 处）、祠堂（5 处）、会馆（2 处）中，其中庙宇彩画多重绘，住宅与祠堂彩画往往得以保留清代中期[1]以前样式，其精美的包袱锦彩画足以代表江南彩画的艺术成就。从整体趋势上看，清末北方的官式建筑彩画已经发展的相当成熟，而苏南彩画的发展却进入了消亡时期。

清末苏南彩画逐渐退出住宅室内装饰的舞台，大部分的彩画多局限于庙宇建筑中，如：佛寺、孔庙、城隍庙等建筑中，在这种情况下从事彩画的画师多以佛像装銮为主，他们仅在庙宇绘天花彩画，但即便如此，画师的工作量也不是很大，有些时候为了生计，他们还兼作油漆工、匾额工。所以在清末的时候从事装銮、彩画的队伍已不多见了，其中手艺精湛者更是凤毛麟角。根据目前调研结果来看，苏南彩画主要以大木构彩画为主，分为住宅与庙宇彩画两部分。

3.2.1　住宅及祠堂、会馆彩画

苏南地区殿堂式住宅、祠堂及会馆建筑布局较为相似，这部分建筑的平面布局中，一般在主轴线上依次安排为照墙、门厅、轿厅、大厅、楼厅，楼厅之后砌界墙。其中大厅是一幢住宅的主要建筑，开间多为 5 间，木构架运用穿斗式和抬梁式的混合结构，梁架多为扁作月梁，在建筑室内装饰方面，构架表面多做深栗色油饰、山雾云与抱梁云作雕刻、扁作月梁勾线脚，再配以精美的包袱锦彩画。在建筑的总体装饰中，清代江南人李渔在他的著作《闲情偶记》“居室部”曾写道：“盖居室之制，贵精不贵丽，贵新奇大雅，不贵纤巧烂漫。”[2]从居室装修整体来看，以清新淡雅为主调，其中彩画的应用非常注重适度，分布特点为梁枋、檩条的枋心部位施包袱彩画，以锦纹与宝相花为主题，局部贴金，且绘画精

图 3.7　常熟綵衣堂山墙包袱锦彩画

1　一般认为清代早期指 1644 年清军入关到 1662 年统一全国，中期是 1662 年到 1840 年鸦片战争爆发，后期是指 1840 年到 1911 年。

2　［清］李渔. 闲情偶记［M］. 沈勇，译注 . 北京：中国社会出版社，2005：36

细到位，体现了较高的艺术水平，达到了“轮奂鲜丽、如组绣华锦之文”的效果[1]。这部分彩画以常熟的“綵衣堂”（图 3.7）、苏州的“明善堂”、“凝德堂”为代表。

厅堂式住宅建筑，以太湖东山、西山一带官宦文人的民居建筑为代表，这部分建筑月梁不绘彩画，仅在府邸大厅或眠楼脊檩处绘彩画以显示身份，这成为当时的风尚。保存较好的有“久大堂”、“遂高堂”、“粹和堂”（图 3.8），这些包袱彩画非常简洁，基本位于明间、次间的脊檩部位，三段式构图“藻头—枋心—藻头”，藻头与枋心间不作彩画，仅留素地或作松木纹，只在枋心中部平式装金，彩画在屋中起到画龙点睛的作用。

尽管明式“包袱锦”彩画非常华贵与精雅，但清代中后期，整个时代已经变得非常世俗化了，逐渐被堂子写生画所代替，在堂子中绘花鸟鱼虫、珍禽异兽、戏曲故事等具有祈福与吉祥寓意的内容，这一时期以太平天国忠王府建筑彩画成就最高（图 3.9）。

图 3.8　苏州东山粹和堂脊檩包袱彩画

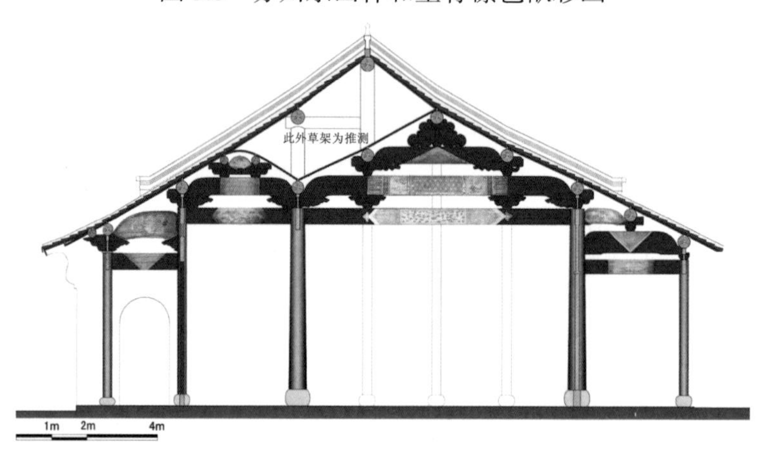

图 3.9　忠王府工字厅前厅明间剖面彩画

3.2.2　庙宇彩画

在江南庙宇建筑中，彩画艺术成为一门公共的艺术，任何人不分地位等级都可尽情欣赏，画师可以在创作中广泛地与民众交流，尽情地施展绘画技艺。苏南一带的画师一般既做佛像装銮也做建筑彩画，并且他们多是虔诚的佛教徒，故庙宇彩画往往都是画师的杰作。只可惜目前保存下来的庙宇彩画非常少，仅有六处庙宇彩画均绘于清代，主要有：苏州西园寺木构彩画、江阴文庙木构彩画、苏州城隍庙木构彩画、苏州北寺塔观音殿天花彩画、苏州云岩寺大雄宝殿天花彩画、镇江焦山大雄宝殿天花彩画。前三处木构建筑均有大面积彩画，以暖色为主色调，梁、檩条、枋、斗拱均绘有堂子画，目前城隍庙彩画与江阴文庙彩画表面污浊、颜料脱落，图案难以辨认，只有绘于清末的西园寺建筑彩画保存较好（图 3.10），后面三处庙宇以天花彩画为主，图案多为龙凤纹、仙鹤祥云、佛教的六字真言（图 3.11），在统一主题内稍加变化。

苏南地区，巧匠云集，尤其苏州香山帮工匠在明清时期就声名远播。在吴文化土壤中孕

1　出自《营造法式》彩画作“取石之法”

图 3.10　苏州西园寺梁枤彩画

图 3.11　苏州云岩寺天花彩画图

育的苏南彩画技艺，无论是绘画的艺术特点还是从整体构思上都折射出吴文化的光芒。苏南彩画的总体特征按照苏州彩画工匠的说法概括起来，可以用四句话描述："图案分集散，色调红黄暖，锦纹为主体，上下不串线。"

（1）图案分集散：内檐彩画随着中心图案的长短绘制端头（端头包括箍头与藻头），不同于北方彩画端头与枋心的固定比例，即在绘制彩画的过程中，先找到构件的中线，从中间向两边画，画完枋心再依据构件的长短处理构件的端头，在端头与枋心间多为素地或松木纹，这种处理方法有聚有散，突出了枋心图案。

（2）色调红黄暖：彩画设色，南北有别，北方建筑黄色琉璃瓦顶，红色内柱，彩画多以青、绿冷色为主调，黄、红与青、绿形成对比色。而南方古建筑黑瓦白墙，赭色装修柱子，因此彩画多施红黄、五彩并重，与北方青绿彩画形成对比。

（3）锦纹为主体：苏南一带由于丝绸业的发达，包袱彩绘图案多模仿丝绸纹样，据苏州画师薛仁元师傅讲："苏州老艺人腹稿中有'七十二锦'之说。"七十二应该为虚数，但却反映苏南彩画锦纹之多。

（4）上下不串线：一种说法为：彩画绘制，先把浅的颜色找齐，这样深的颜色即使压在浅颜色上面也不会出现间色，也不会串色，如果先画深色，再画浅色，则浅色压不住深色，很容易在两者之间出现中间色，彩画的线条间不串色，这种实践摸索出来的技艺已被广泛应用。另一种说法为：木构彩画檩枋之间不同于北方官式彩画箍头线、盒子线上下找齐，而是檩枋彩画以各自的构件独立构图，上下的大线不需对齐。

3.3　徽州彩画概况

古代徽州指原徽州一府六县：主要有徽州府、歙县、休宁、祁门、绩溪、黟县、婺源。该区域的文化崛起于南宋、鼎盛于明清，内容深邃而广博，几乎涉及徽州社会、文化生活的各个方面。为人熟知的徽商、程朱理学、宗法制度等，使得徽州文化成为中国后期封建社会文化发展的一个典型投影[1]。闻名遐迩的新安画派[2]与登峰造极的三雕艺术，均对精湛的彩画技

1　刘伯山. 徽州文化的基本概念及历史地位［J］. 安徽大学学报，2002（6）：28

2　新安画派主要是元明以降文人画的正传，这些画家生活在两山一水（即黄山、齐云山和新安江）之间，独特的地理环境造就新安画派高雅野逸之情怀、简洁淡远之画风，绘画题材以山水居多。详见：薛翔. 新安画派［M］. 长春：吉林美术出版社，2003：22-31

艺的形成具有重要的推动作用。置身于徽州犹如进入画境，到处是一片白墙黛瓦的水墨风情（图 3.12）。独特的地理人文环境造就了徽州建筑艺术的高雅，即便是生活在其中的人们不去专门欣赏它，而它自己却源源不断地提供着形式语言，潜移默化地培养着人们的审美意识，如影随形般地影响着人们的审美判断，这种功效是极其深远的。通过实地调研、文献收集、与当地文物部门咨询了解到，徽州建筑彩画主要集中在歙县、休宁、黟县徽州区，其中明式彩绘建筑 7 处，清代彩绘建筑约近 50 处（图 3.13），保存较好的有 24 处。而在婺源县的调研中，目前未发现传统建筑木构架上有彩画。从整体上看，彩画仅是徽州建筑装饰中的一小部分，绝大部分建筑装饰为雕刻艺术。在调查中发现徽州地区主要存在两种建筑彩画形式：一种为常见的梁枋上的包袱锦彩画，主要集中在徽州地区，大部分建筑年代上限为明代晚期；另一种是较为罕见的天花、板壁彩画，分布在徽州黟县，清代绘制，工艺精湛。

3.3.1 大木构架彩画

徽州建筑布局工整、装饰精雅、内涵深刻，体现了中国传统文化的精华。现存包袱锦彩画主要绘于高等级住宅、祠堂、庙宇、桥亭内。据调研共有 7 处古建筑大木构架包袱锦彩画保存相对较好，分别是：呈坎宝纶阁、歙县斗山街许氏大院、许村高阳廊桥、许村大观亭、

图 3.12 黟县西递全景

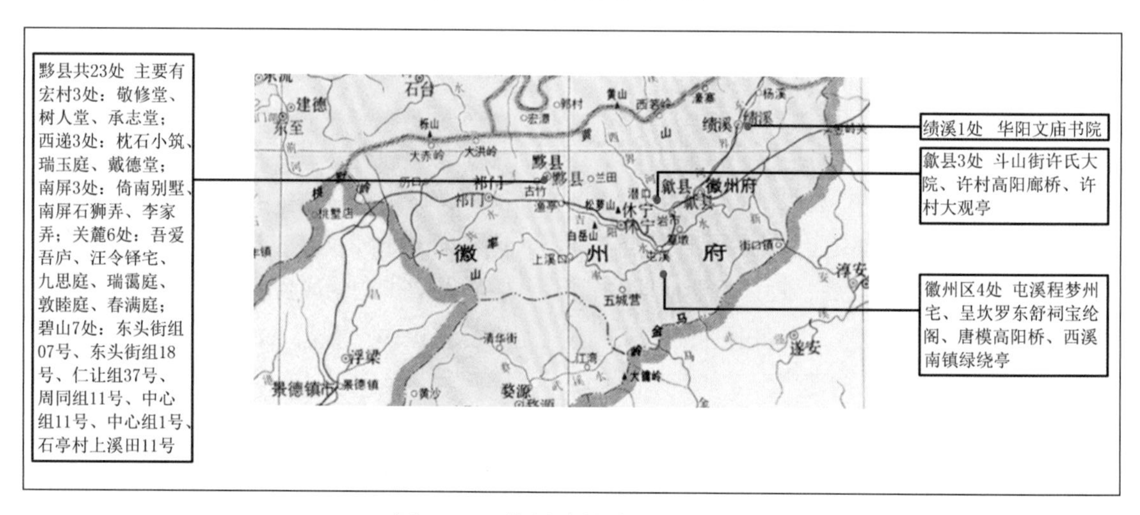

图 3.13 徽州建筑彩画分布图

华阳镇文庙书院、屯溪程梦周宅、唐模高阳桥。这些建筑木构多采用插梁式[1]与穿斗混合式，插梁架亦用肥大的月梁，梁端作卷杀、刻斜项，弯曲度较缓，以瓜柱托梁端，这部分大型住宅的厅堂或祠堂为了艺术效果，显示威严及财势，其构架多作雕饰彩画，并且彩画分布于构件的梁、枋、檩条且以包袱锦造型为主。

上述七处木构建筑年代最早的徽州程梦周宅建于明代成化年间，其次为呈坎宝纶阁建于明代万历年间，歙县许村高阳廊桥、许村大观亭与歙县斗山街许氏大院建于清朝康熙年间，唐模高阳桥建于清雍正年间，绩溪华阳镇文庙大成殿建于清代乾隆四十四年（1777 年），这七处建筑年代上限为明代中期，下限为清代中期，与其对应的木表彩画的绘制时间范围基本在明代中晚期到清代中期，如果彩画都绘于建成之初或是后代只做过过色见新，这七处例证就说明在徽州地区包袱锦彩画在明中期到清代中期绘制风格一脉相承，没有新的彩画类型产生。

以绩溪华阳文庙大成殿为例（图 3.14），整座建筑坐北朝南，面阔七间、进深三间，整体构架圆作月梁插梁造，彩画绘于室内梁、枋、斗栱、柱头、天花板部位。整座建筑以土朱色为主基调，以圆作月梁包袱锦彩画为重点，犹如一条条华丽的方巾裹在木构上。包袱以几何图案为框架，有龟背锦、画意锦、画意回纹锦、琐纹，藻头部分绘有如意头与十字别造型组合，局部贴平金、图案轮廓多拉白线或勾黑，天花彩画为土朱地上绘海墁仙鹤流云，整体建筑色调统一、主次分明、气势恢宏。

再以唐模高阳桥为例说明（图 3.15），该桥双石拱廊桥，桥内共七开间，所有梁架构件以土黄打底，檩、椽及梁架留白部分满绘松木纹，形成暖色底调，梁架、檩条中部绘有“包袱锦”

1 绩溪华阳文庙书院大成殿内檐明间包袱锦彩画

2 绩溪华阳文庙大成殿东次间插梁包袱锦彩画与仙鹤流云天花彩画

图 3.14 画意回纹包袱锦彩画

图 3.15 歙县许村高阳桥外貌及室内梁架彩画

1 插梁式构架的结构特点：承重梁的梁端插入柱身（一端或两端插入）见：孙大章. 民居建筑的插梁架浅议[J]. 小城镇建设，2001（9）：26-29

彩画，无藻头。彩画图案大色用朱，形成朱与白、黑、间色绿的对比，晕色少，而大量白色和黑色拉线与图案形成强烈对比，进一步突出织锦纹的主体地位，简单明快，端庄典雅。

3.3.2 清代民居天花彩画

徽州明清住宅建筑多为木构楼房，四水归堂的天井院，且绝大多数是三开间，建筑的平面、结构、室内装饰都很类似。建筑外观水墨淡彩，室内装修却富丽精雅，以三雕见长，部分还作雕彩、描金及彩画，处处体现了精湛的工艺与独特的构思。据调研，徽州黟县部分清代民居天花绘有彩画，主要集中在西递、屏山、宏村、关麓、碧山等古村落中，调研地点四十余处，实际情况应该更多，还有待于继续调研发掘，在这部分天花彩画中以关麓“八大家”彩画最为著名。“八大家”建于清朝中叶，是一户汪姓徽商八兄弟的住宅。这八间古宅中以涵远楼、吾爱吾庐、春满庭、双桂书室、九思堂（图 3.16）的天花彩画最为精致。

这些彩画称之为“锦地画”，在布局上，一般绘于楼厅一层的主厅、前厅、廊下、退步、暖厢以及楼梯间两侧，有“锦地开光[1]、锦上添花、素锦地”三种，其中以锦地开光为最高等级，特点是以锦纹作地，在锦纹中心部位安排各种盒子（也称聚锦），盒子内多绘文人画，在绘画题材上多反映“明劝诫、著升沉”“成教化、助人伦”的题材，画工精湛，类似没骨画[2]笔法，将运笔和设色有机地融合在一起，重在意蕴，依势行笔。天花彩画边框绘青色回纹，或拐子纹，其中拐子纹多为黑、青两个层次，每两段拐子纹或回纹之间都布有各种盒子，盒子内也都绘有方框形水墨山水画，此类彩画多绘于房屋的大厅内；锦地添花，以锦纹作地、在锦纹上绘表达吉祥寓意的蝙蝠、花卉等，多用于廊下与暖厢，边框简单，仅青色勾边黑色压线；最低等级的是素地锦，顾名思义，其仅以锦纹作地，多用于楼梯间。

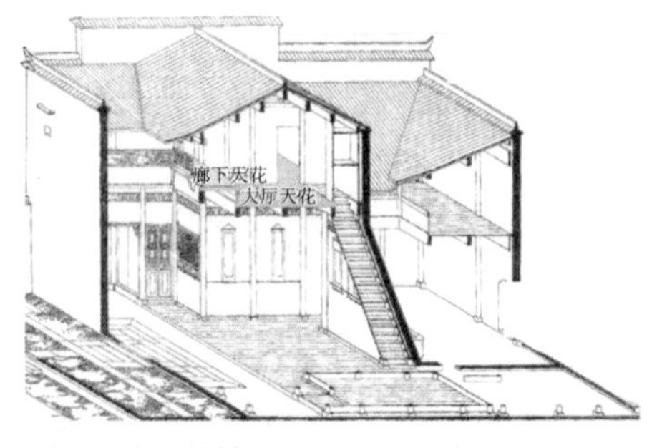

1 九思堂轴侧面

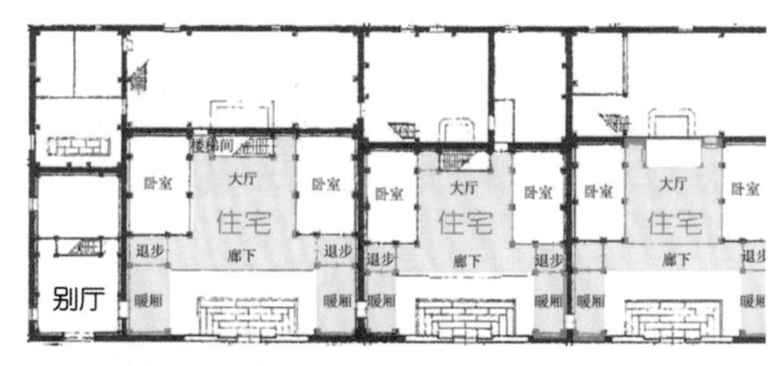

2 关麓八大家—老三汪令桭宅 九思堂廊下天花彩画分布

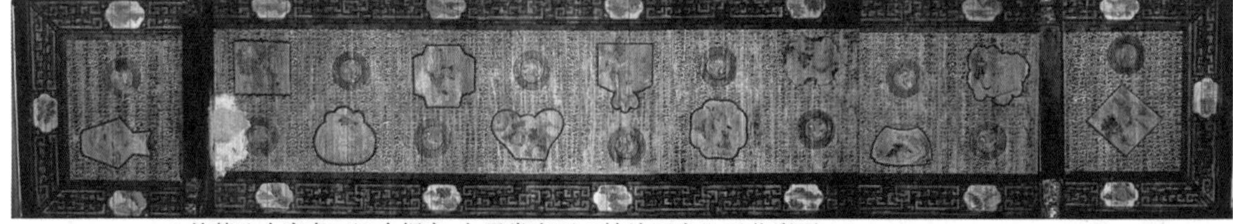

3 关麓八大家老三汪令桭宅 九思堂廊下“锦地开光”天花彩画

图 3.16 关麓“八大家”老三汪令桭宅 九思堂天花板彩画

---

1 吴山. 中国纹样全集（宋·元·明·清卷）［M］. 济南：山东美术出版社，2009：36

2 没骨画不同于工笔和写意，“没”字，即淹没而含蓄之意，其精要在于将运笔和设色有机地融合在一起，不用勾轮廓，不要打底稿，更不能放底样拓描。作画时，要求画者胸有成竹、一气呵成。在书法里把笔锋所过之处称为“骨”，其余部分称为“肉”。没骨画将墨、色、水、笔融于一体，在纸上予以巧妙结合。

在工艺方面，徽州天花[1]彩画多为硬天花，也有个别在调研中发现软天花[2]的做法，即在宣纸上做好画之后，裱糊在天花板上，在徽州程梦周宅的展陈中有见(图3.17)。徽州地区硬天花"锦地添花、锦地开光"均包括图底关系，互相衬托对比。硬天花一般底纹纹饰直接绘于木表，或者木板上作一层胶矾水，其上定好基线后，锦纹为徒手勾绘，几乎都为白色，一般为米字纹、万字纹、寿字纹、缠枝花纹、流水纹等。这些简单的几何纹样不止于布色，并与上面的写生图案是一种互相呼应的关系，如在其上绘金鱼则选择水波纹，绘制喜鹊则选用云纹等：除此之外，锦纹上局部有规律的留出盒子（亦称之为开光），并且这些盒子与其内的写生画也多有对应关系。如边框为花形，里面则绘有陶渊明赏菊；边框为书卷形，里面则绘仕学耕读，足以见其匠心独具（图3.18）。此外，还有部分天花在锦地上绘折枝花，最常见是梅、兰、竹、菊，以示高洁。这些名不见经传的艺术家们使得原本单调的室内充满生机与活力，置身堂前或仰卧床榻，抬头望去，好像进入画境一般，不禁让人感叹在徽文化的氛围中，竟产生出如此高雅的室内装饰艺术。

图3.17　程梦周宅软天花

图3.18　几何纹与写生画互相对应

3.4　浙江彩画概况

浙江省作为江南地区最重要的组成部分之一，自古以来，土地肥沃，水网密布，经济繁荣，浙江文化中崇尚实用的精神是该区域文化的根本特色。其明代古建筑装饰多朴实无华，祠堂和厅堂的梁架多彻上露明造，雕饰较少，即使较讲究的厅堂，也少见彩画，而清代后，随着浙江三雕，尤其是东阳木雕装饰艺术大量引入建筑装修中，到"康乾盛世"，达到其鼎盛期，或许是雕刻技艺的发达，或者是整个社会对雕刻的认可，在浙江地区除外墙墨绘以外，木构建筑彩画资源相对较少、且分布较为分散。按苏州老画师薛仁生的讲法，浙派彩画分为杭州帮、宁波帮。通过实地调研、文献收集、与当地文物部门咨询，目前各级文物保护单位中共发现24处保存较好的彩画地点（图3.19），每处都有一座建筑或多座建筑绘有彩画，除去绍兴吕

1　天花，现称吊顶，清代用于室内屋顶下，以木条相交做成方格，上覆木板以蔽梁绝尘，一般可分为硬天花、软天花。硬天花以木条纵横相交成若干格，格上覆盖木板，天花板上常绘吉祥图案。

2　软天花则是顶部先吊制白樘篾子木骨架，将彩绘图样绘于纸上，裱糊在天棚骨架上。徽州地区软天花系模仿徽州版画技艺。其制作方法大致分为三个步骤：①以线条素印；③印刷画面后，用彩色敷上各种色彩；③用水印半划的方法色彩套印。

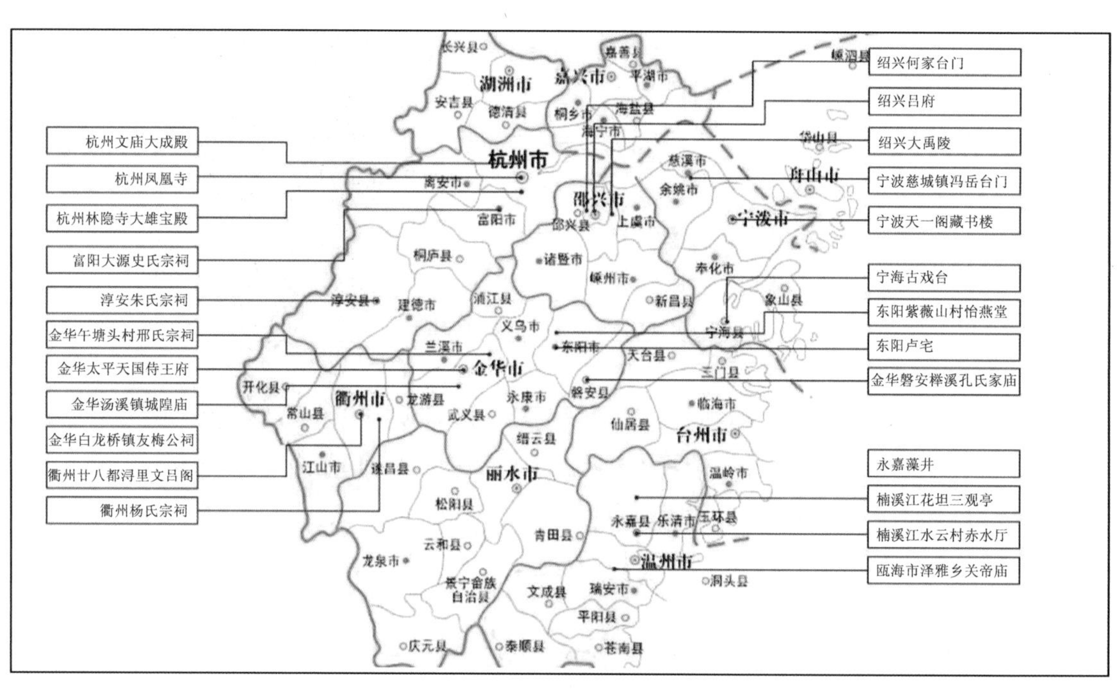

图 3.19　浙江彩画分布

府与绍兴何家台门明代旋子彩画外(见第二章图 2.13),其余以天花藻井彩画为主,包袱锦较少,并且这些彩画主要集中在杭州、宁波、金华、温州一带，由于调研的地点较有限，对浙江彩画的认识还不全面，期待将来能有新的资源发现，以完善浙江彩画的研究。

3.4.1　大木构架彩画

现存浙江传统建筑构架分两大类，宗祠、庙宇等重要公共建筑物的露明部分多用抬梁式与插梁式，宗祠、庙宇的不露明部分和住宅则用穿斗式，现存大木构彩画主要有：宁波慈城镇冯岳台门、东阳卢宅（图 3.20，图 3.22）、东阳紫薇山村怡燕堂（图 3.21）、金华太平天国侍王府、杭州文庙，前三处彩画有较多共同点：如构架梁、檩、枋皆绘彩画，彩画以包袱锦为主，藻头为如意华纹，枋心与藻头间绘松木纹，色彩基本脱落，黑白两色残存较为明显。侍王府彩画和杭州文庙彩画以写生画为主，具体详见表 3.3。

表 3.3　浙江大木构彩画比较

名　称	年　代	建筑概况	彩画分布	彩画描述
东阳卢宅[1]	明—清	九进纵深、面阔五间的古民居建筑群，前堂后寝两大区域。	主要分布于肃雍堂与嘉会堂。	肃雍堂梁、枋、檩施彩画，藻头为如意华纹，色彩仅用黑白两色，五架梁梁底为满铺牡丹写生花，局部有贴金；嘉会堂枋上绘青地堂子彩画。

1　明清两代，卢氏家族以诗礼传家，科第绵延，成为当时的名门望族。据不完全统计，明清两朝，卢氏家族共出进士 8 人，举人 28 人，涉足仕林者一百二十余人，荐举恩封三十余人。科举场上曾出现过“同胞三凤”、“一跃双龙”、“祖孙父子兄弟同科甲”等史迹。卢宅也正是因其主人的显赫家世而得名。由于家世兴盛，卢宅相继兴建了规模宏大的厅堂宅第、园林台榭。出自：马美爱. 东阳卢宅的古建筑文化[J]. 浙江师范大学学报（社会科学版），2006（3）：64

续表

名　称	年　代	建筑概况	彩画分布	彩画描述
紫薇山村怡燕堂[1]	明末	民居建筑群，三条轴线组成的尚书第，大夫第、将军第。	尚书第入口、怡燕堂、开泰堂。	梁、枋、檩及柱上部施彩画，色彩难辨，依稀可见黑、白、红、青色，构图较清晰，包袱锦彩画，藻头为如意头华纹。
宁波慈城冯岳台门[2]	明嘉靖	民居建筑，形制三开间外接八字砖墙，实则有五开间。	台门厅堂。	台门除稍间外，几乎每一构件的正、背、底面皆有彩画，原彩画的色彩难辨，构图较清晰，包袱彩画，藻头为各种类型的如意头组合。
太平天国侍王府	清晚期	王府分为东西两院。东院以大殿为主体，西院以住宅建筑为主，共四进。	西院住宅建筑大木构架、天花。	墙壁、天花板及梁枋满是壁画和彩画为海墁式构图，绘画内容为山水、花鸟、花卉、飞禽走兽等题材。
杭州文庙大成殿	清代	清式重檐歇山顶坐北朝南，面阔七间，进深五间。	大殿内天花和梁枋。	大木构架彩画为清式堂子画，以三段式构图为主，包头部位多为云纹，堂子以白色作地，内绘龙凤纹，及人物故事。

1 卢宅肃雍堂梁架包袱锦彩画　　2 紫薇山村怡燕堂梁架包袱锦彩画

3 卢宅肃雍堂明间金檩灰色彩画，枋心中部绘十字别

4 冯岳台门梁架如意头造型藻头，搭袱子枋心彩画

5 冯岳台门步枋如意头与十字别造型彩画

图 3.20　浙江大木彩画

1 太平天国侍王府大殿边贴梁架彩画

2 文庙大成殿内檐彩画

图 3.21　浙江大木彩画

1　紫薇山民居是明朝天启南京兵部尚书许弘纲和父许文清、弟许弘纪、许弘纶建造的府第。
2　冯岳彩绘台门是明嘉靖年进士、南京刑部尚书冯岳故居的台门。

图 3.22 灵隐寺大雄宝殿龙凤纹天花彩画

3.4.2 天花彩画

浙江地区大型的住宅装饰以雕刻为主，目前调研中发现绝大多数天花彩画主要分布在宗祠、庙宇、楼亭的天花藻井部分。保存及绘画质量较高的有：杭州灵隐寺大雄宝殿天花彩画、杭州凤凰寺、杭州文庙、宁波天一阁藏书楼、金华市金东区午塘头村邢氏宗祠天花彩画、汤溪城隍庙。这些彩画将实用功能与艺术功能高度统一，底色多为白色或香色，多以龙凤纹或写生画为主题，构图简洁，节奏感强，使得建筑空间主次分明、重点突出。

浙江杭州林隐寺大雄宝殿为清初重建，民国和解放后进行了全面整修。大雄宝殿面阔七间，进深五间，单层三檐歇山顶，殿内天花板上均作彩画，构图简单，没有大边、岔角、鼓子线，整个底板以白色作地，其上绘姿态各异的龙纹与凤纹，可谓龙飞凤舞，生机盎然。龙纹主要有行龙、升龙、降龙与坐龙，在同一类型中颜色与形态略有差异；凤纹的主题是凤凰戏牡丹，有各种俯仰姿态。整组天花彩画主题突出、色彩明快，绘制技法娴熟（图 3.22）。杭州凤凰寺为中国伊斯兰教四大清真寺之一，始建于唐代，重建于明代，现存大殿中3间并排的后窑殿，每间有半球形穹窿顶，顶上绘有以各类不同造型的花草纹组合而成的藻井彩画，藻井的中心均为莲花纹，延续了中国自汉代以来天花藻井多作莲、菱、荷等藻类水生植物以厌火的传统。（图 3.23）

杭州凤凰寺北穹顶藻井彩画

杭州凤凰寺南穹顶藻井彩画

图 3.23 凤凰寺穹顶彩画

3.5 江南建筑彩画构图

从图案学角度看，构成彩画的三要素包括：构图、纹样、色彩。这三项也是彩画断代的重要依据，其原因是流传至今的各种装饰纹样与造型及设色特点，反映出历史上不同时期的装饰形态特点，并有着各自的流行时段。在构图方面，江南地区清代中期以前的“包袱锦”彩画，呈“端头—枋心—端头”三段式，着重突出枋心部分，在端头与枋心间多作素地，构图简洁。清代晚期的“堂子画”构图更加灵活，主要为“包头—堂子—包头”三段式，并且根据构件的长短加入聚锦，以增强彩画的表现力。这两种彩画类型根据构件位置的重要程度，在构图上有繁简之分，其中以明间的脊檩与五架梁为整座建筑的装饰重点，构图最为复杂。

3.5.1 明式包袱锦彩画构图分析

包袱锦是江南地区建筑彩画最高艺术成就的代表，其构图特点如下：

（1）从整体为三段式构图：端头—枋心—端头；（端头包括：箍头、藻头，以及藻头与枋心之间的间隙），彩画主次分明，突出枋心重点。枋心约占整个构件的二分之一到三分之一，并随构件的长短作适当调整。两侧端头部分为整个构件的三分之一到四分之一，藻头部分基本是构件宽度的 1.5 倍。根据彩画的不同等级与繁简程度分为五种（图 3.24）：A. 有端头，有枋心，枋心与藻头之间绘锦纹；B. 有端头，有枋心，枋心与藻头之间为松木纹；C. 有端头，有枋心，枋心与藻头之间为素地（或刷饰）；D. 有枋心，无端头；E. 有端头，无枋心。这几种构图与建筑构件在不同位置相匹配。

（2）明式包袱锦枋心的构图可概括为三角形、矩形、菱形在横长构件上的组合（图 3.25）。根据不同的组合有下搭袱子（如同一块包袱斜角搭在梁上，有的搭袱子尖角延长，在梁底交

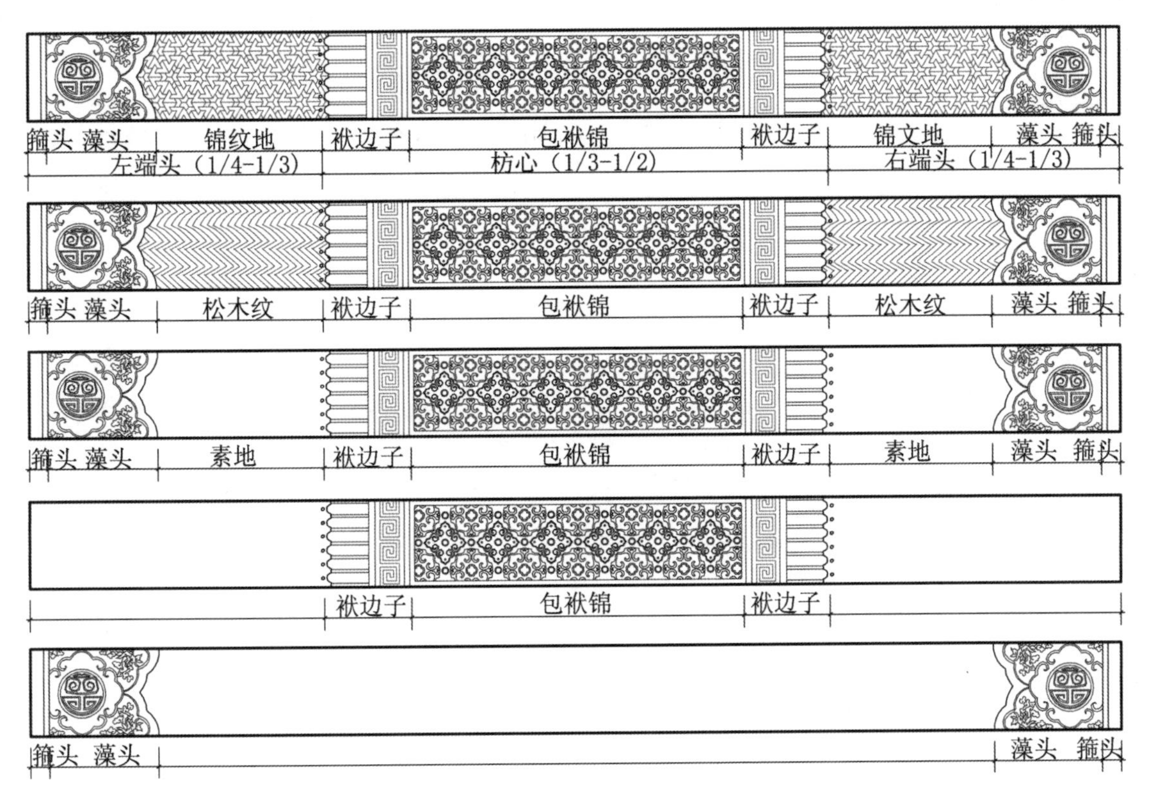

图 3.24　包袱锦彩画的几种构图

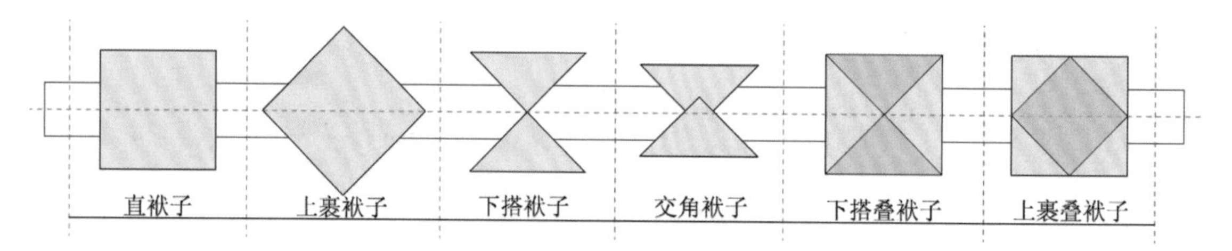

图 3.25　包袱与构件关系图（仰视图）

角相映，又称之为交角搭袱子）；上裹袱子（也称之为系袱子，即一块方形的包袱斜角系在梁上，适合于圆作月梁。）；直袱子；叠袱子（在直角袱子上在再叠搭一个搭袱子或系袱子，形成两种不同的画面组合，增加了包袱的表现力）。

（3）大木构架梁、枋与檩条都为横长形，整体上，藻头在构图上多为圆形或椭圆形，由整朵团花或二分之一与四分之一朵团花或如意头组成，从整体上刚柔相济，形成方与圆互相呼应的关系（图 3.26）。

（4）为了强调包袱中心，江南彩画的枋心部位在规则化的几何锦纹上常作平贴金图案（图 3.27），内容多为“必定胜”：“笔”寓意仕途 、“锭”寓意富贵、“胜”为三个菱形，寓意“胜利” 。这些图案多由八宝图案组成，也称之为八宝贴金，主要是表现当地达官贵人期盼仕途通畅、吉祥富贵的心理；其余常用的贴金图案还有“金环” 、“笔锭如意” 、“一锭如意” 、“金双钱” 、“十字杵[1]”等，并据彩画的等级不同，包袱中部贴金图案的复杂程度不一。

3.5.2　清末堂子彩画构图分析

清末堂子画，根据木构架长短分为三部分，中间部分称为“堂子”或“袱”，左右两端为包头，靠近堂子的两端称为地，其具体构图特点如下：

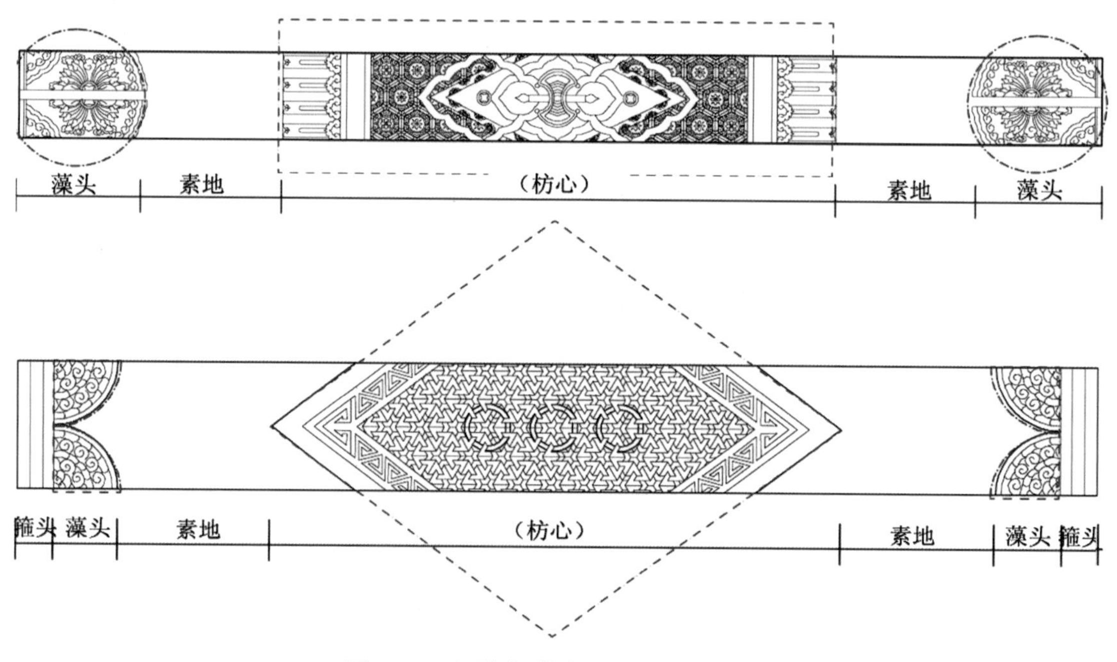

图 3.26　包袱与藻头的对应关系分析

1　十字杵是佛教中的一种礼器或法器，具有降妖除魔、驱邪安邦之意。

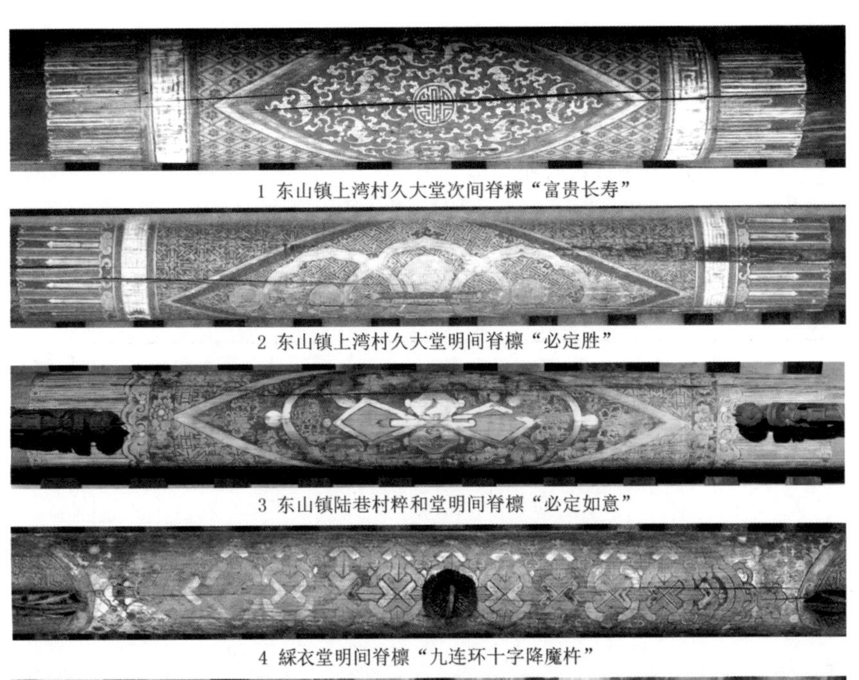

1 东山镇上湾村久大堂次间脊檩“富贵长寿”

2 东山镇上湾村久大堂明间脊檩“必定胜”

3 东山镇陆巷村粹和堂明间脊檩“必定如意”

4 綵衣堂明间脊檩“九连环十字降魔杵”

5 东山镇凝德堂东次间脊檩枋心“金双钱”

图 3.27　枋心中部八宝贴金图案

（1）构图非常自由，大部分彩画从整体上分为五段式构图：包头—地—堂子—地—包头；部分彩画还会在包头与堂子间加聚锦（也称之为盒子），盒子内画各类写生画，极大地增加了堂子画的表现力。其中堂子基本上占构件总长的二分之一到三分之一，并随构件的长短适当调整。包头部分（含箍头）基本是构件宽度的 1.5 倍，根据构件的长短，彩画的构图基本分为六种（图 3.28）：A. 有包头，无堂子，堂子部位作刷饰或者绘松木纹；B. 有包头，有堂子，包头与堂子之间为素地、锦地或松木纹；C. 无包头，有堂子，堂子两侧有聚锦，聚锦有多种造型，以书卷式、方形与圆形居多；D. 有包头，有堂子，包头与堂子之间为地与聚锦；E. 有包头，有堂子，堂子内含有盒子；F. 堂子画作为整体位于构件的中部，两端为素地、锦地或松木纹，此外还有其他类型组合，如彩画无堂子，堂子的位置依然为盒子等。

（2）堂子的边线在直袱子的基础上柔化其轮廓，边框不再是为直线型，而呈多种弧线造型，这是区别堂子画与包袱锦最重要的特征之一，边框以海棠式及海棠式的变体为主，有单瓣海棠式、三瓣海棠式、切角海棠式，除此之外还有出剑式、软草式、如意头式等（图 3.29）；而堂子画包头部分则多由直箍头线与云纹、如意纹组合而成。

（3）堂子根据具体绘画内容可分为：景物堂子、人物堂子、清水堂子和花锦堂子。除花锦堂子继续锦纹外，其余堂子内绘画题材以花鸟、山水、人物画为主。此类彩画在太平天国王府、苏州西园寺、杭州文庙、吕府嘉会堂普遍应用，具体案例见构件彩画。

综上，从包袱锦发展到堂子画，彩画的形式更加复杂，写生盒子（聚锦）的出现，增加了彩画丰富的表现力，与清代晚期的方心式苏画就非常接近了。但堂子画在构图上更加自由，画师会根据构件的长短及空间位置的重要程度，适当地调整几大要素——包头、盒子、堂子心之间的关系，以达到满意的效果。

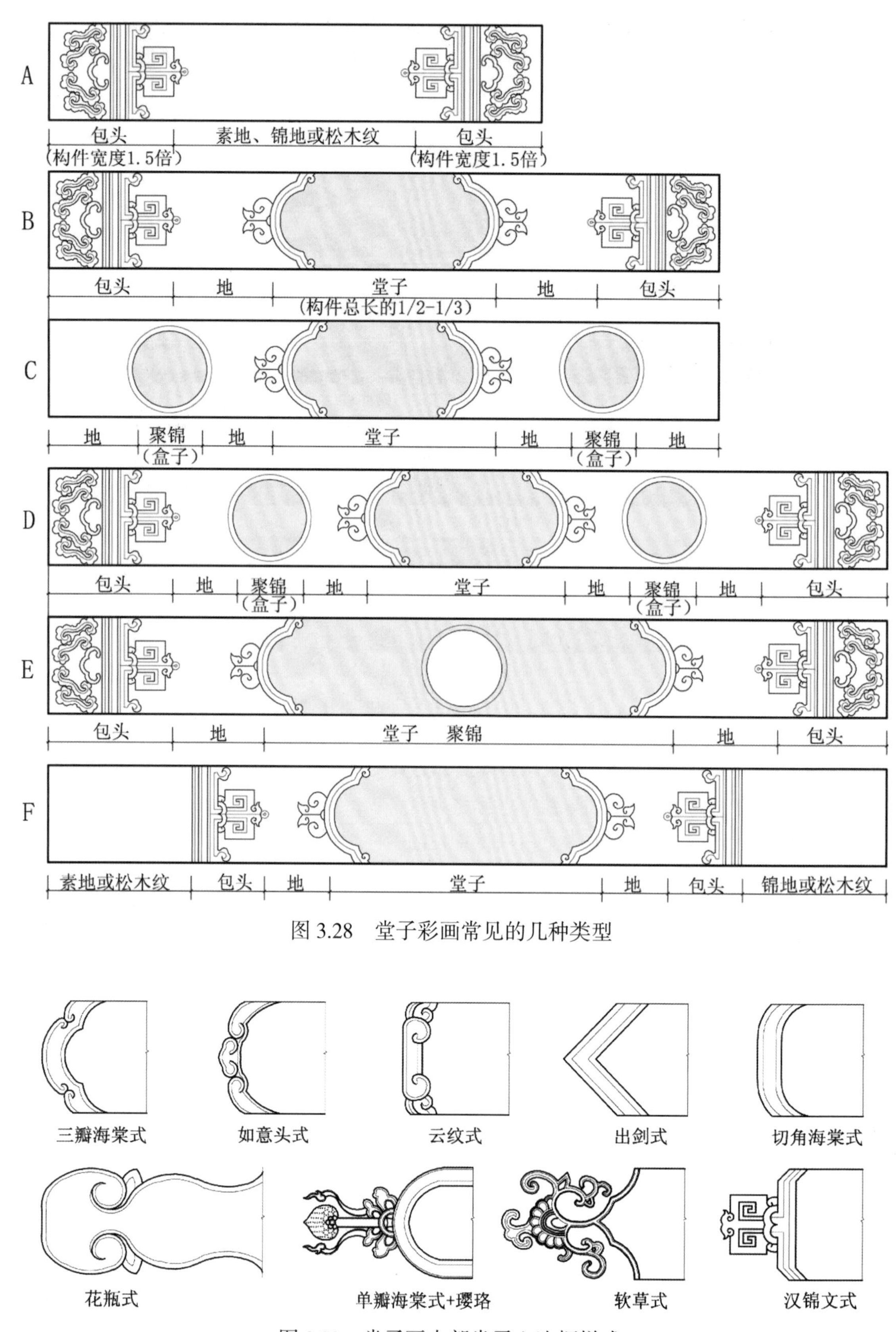

图 3.28　堂子彩画常见的几种类型

图 3.29　堂子画中部堂子心边框样式

3.5.3 构件彩画构图分析

建筑实体作为装饰元素的物质载体，一方面对装饰元素提供表现画面，另一方面又对其造成形态的制约。如柱子、椽子与角梁对彩画的制约，不同的梁面造型对彩画的制约，只有彩画依形就势，才能创造出美感（表 3.4）。

表 3.4 木构件截面特征与彩画构图规律对应表

构件形状	构件名称	截面特征	彩画构图规律
圆形截面	圆作月梁、柱、檩、椽	有连续的视觉效果。	圆作月梁多绘连续性包袱画，像一块方巾一样裹在木构件上。柱子多在柱头部位画连续性的锁纹以及缠枝花；檩条部分多绘叠袱子锦纹图案；椽子多绘松木纹。
矩形截面	梁、额、枋、斗拱	构件表面有明显的形体转折，视觉上不连续。	梁、额、枋部分采用缘道来处理构件各面的转折，部分采用五段式的构图方法。藻头部位为宝相花或是如意头。斗拱通过“缘道”（梁栱之类构件表面四周沿外棱留出一定宽度的叠晕线道，《法式》中称为“缘道”）处理面的转折。
片状截面	藻井、栱垫板、栏板	二维的形状。可视面为单面。	运用“缘道”来强调面的轮廓线，由于其为平面且面积较大，可适应绘画性的题材装饰，绘抽象花纹卷草或写生画。

3.5.3.1 梁栿彩画

梁栿是整座建筑装饰的重点，分布于其上的彩画与梁栿的形式协调与否，关乎全局。梁从整体构造上来看主要有月梁与直梁两种，江南地区古建筑多月梁造，彩画类型以包袱锦为主，根据梁的截面细分为圆作月梁、扁作月梁，相应的彩画的构图方式有所差别。浙江与徽州地区多圆作月梁，彩画以系袱子居多，与圆作月梁完美结合，犹如一块方形的头巾系在木梁上一样（图 3.30），梁面与梁底是一幅完整的纹样。苏南地区多扁作月梁，多做叠袱子，在方寸之内展示两种以上的纹样。直梁造在江南地区较少，且梁面与梁底的纹样不相同，以梁面作为装饰的重点，根据截面类型分为圆作直梁与扁作直梁，圆作直梁与檩条具有相同的几何特征，构图可参考檩条部分。扁作直梁多见于庙宇，以堂子彩画居多。具体如下：

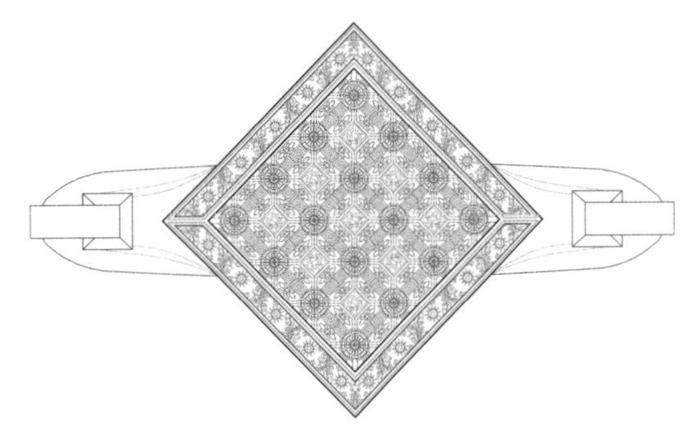

图 3.30 袱子展开图

（1）圆作月梁

该类型的梁栿主要用于徽州地区的插梁体系，徽州宝纶阁、绿绕亭、许村大观亭、高阳桥、程梦周宅均为此类型。圆作月梁根据构件的位置不同，彩画也不相同。①五架梁位置最为重要，由于构件较长，展开面大，多作上裹袱子（系袱子）与下搭交角袱子（图 3.31）。②三架梁在高等级的建筑中，仅在端头作彩画，有如意纹形与“十字别”形（图 3.32），也有作土黄色刷饰或遍绘松木纹（图 3.33）。③其余短梁如，单步梁、双步梁则多作刷饰或仅作箍头，无枋心，或作上裹袱子。

（2）扁作月梁

这类型的梁栿主要用于苏南及浙江厅堂式建筑中，如怡芝堂、脉望馆、明善堂、綵衣堂、东阳卢宅中，彩画的类型主要以包袱锦为主，个别清末彩画绘堂子画，如苏州忠王府。本节

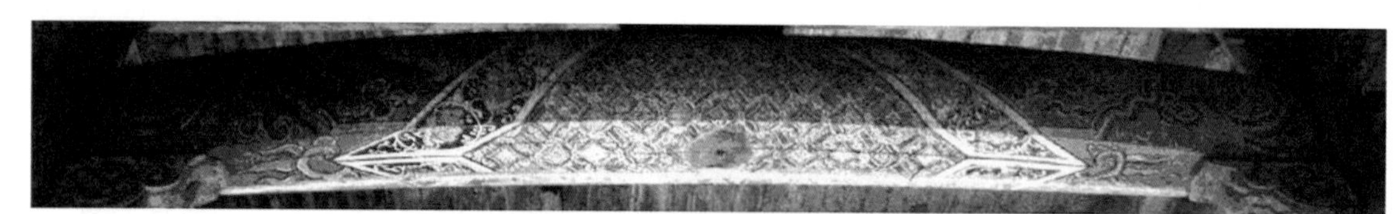

1　绩溪华阳文庙书院五架梁系袱子包袱锦彩画

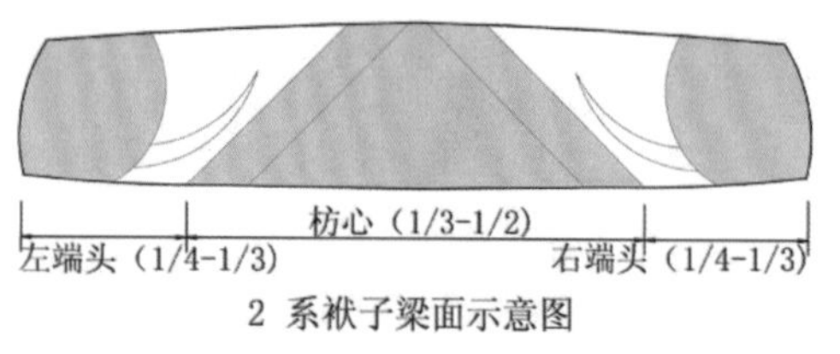

2 系袱子梁面示意图

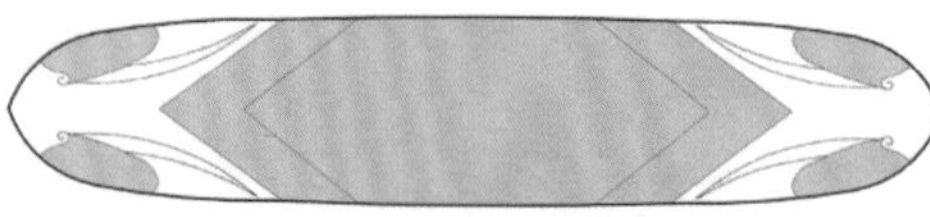

3 系袱子梁底仰视示意图

4 宝纶阁插梁系袱子侧视图、仰视图

5 徽州屯溪绿绕亭插梁系袱子彩画

图 3.31　圆作月梁包袱彩画

图 3.32　宝纶阁明间三架梁（仅作藻头）

图 3.33　高阳桥明间三架梁（遍绘松木纹）

主要介绍包袱锦彩画，根据构件不同位置，其构图略有差异：①五架梁由于构件较长，位置最为重要，苏南地区最常见到的包袱类型就是下搭（图 3.34）或上裹式叠袱子（图 3.35），这种构图形式与直袱子相比，在同样的面积内展示出两种不同的纹样，一般为丝绸纹样组合，或者是丝绸纹样与动植物纹的组合，极近工巧，构件端头作半朵或四分之一朵团花，且藻头与枋心间多作素地，突出中心；②三架梁多不作藻头，仅作下搭袱子，高等级建筑的三架梁也作三段式构图；③其余短梁，如单步梁（也称之为劄牵）、双步梁、轩梁则或仅作箍头，无枋心，或藻头与枋心均有，荷包梁在苏南一带则多做海墁式写生花（图 3.36）。

以綵衣堂为例，四界大梁外侧枋心中部为下搭叠袱子，在海墁式六出六方锦纹直袱子，袱子边为片金寿桃，其上又重叠了一幅白地五彩云龙下搭袱子，几何锦纹与写生云龙的色调与纹样形成反差，增强了画面的表现力（图 3.37）。

浙江地区在扁作月梁的处理方式与苏州地区略有不同，主要有两方面的特点，其一：彩画的藻头部分，设计成如意头的形式，如浙江冯岳台门与肃雍堂两处彩画梁枋与檩条端头多作如意头组合，沿袭了宋代《营造法式》“彩画作”中端头作如意头形式（图 3.38），但是在宋代如意头基础上进行适当的变化成为如意卷草纹的形式，多以一整两破的构图出现。其二：梁的底面与梁的侧面采用不同的彩画形式，如浙江吕府肃雍堂四界大梁，采用写生牡丹

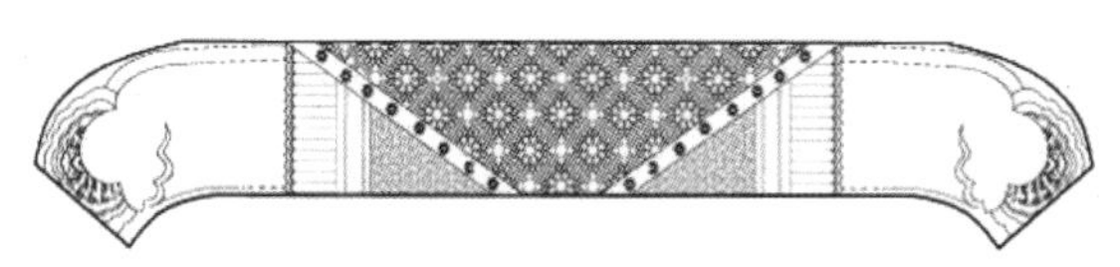

图 3.34　下搭式叠袱子

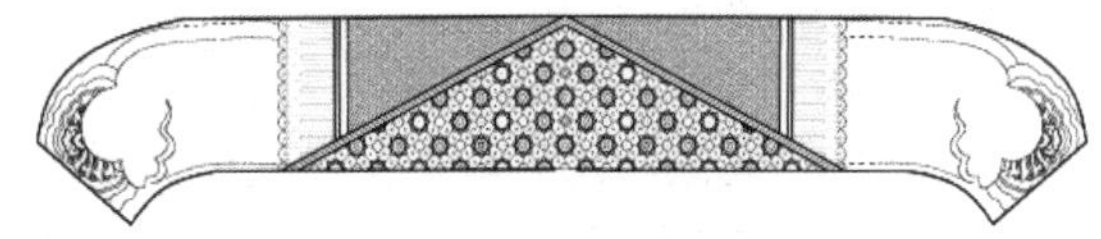

图 3.35　上裹式叠袱子

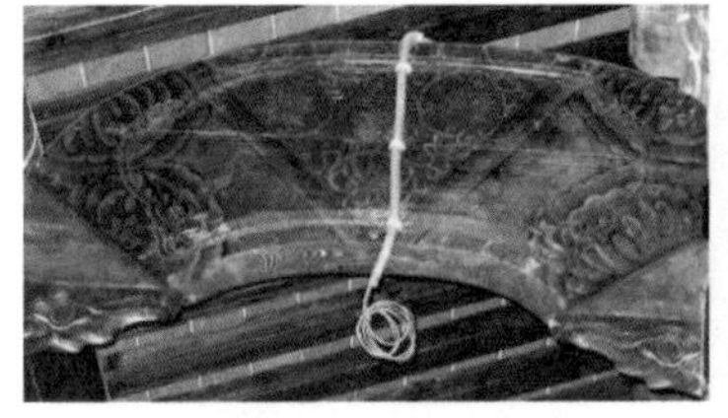

1 怡芝堂单步梁彩画下搭袱子

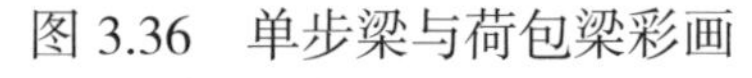

2 綵衣堂荷包梁写生花卉图

3 綵衣堂单步梁下搭袱子彩画

图 3.36　单步梁与荷包梁彩画

图 3.37　衣堂四界大梁内侧五彩云龙叠袱子

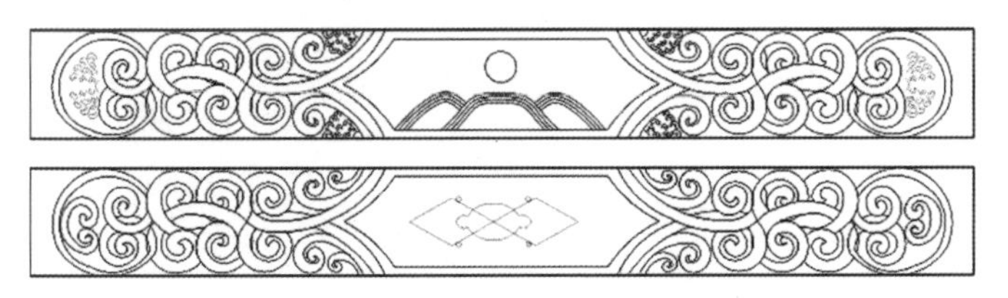

图 3.38　浙江宁波慈城冯岳台门如意卷草彩画

图 3.39　浙江卢宅肃雍堂梁侧面锦纹彩画与梁底缠枝牡丹花

与几何锦纹相结合（图 3.39）。

（3）扁作直梁

江南地区的扁作直梁多见于庙宇建筑中，现存杭州文庙、苏州西园寺内均有堂子彩画（图 3.40），这种彩画根据构件的长短构图自由，常在梁的中部作写实堂子画，并且堂子内的衬地颜色多为白色，与官式苏式彩画中的“白活”接近。由于扁作直梁的梁底较窄，由梁面到梁底一般不作连续图案，梁底多刷饰，也有作简单的二方连续纹样。

（4）不同类型的梁之间构图关系

图 3.40　苏州西园寺堂子画

古建筑的梁架根据其位置不同分为几种类型：三架梁与五架梁（三界梁与四界大梁），荷包梁与轩梁，双步梁与单步梁，这些梁之间的彩画构图需要主次分明且相互协调。高明的画师会精心安排不同的构图，使得这几组构件互相呼应，各居其位。下面以江南地区的三架梁与五架梁之间的构图为例说明（表 3.5）。

表 3.5　三架梁与五架梁构图关系

序号	三架梁与五架梁构图关系	举例
1	搭袱子与叠袱子组合在三架梁与五架梁组合中，三架梁的包袱较为简单，以下搭袱子为主，五架梁则多用叠袱子。	苏州东山镇怡芝堂
2	系袱子（上裹袱子）组合均为系袱子，如同一块包袱斜角系在梁上。适合于圆梁，三架梁枋心图案较五架梁简单些，五架梁包袱内再有一盒子，盒子内绘写生画，成为整座建筑的视觉焦点。	苏州忠王府后堂彩画
3	叠袱子组合在直角袱子上在再叠搭一个下搭袱子或上裹袱子，并且两个三角形相对，是较常见的彩画构图方式。	苏州东山凝德堂彩画
4	系袱子与叠袱子组合在三架梁与五架梁组合中，三架梁的包袱也有以系袱子为主，五架梁则多用叠袱子，且两三角形朝外。	苏州东山明善堂彩画

续表

序号	三架梁与五架梁构图关系	举例
5	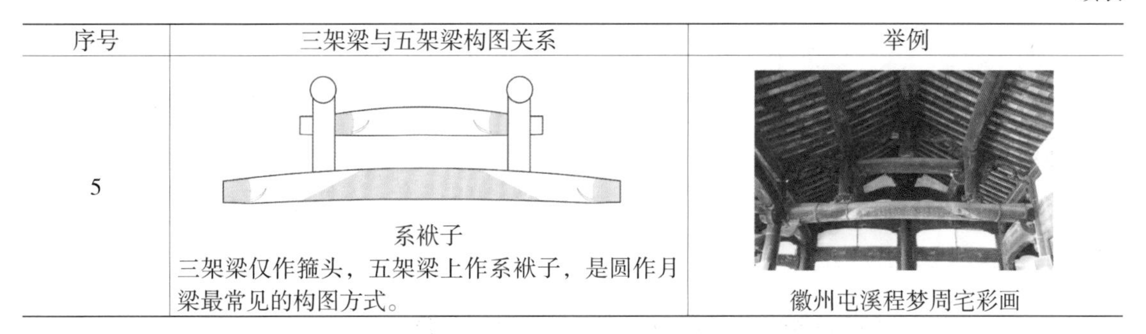 系袱子 三架梁仅作箍头，五架梁上作系袱子，是圆作月梁最常见的构图方式。	徽州屯溪程梦周宅彩画

3.5.3.2 木枋彩画

枋的种类虽然比较多，有随梁枋、随檩枋、额枋、山墙穿插枋，但在江南彩画中与梁和檩的彩画相比，彩画的等级较低，只有在高等级的建筑中各类枋子才施以彩画，它的构图也较为多样。从整体上来看主要分为海墁式与枋心式两大类。海墁式多以土黄、土朱或樟丹色为底色，个别也有以松木纹为底纹，其上绘织锦纹、花卉纹（图 3.41–1）、祥云仙鹤纹（图 3.41–2）等。枋心式为三段式构图，普遍存在枋心长度大于端头的长度。绍兴吕府彩画与明代官式彩画类似，檩条与随檩枋统一构图，构件端头有箍头、盒子和藻头，枋心中部还绘有下搭袱子（图 3.41–3）；大部分三段式构图中藻头部位既延续宋代彩画端头做相对如意头的传统，也与北方官式旋子彩画藻头类似，多绘一整两破宝相花或其变体。枋心部位已经出现岔口线与枋心线，枋心内绘锦纹、云纹或写生画（图 3.41–4、5、6、7）。

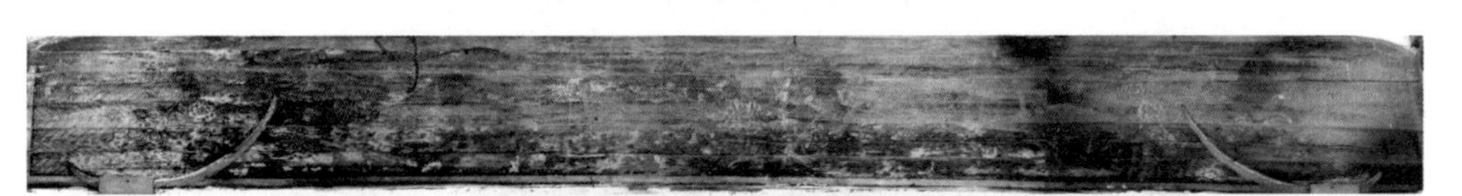

1 唐模高阳桥山墙穿枋海墁式彩画（穿枋遍绘松木底纹，其上绘折枝花卉）

2 绩溪华阳文庙大成殿东山墙穿枋海墁彩画（穿枋土朱地上绘仙鹤祥云纹）

3 绍兴吕府永恩堂明间金檩及金枋彩画（四出如意云盒子，一整两破旋花找头）

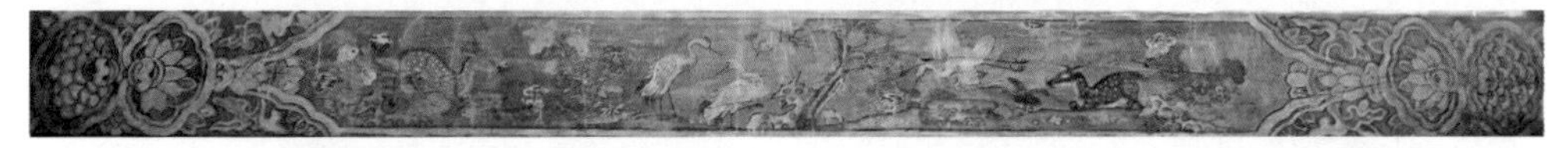

4 绩溪华阳文庙大成殿东山墙穿枋彩画（藻头为如意头组合，枋心绘鹤鹿同春）

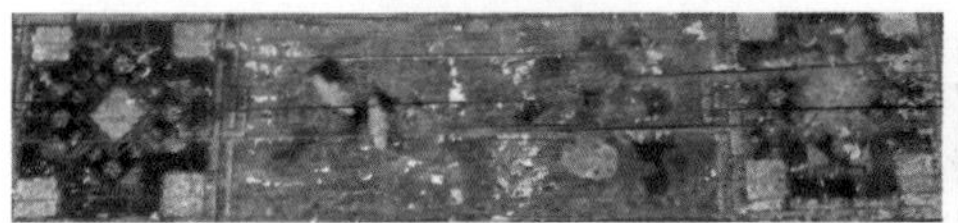

5 呈坎宝纶阁山墙穿枋彩画

6 东阳怡燕堂次间额枋彩画(枋心绘锦纹)

7 无锡宜兴徐大宗祠山墙穿枋彩画（藻头绘宝相花组合纹饰，枋心红地绘云纹）

图 3.41　木枋彩画类型

3.5.3.3 檩条彩画

从明中期到清末，檩条部位也成为建筑彩画装饰的重点。即便在彩画装饰最为简洁的宅第，也多在大厅的正脊上作彩画。通观明清时期江南彩画会发现，檩条彩画的时代性特征远不及梁栿彩画的明显，很难通过檩条彩画来断代，在图案上藻头部位多为团花或如意头，枋心部分为锦纹或写实绘画，檩条彩画的构图基本分为以下六种（表 3.6）。

表 3.6　江南地区檩条彩画基本构图规律

类　别		檩条彩画举例	纹样说明
通体彩画		徐大宗祠次间金檩彩画	徐大宗祠次间金檩彩画以朱色为地，绘五彩宝相花，周围为草绿色卷草纹，较为少见。
有枋心无端头		苏州东山镇乐志堂明间脊檩彩画	此类彩画在苏州东山镇一带常见，乐志堂包袱彩画以白为地上绘六方连续龟背交角纹样，包袱中部必定胜贴金。
有端头无枋心或枋心中部绘松木纹		安徽会馆檩条彩画	安徽会馆檩条彩画构图比较简单，仅在箍头处以白色为地。绘有荷花纹。
		徽州宝纶阁下金檩彩画	宝纶阁部分檩条彩画仅作端头，一般为如意头加十字别样式，枋心中部绘松木纹，是明代徽州檩条彩画常见样式。
三段式	藻头与枋心中间为素地	无锡硕放昭嗣堂	三段式：端头—枋心—端头，其中端头由箍头与藻头构成，藻头与枋心之间是素地，此为江南檩条彩画的最为普遍构图形式，枋心中部多为包袱锦彩画，以系袱子与直袱子为主。
	藻头与枋心相连	宁波冯岳台门檩条彩画	三段式：冯岳台门檩条端头作如意卷草纹，直接构成枋心端头，与明代旋子彩画相类似。
	藻头与枋心间绘松木纹	苏州西山徐家祠堂	徐家祠堂檩条彩画包头部分为海棠式，包头与堂子间为松木纹，堂子中心部位作盒子，盒子内作贴金百蝠流云。
五段式		浙江绍兴吕府	三段式：檩条端头有箍头，盒子，藻头造型，枋心有岔口线与方心线，是明代官式彩画的典型构图方式。

3.5.3.4　柱子彩画

柱子是古代建筑中最主要承重构件。早在汉代，柱子就有了彩画装饰，并且出现了“柱头—柱身—柱脚”三段式构图。在唐宋时期柱子彩画发展到了巅峰期，构图与纹样都较为复杂。元明之后柱身多作单色刷饰，柱子绘有纹饰。

江南地区明清建筑柱子彩画主要集中于梁枋与柱相交的柱头部分或山墙落地柱的上半部分（图 3.42）。下图为几种柱子彩画构图（图 3.43），其中柱身通体华纹在宋代较常见，江南地区仇英绘《汉宫春晓图》即在绿地上绘金色缠枝莲，明代徐大宗祠的落地柱柱头部分也绘有绿地的写生折枝牡丹花；山墙的中柱柱头部分基本占整个柱长的二分之一到三分之一，彩画类型较多，主要以箍头为交界线，其上绘各色锦纹，也有绘流苏做法。怡芝堂山墙柱子彩画构图较为简洁，仅在与穿枋相交的部位施彩画，长度与枋高相齐，图案为龟背纹；明代晚期的吕府箍头部位为缘道中间为六方连续图案。除山墙中柱外，其他与梁枋相交的柱头，一般以在箍头上绘四方或六方连续锦纹，蜀柱一般少有彩画。

3.5.3.5　椽子彩画

椽子包括椽身和椽头两部分，椽头是彩画装饰的主要部位，从宋代到明清北方彩画在椽

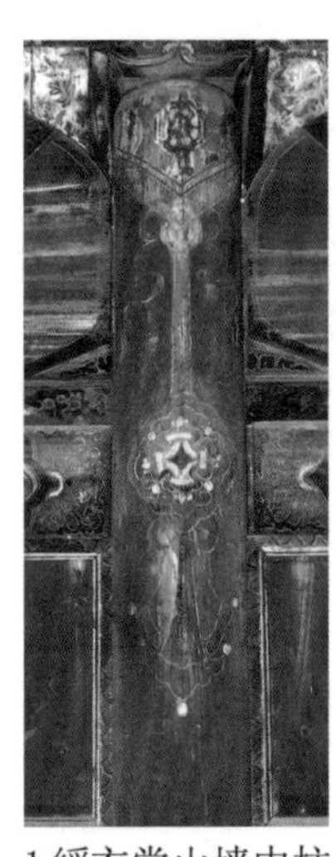
1 綵衣堂山墙中柱

2 怡芝堂山墙中柱

3 歙县许国枋柱头

4 怡燕堂柱头彩画

5 徐大宗祠蜀柱

图 3.42　柱子彩画

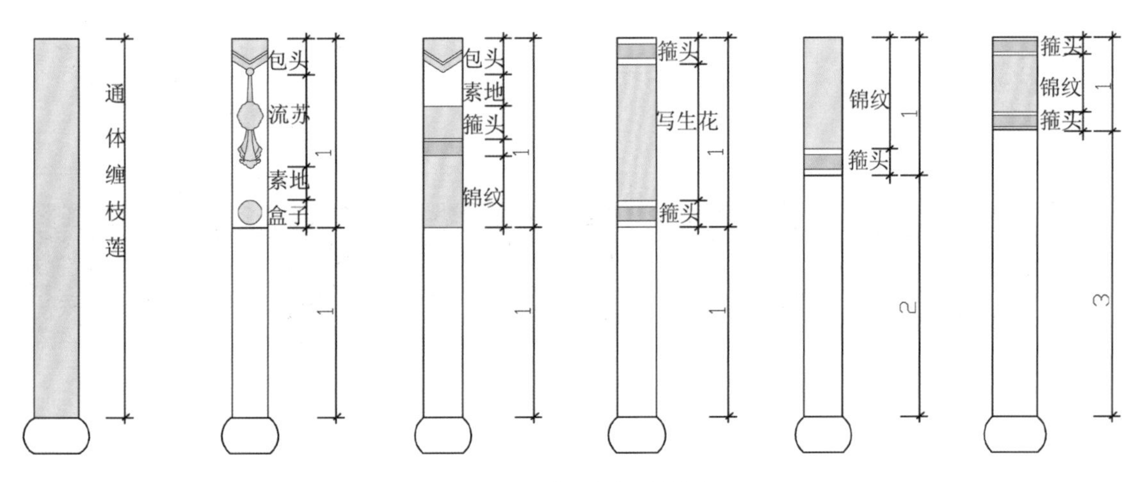

图 3.43　柱子彩画构图

头部分根据其圆形特征安排由中心向外发散的集中图案，南方由于气候潮湿，椽头部分不作装饰，内檐椽身或直接露木表或作油饰，无彩画，调研中只发现有椽身绘松木纹（图 3.44）与绘密点（图 3.45）的作法。

木构表面绘松木纹，汉代墓室彩画已有发现。在宋《法式》中有详细记载，江南地区彩画中松木纹广泛运用，梁、椽、檩、天花木表部分无处不施，其图案形式可分为两类：一是仿自然的木纹，尽量逼真，以达以假乱真的效果，东山地区的彩画基本为此类形式，以强化木的质感美。二是装饰化的松木纹，有韵律感，烘托主题，清代的松木纹不如明代的细致。

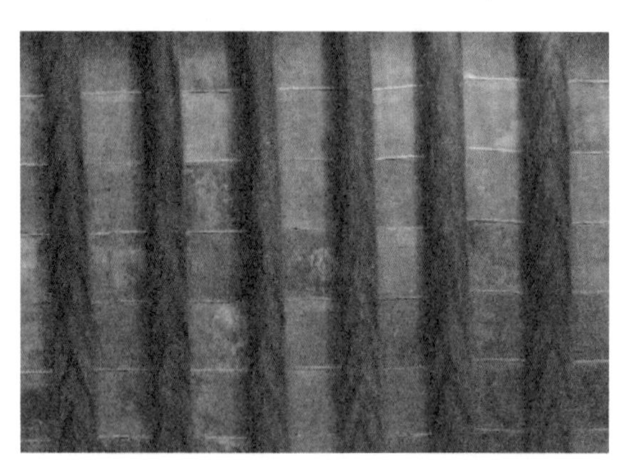

图 3.44　徐家祠堂椽子绘松木纹

图 3.45　宝纶阁椽身土黄绘红色密点纹

3.5.3.6　斗栱彩画

斗栱由斗、栱、昂等构件组成，其上的彩画经历了由简易到复杂再到简易的发展过程，在宋代斗栱彩画就达到了顶峰时期。明清时期官式斗栱彩画逐步公式化、规格化，由于尺度的不断缩小，彩画由五彩纹饰改为青绿两色加金边或黑边，在等级上分为三种类型：金线石碾玉斗栱彩画为上等、金线斗栱彩画为中等、墨线斗栱彩画为下等。对比官式彩画，江南地区木构斗栱彩画较少，现存斗栱彩画类型大致分为三类（图 3.46）：

（1）单色刷饰：用一种颜色对斗栱进行涂刷或作油饰，如：杭州文庙斗栱通刷绿色，苏南传统建筑斗栱基本与木构统一作深栗色油饰；

（2）墨线或白线缘道：整组斗栱刷单色，多为土黄或土红色，在外缘边拉白线；或者在外缘边拉黑线，黑线内拉白粉，浙江与徽州地区建筑斗栱多为此类墨线斗栱彩画，其斗的

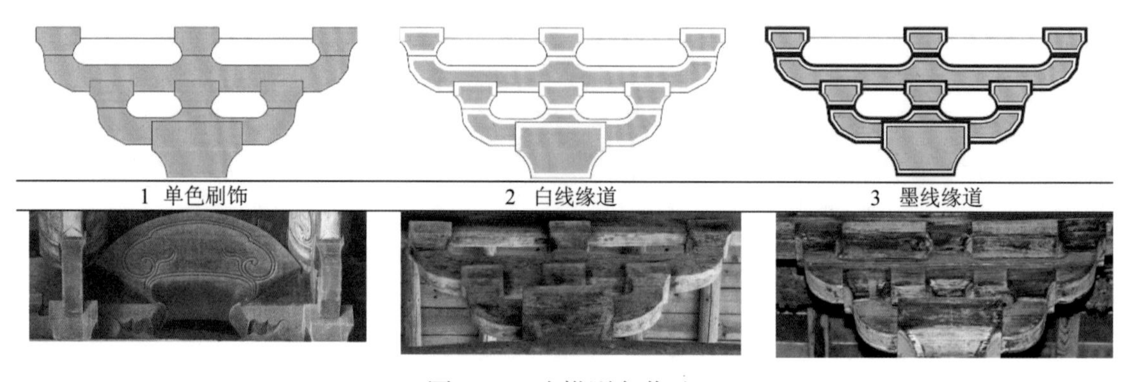

图 3.46　斗栱刷色作法

1　李路珂.《营造法式》彩画研究［M］. 南京：东南大学出版社，2011：281

四周都作缘道，而栱面部分则在沿外轮廓线部分作缘道，横栱与华栱相连接处不作彩画。其与《法式》“彩画作”中土黄刷饰斗栱之类相似，“若刷土黄谢墨缘道者，唯以墨代粉刷缘道，其墨缘道之上用粉线压棱”[1]，可认为是法式彩画在江南的延续。

（3）斗栱绘纹样：江南地区斗栱彩画（图 3.47），一般为周边作缘道，缘道内斗与栱均有绘有不同纹样，斗的斗平与斗欹常作整体构图，主要有莲瓣纹、柿蒂纹、如意纹、云纹等；栱则部分仅作缘道，或部分栱头与栱下作不同纹样[1]。由于彩画表面的颜料发黑或脱色，难于看清彩画纹样，下图几种不同组合的斗栱彩画示意图（图 3.48）。

图 3.47　江南斗栱彩画

图 3.48　坐斗纹样

3.5.3.7　栱垫板彩画

栱垫板是比较特殊的构件，属于梁栱层范畴，位于额上、枋下斗栱之间。由于其具有相对较大的作画面积，又具有“壁画”的特点，所以栱垫板的彩画有自身独特的发展规律。在宋代以后栱垫板的彩画样式向两个方向发展：一方面，向装饰化发展，出现了适合栱垫板的花纹图案，主要有牡丹华、荷莲华、单枝条华；另一方面趋向写生化，题材由静态的植物花卉向人物、故事场景等世俗生活题材转变。江南地区栱垫板彩画非常少见，但却代表了宋代以后栱垫板彩画的发展趋势。例如：城隍庙栱垫板内绘写生盒子，盒子内绘文人画（图 3.49）。苏州西园寺栱垫板内黄地上绘蝶恋花（图 3.50）。

图 3.49　苏州城隍庙栱垫板彩画

图 3.50　苏州西园寺栱垫板彩画

1　宋代栱头与栱下多分开单独安排纹样，《法式》中也明确以“栱头”和“栱下”分别命名，一般栱头取栱高的 2/5，余下为栱下，五彩装和碾玉装这两种高级彩画制度中，栱头与栱下常绘制富丽而结构性强的装饰纹样，与《法式》卷第十四“五彩遍装”条有“鱼鳞麒脚宜于梁栱下相间用之”和“四出六出亦宜于栱头、椽头、方格相间用之”之语相合。中下品彩画制度中，栱头与栱下彩画比较简单，栱头多为刷饰；栱下多作白燕尾。

3.5.3.8 天花彩画

天花属于建筑内檐装饰部分，也称为“承尘”，一方面顶上封尘、限定空间，另一方面装饰室内空间。天花中央升起的重点装饰部分，可称为藻井。根据天花的构造则可分为“平板式天花”与“井式天花（藻井）”两类，江南地区平板式天花根据纹样则分为“锦地画”与“素地画”两大类，差别主要在于天花的底纹是锦纹还是单色刷饰。

（1）平板式锦地天花：主要是指徽州民居室内天花板上的彩画，根据建筑的空间等级分为“锦地开光”、“锦上添花”、“素锦地”三种类型，这类天花在构图上体现了“版中有灵、刻中有活、结中有放”[1] 的特点。对于“锦地开光”与“锦上添花”而言，彩画底纹的万字纹、寿字纹、米字纹为地本身就是规律性的，非常有“秩序”，而在底纹上面千姿百态的虫鱼鸟兽恰恰打破了这种“刻板结”而展现出“灵活放”，但同时又为底纹所统一（图 3.51）。

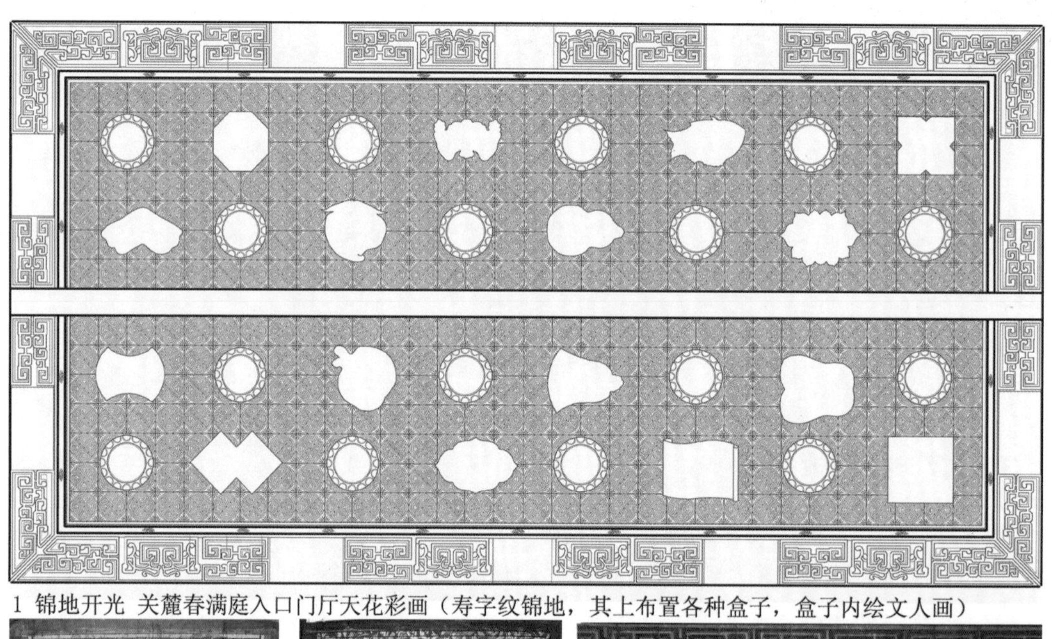

1 锦地开光 关麓春满庭入口门厅天花彩画（寿字纹锦地，其上布置各种盒子，盒子内绘文人画）

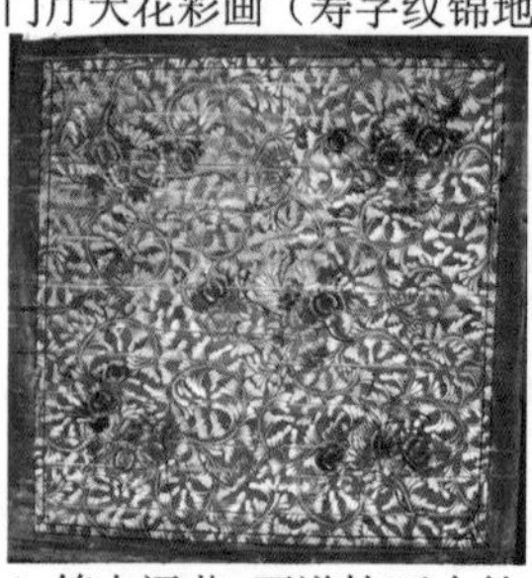

2 素锦地 关麓汪令钰宅夹厢 3 锦上添花 西递枕石小筑夹厢 4关麓汪令钰宅前檐花锦地上绘蝴蝶、散花

5 锦上添花 宏村承志堂前檐天花彩画（冰裂纹锦地，其上绘折枝花）

图 3.51 徽州民居天花板彩画

1 诸葛铠. 雷圭元教学思想初探［J］. 苏州丝绸工学院学报（社会科学版），1995（6）：65

（2）平板式素地天花：这种天花样式民居中不常见，江南民居采用厅堂造的木构形式，不作天花。这与江南的气候有关，江南气候炎热多雨，室内需要高敞、通风，如做天花则室内过于压抑，因此以彻上露明造最为适宜[1]。寺庙建筑多作殿堂造，屋顶部分作天花装饰。其中平板天花有棋盘格式、井罩式（也有称为板式藻井）和方格式三类（图 3.52）。天花主要包括支条和天花板两个部分，与北方地区天花彩画相比，江南地区天花支条部分基本不作彩画，只作油饰，天花板部分较为简单，多不设缘道，部分设有圆光，底色多刷白，岔角多绘宝相花、蝴蝶、祥云与如意纹。天花彩画的题材较为固定，一般多绘莲花、龙凤、仙鹤等祥瑞动物，作五彩渲染或润色攒退（图 3.53）。

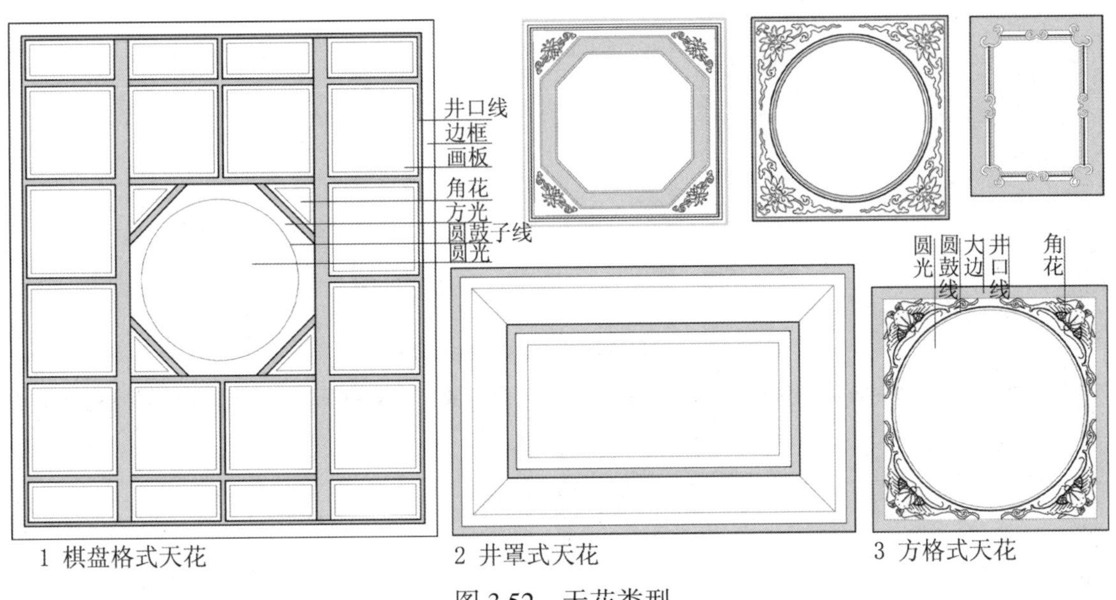

图 3.52　天花类型

3.5.3.9　藻井彩画

中国古代对藻井的使用有着严格的限制，是“礼”的象征，只有在高等级的建筑中才能使用，藻井多用在宫殿宝座、寺庙佛坛上方最重要部位。在江南地区，苏南与徽州的藻井少有彩画装饰，在浙江南部藻井的类型与彩画装饰相对比较丰富。在浙南，八角形藻井称八角顶；六角形藻井称为六角顶或六角珠；圆形藻井称为鸡笼盘顶、鸡笼顶、蜘蛛结网等；螺旋形的圆形藻井在瑞安被称为五帽顶，泰顺称蜂窝形蒙天。藻井中层层上挑承托井口枋的华栱在浙南称为社，称谓藻井时常要指出社的数量，如：十二社转八角顶、十社转六角珠等[2]（图 3.54）。八角顶是浙南最常见的藻井形式，八角顶可按照形式分八社八角顶、十二社转八角顶、十六社转八角顶等。

藻井本身构造繁复，结构美，故即便是不饰彩，也很华美。只有浙江永嘉一带的藻井多作彩画，且类型相似，基本都是在土红色地上作堂子画，包头部位为墨色分脚如意头，堂子心内绘有各类盒子，盒子有石榴、书卷、海棠、扇面、蝴蝶等多种造型，盒子内以白色为衬色，

1　张家骥．中国建筑论［M］．太原：山西人民出版社，2003：481
2　石红超．苏南浙南传统建筑小木作匠艺研究［D］．南京：东南大学，2005：46

2,3 金华市午塘头村邢氏宗祠天花彩画——旭日东升、鲤鱼跳龙门

1 苏州玄妙观三清殿天花彩画——莲花图

4,5 金华市白龙桥镇叶店村友梅公祠天花彩画——双雀图、双鹭图

6 浙江武义严福寺大殿天花彩画——蟠龙戏珠

7 苏州北寺塔观音殿天花彩画——蝴蝶图

图 3.53 天花彩画

1 浙江丽水时思寺八角顶

2 浙江宁海潘氏宗祠古戏台鸡笼顶

3 浙江宁陈氏宗祠古戏台鸡笼顶

图 3.54 浙江藻井彩画

其上绘写生画。藻井的顶心部位多作莲花、盘龙、云纹，以示厌火。枝条部分作锦纹或仅作刷饰。在色彩上以红、白、黑为主色调，青色与绿色为小色，色彩对比明显且配色协调，丰富而有秩序（图 3.55），成为浙江彩画的一大特色。

1 浙江永嘉塘湾王太公祠藻井彩画

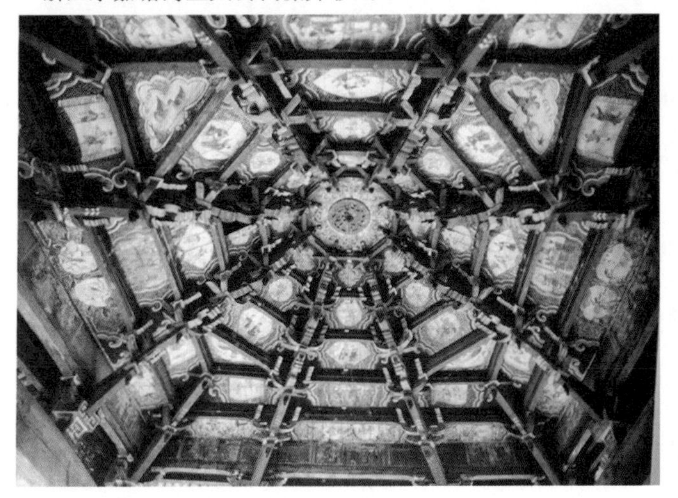

2 浙江永嘉塘湾郑氏大宗祠藻井彩画

3 浙江藻井彩画细部

图 3.55 浙江永嘉八角顶藻井彩画

3.6 彩画纹样分析

江南地区彩画纹样种类丰富，清代扬州人李斗在乾隆晚年写成的《扬州画舫录》卷17《工段营造录》中有关扬州一带彩画纹样记录："及诸彩色，随其花式所宜称，花式以苏式彩画为上。苏式有聚锦、花锦、博古、云秋木、寿山福海、五福庆寿、福如东海、锦上添花、百蝠流云、年年如意、福缘善庆、福禄绵绵、群仙捧寿、花草枋心、春光明媚、地搭锦袱、海墁、天花聚会诸式。其余则西番草、三宝珠、三退晕、石碾玉、流云百鹤、海墁葡萄、冰裂梅、百蝶梅、夔龙宋锦、画意锦、垛鲜花卉、流云飞蝠、袱子喳笔草、拉木纹、寿字团、古色螭虎、活盒子、炉瓶三色、岁岁青、瓶云芝、茶花团、宝石草、黄金龙、正面龙、升泽龙、圆光、六字真言、云鹤、宝仙、金莲水草、天花、鲜花、龙眼、宝珠、金井玉栏杆、万字、栀子花、十瓣莲花、柿子花、菱杵、宝祥花、金扇面、江洋海水诸式。"[1]李渔的这段文字是对雍正年间颁布的《工部工程作法》中彩画作内容的部分摘录，针对扬州地区的彩画特点，他仅摘录了苏式彩画部分。对于金琢墨，雅伍墨，大小点金等官式和玺与旋子彩画未摘录，这也从侧面反映当时扬州一带苏画的种类之多，笔者发现其上列举的纹样，除去"福缘善庆、春光明媚、金井玉栏干、袱子喳笔草"未见实例外，其余诸式在江南地区均有所见。一方面说明南北方苏式彩画的相通之处，另一方面也要注意虽然画题相同，但南北方在具体画法上各有特点。上述纹样仅仅是江南彩画纹样的一部分，实际上江南彩画的纹样远不止这些，其种类繁多，且借鉴其他艺术门类的画题。主要因为中国古代的传统绘画题材常常出现同构现象，相同的画题同时可以应用于织物、工艺品、雕刻与绘画中。这些画题不外乎几何器物、禽兽鱼虫、草木花果、人物风俗之类，并且多附有吉祥寓意。

从江南彩画的纹样特点来看，主要有几何类与写实类两部分，织锦类以几何纹较多，文人画及匠画基本都是写实类。这部分纹样一方面来源于历史上流传下来的彩画图样，如《法式》"彩画作"记载的纹样有华纹、琐纹[2]、人物、走飞、如意、霞光之类；一部分来源于社会上流行的图样，如丝绸与其他民间艺术品上的吉祥纹样；还有一部分来源于文人画或匠画中的图样。这些纹样之间大都互相借鉴，画题基本一致，只是由于表达材料与工艺的差异而使得纹样呈现出千变万化的形式。实际上民式彩画是一个开放的体系，对于一个熟练的画师来说，画题信手拈来，例如，苏州城隍庙的大梁上就绘有无锡惠山泥人——大阿福。

整体而言，彩画在构图方面有自己独特性，但在纹样极少原创，宋代《法式》"彩画作"中的琐纹与华纹大多借鉴丝织品纹样，这主要源于宋代盛行丝绸装饰建筑室内。宋仁宗景佑三年，"诏禁凡帐幔、缴壁、承尘、柱衣、额道，毋用纯锦遍绣"。[3]事实上美轮美奂的丝绸纹样非常富有秩序感与装饰性，宋代织锦纹的样式主要有团科、方胜、四出、六出、密环等。同样遍绘锦纹也是江南彩画最大的特点，江南彩画对于织锦纹的模仿，源于江南地区作为南宋以来的丝绸生产中心，不仅在产量上令其他地区望其项背，工艺水平也居全国之冠。当时，江宁（南京）、苏州、杭州、湖州是最重要的丝绸产地。据南宋陶宗仪《辍耕录》一书的记载，北宋彩锦有四十余种、南宋有上百种。明清时期是我国丝绸织花工艺技术高度发展的时代，

1 ［清］李斗．扬州画舫录［M］．陈文和，点校．扬州：广陵书社，2010

2 "琐纹"是各类几何形体连锁复制而形成的纹样。详见：李路珂．《营造法式》彩画研究［M］．南京：东南大学出版社，2011：132

3 《宋史》舆服制

朝廷在“江宁、苏州、杭州”设立织造府，南京“云锦[1]”与苏州“宋锦[2]”声誉尤高。实际上，丝绸的花纹与色彩不仅是别等第、分贵贱的标志，还因最富展示性而凝结了装饰艺术的精华，体现着审美时尚的变迁，不仅为各类工艺品所效仿，还充当着新式样最快捷的传播者。虽然这样讲似乎有些夸张，但却突出了丝绸纹样强大的影响力[3]。彩画中锦纹的运用主要是展示其“铺陈列绣”之美，同时，对锦纹的吸收与模仿并非拿来直接套用，有的是借鉴其组织形式、有的是对其纹样进行改造，使其更加适合建筑构件。此外，文人绘画与匠画对彩画的影响也不可低估，明代以后江南地区吴门画派、新安画派、浙派对整个画界的影响深远，文人绘画与织锦纹样相比更加注重意境的传达，经过民间画工的提炼与加工，使绘画便于模仿，也附会上更多的吉祥寓意，为世人喜好。故而江南地区独特的人文环境使得织锦艺术与文人绘画艺术对江南彩画产生了潜移默化的影响，如果在彩画纹样的分析中抛开其不谈，仅将彩画纹样分为植物、动物、人物、几何纹样，只见树木，不见森林，割裂了彼此间源与流的关系，也无法解释江南彩画所取得的艺术成就。总之，无论从何种角度来看，都无法涵盖彩画纹样的类型，都有相互交叉重叠之处，笔者姑浅将彩画纹样从三个方面来谈：单一纹样、组合纹样与写生画，其中单一纹样重点来看宋代彩画的华纹、琐纹、如意在江南地区的传承，在复合纹样中则突出多种纹饰的组合效果，写生画部分则突出文人绘画对彩画的影响。

3.6.1 单一纹样

单一纹样中较为简单的结构组织就是以一种规则几何纹或者单一的植物纹样为主题而形成的样式，在宋代法式彩画作也含有单一纹样的组合，如：琐纹、华纹与如意纹，这一类纹饰在彩画中最为常见，因为其便于复制且有秩序，且普遍适合于不同构件。

3.6.1.1 几何纹

单一的几何纹规则性强，有较好的装饰效果，是彩画纹样中较费工的一种。这类几何纹主要以垂直线、水平线、对角线三种基本线条构成几何骨架，以不同的颜色填出几何形状与彩色层次，匀称规整。以构图单元而言，主要有以格子为基础的方棋纹、斗纹、叠胜纹、蛇皮纹；以三角形为基础的锁子纹；以圆形交切或交叠的球纹、连线纹；以六角形为基础的龟背、交脚龟背纹。从锦纹的构成骨式来看主要有二方连续与四方连续。二方连续“以三角形、方形、圆形或其他图形作基础，加上其他线条的变化，或基本型相互复合，或以点线为基础组成单位纹样，向上下或左右两方向作反复连续，便组成二方连续几何形图案”[4]。这类纹样由于其呈带状，适用于箍头与包袱边，江南地区二方连续锦纹部分延续了宋代彩画中的曲水纹，这类纹样以波浪形为构图骨架，整个连续纹样可以用一条横带连续盘曲而成，主要有万字、丁字、王字、工字、香印、单钥匙头与双钥匙头。此外，清末苏南彩画枋心两端还以细卷草纹与云头纹、联珠纹为单元进行二方连续并作串色（图 3.56）。

---

1 云锦：南京织造丝织品的泛称，包括彩锦、暗花缎与妆花缎。一般纹样饱满，色彩浓重，图案端庄、喜用金线，织物金彩辉映，犹如天空云霞，故称“云锦”。

2 宋锦：清以来苏州的织锦，图案多仿宋，有重锦、细锦、匣锦之分。他们大多图案规矩、纹样秀丽、配色和谐、风格古雅。

3 尚刚．天工开物：古代工艺美术［M］．北京：生活・读书・新知三联书店，2007：9

4 吴山．几何形图案的构成和应用［M］．北京：人民美术出版社，1985：26

四方连续：主要有四出与六出两种类型，这种以三角形为单位的锦纹广泛地应用于东亚地区的建筑彩画中，无论是北方的官式彩画还是地方彩画，甚至在日本与韩国的彩画中均可以看到这类纹样，清代官式彩画中称为“编织锦”，在晋系彩画中称为“出剑”图案。这类图案以三角形、四边形和六边形穿插形成“三出剑”、“四出剑”、“六出剑”最为典型[1]。此类纹样可能开始之初借鉴丝绸纹样，由于其结构明晰，秩序感强，逐步为彩画广泛使用（图 3.57）。

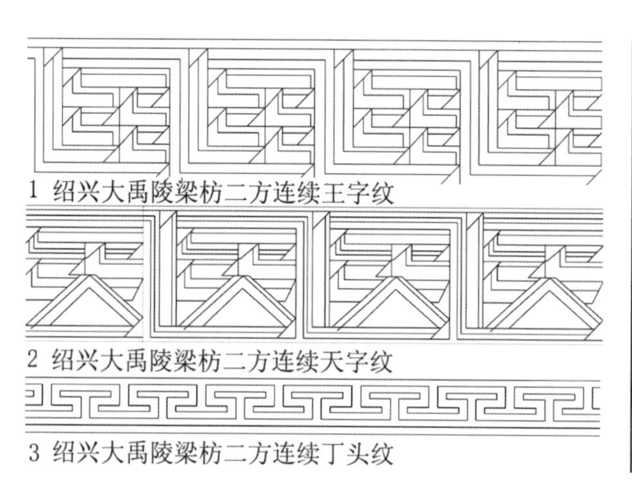
1 绍兴大禹陵梁枋二方连续王字纹
2 绍兴大禹陵梁枋二方连续天字纹
3 绍兴大禹陵梁枋二方连续丁头纹

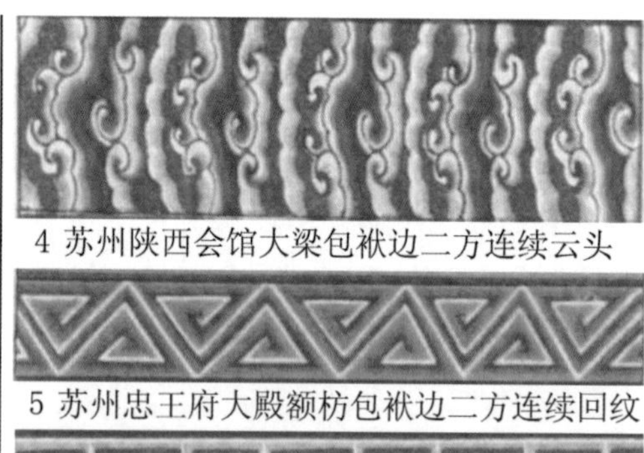
4 苏州陕西会馆大梁包袱边二方连续云头
5 苏州忠王府大殿额枋包袱边二方连续回纹
6 苏州原邮局内轩枋包袱边二方连续回纹

图 3.56　二方连续单一纹样

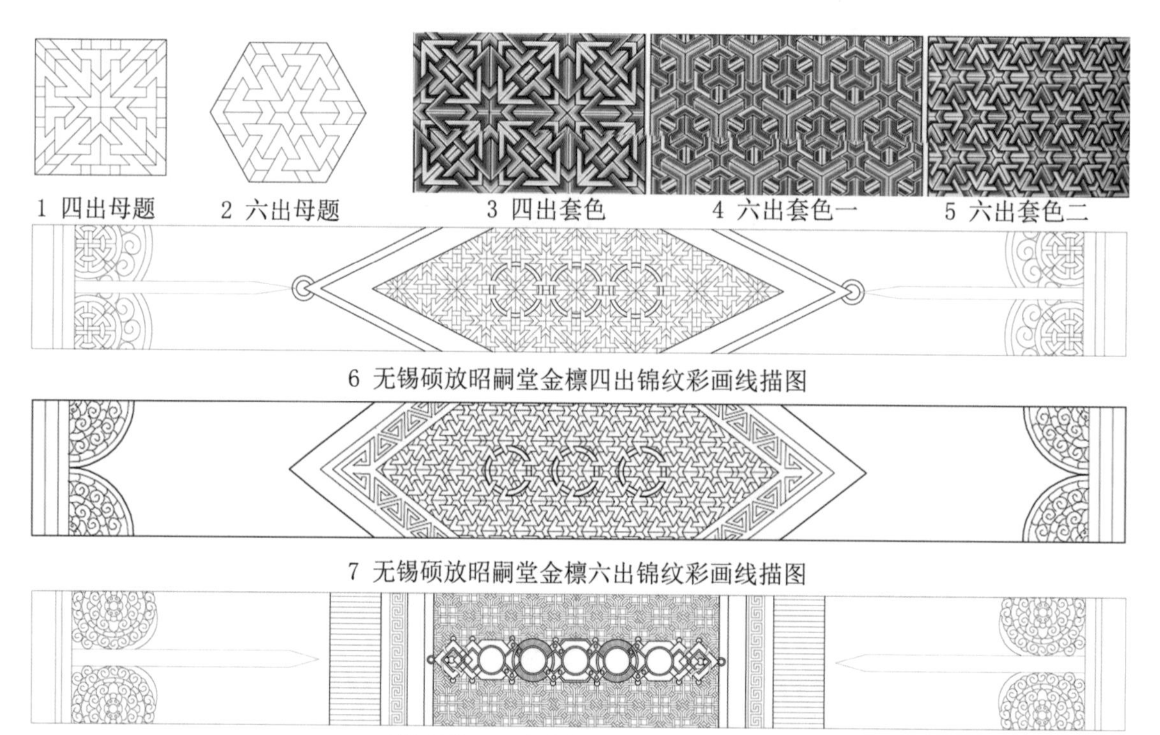
1 四出母题　2 六出母题　3 四出套色　4 六出套色一　5 六出套色二
6 无锡硕放昭嗣堂金檩四出锦纹彩画线描图
7 无锡硕放昭嗣堂金檩六出锦纹彩画线描图
8 无锡硕放昭嗣堂脊檩四出席文彩画线描图

图 3.57　四方连续单一纹样

1　张昕. 山西风土建筑彩画研究［D］. 上海：同济大学，2007：89

3.6.1.2　华纹

华纹[1]：主要由自然形态的植物的花、叶、蒂加以提炼概括而成。宋代彩画中的华纹，主要有海石榴花、宝相花、宝牙花、荷莲花。明代以后江南地区的华纹以宝相花为主，普遍用于彩画的藻头部位，也有个别用于包袱边或栱垫板。宝相花是由写实花抽象而成，以牡丹、莲花、菊花的花朵、花苞、花托、叶片等形象为素材，以四向对称放射或多向对称放射的形式，组织成圆形、菱形纹样，在每一层花朵、花苞的中心点或叶子的基部中心，不同明度的层次，逐层退晕，使之显现出宝石镶嵌般的效果，在丝织物中应用最广，并且宝相花周围多有枝叶作衬托[2]（图 3.58-1、2、3、4）。彩画多取其花头部分，并且明代以后宝相花，在图案上已经可见明显的旋瓣形象，其叶片卷曲的形状常常被抽象为"小勾子"和"凤翅瓣"形状。花瓣最少有一路瓣，最多达到三路瓣，它常常绘在官式彩画的找头部分（图 3.58-9、图 3.58-10）苏南民式彩画的端头部位呈现出四分之一或二分之一朵旋花组合（图 3.58-12、13、14、15）。

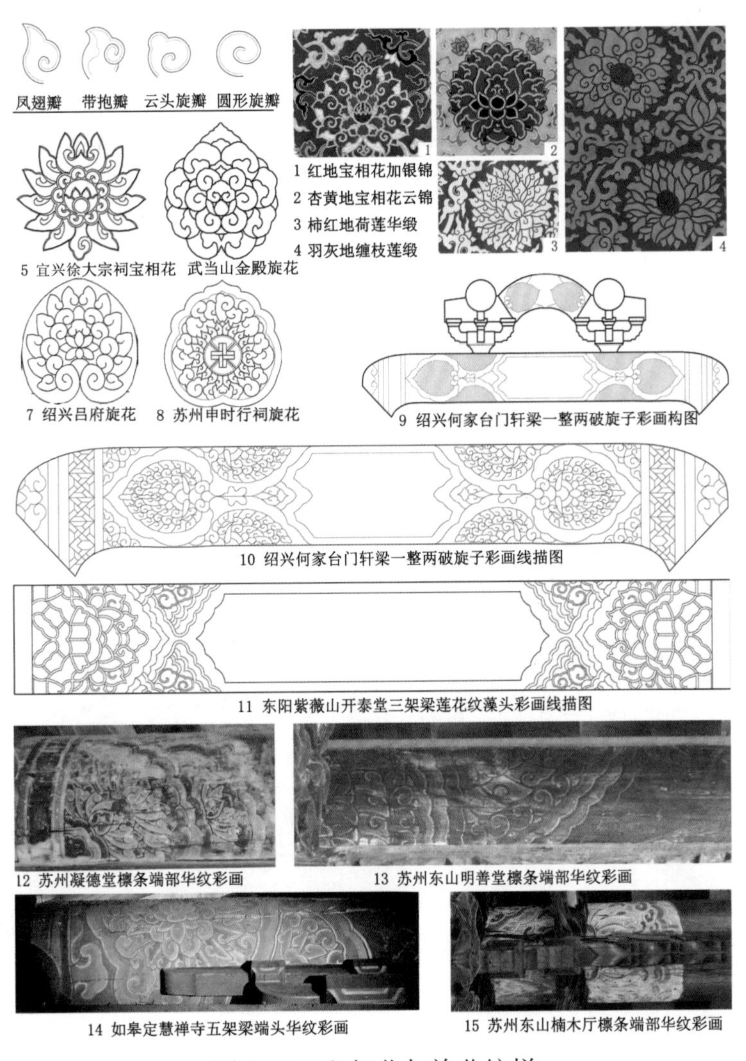

图 3.58　宝相花与旋花纹样

1　华：通"花"。意指草本植物借春气生发，结出的花朵，所谓"春华秋实"，引申为繁茂、生机、华美。

2　花与叶相结合分为：穿枝花与缠枝花两类，穿枝花是在波状线主茎上分枝发叶，枝茎不在主花周围圈绕的结构形式，缠枝花是在以交切圆或咬圆形成的主茎线上分枝发叶，枝茎在主花周围圈绕生长的结构形式。详见：陈娟娟．明清宋锦［J］．故宫博物院院刊，1984（4）：25

宝相花作为箍头，非常尊重构件的结构逻辑，根据梁枋、檩条的间距、宽度作增减花瓣的处理，非常巧妙地运用平面构成中的打散、重复、对称等审美原则，追求图案的平面化，以适应不同构件的要求，构图多为四分之一朵、二分之一朵、整朵，以及一整两破的形式。

3.6.1.3 如意纹

如意广泛应用于古代的绘画、建筑、家具、服饰、玉器、瓷器中。最初由汉代的手形如意演变成卷云形、灵芝形、心字形，由于其寓意吉祥，更增加几分仙气与神韵。从《法式》记载来看，宋代彩画中如意纹的基本形象是三瓣卷云纹，用于建筑构件的端头部位。《法式》中记载："檐额或大额及由额两头近柱处作三瓣或两瓣如意头角叶……或随两边缘道作分脚如意头。"又有："唯檐额或梁栿之类并四周各作缘道，两头相对作如意头。"其的样式归结起来有三类：两瓣如意头、三瓣如意头、分脚如意头。现存江南明代徽州石雕牌坊上就有如意头与其他纹饰通过互相编织、穿插的组合形式，有如意头与十字别组合、如意头与灵芝组合、如意头卷草纹之类，这些纹样都延续了宋代以如意头作彩画端头的类型（图 3.59a，图 3.59b）。

此外，四合如意作锦纹图案在江南彩画中也常出现，其构图主要来源于苏州的仿宋锦，这种锦纹以四朵如意头相对或相背形成四边形或八边形单元，以四方连续的形式向外扩展，与几何锦纹相比，非常柔美华丽，除四合如意外，还有六出如意的变体（图 3.60-1）。苏州綵衣堂与脉望馆有大量的四合如意锦纹（图 3.60）。

1 黟县西递胡文光牌坊（明代万历）—红线示意如意头

2 浙江慈城冯岳台门如意卷草一整两破

3 两瓣如意头

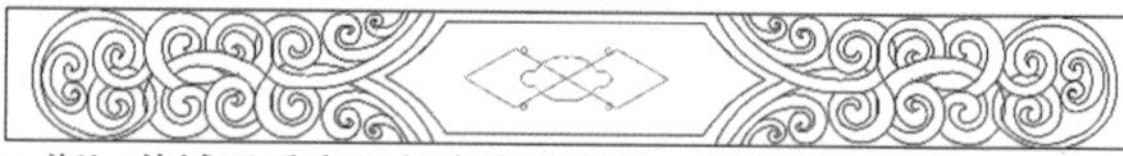
4 浙江慈城冯岳台门如意卷草藻头一整两破加两路

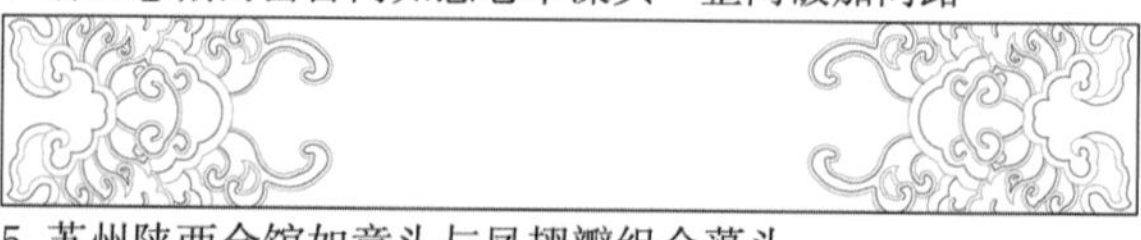
5 苏州陕西会馆如意头与凤翅瓣组合藻头

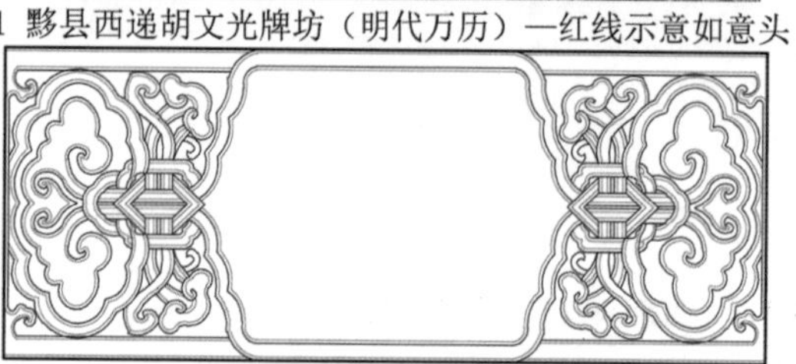
6 歙县大学士许国牌坊—次间额枋如意头灵芝藻头

7 歙县大学士许国牌坊—额枋如意头加十字别藻头（明代）

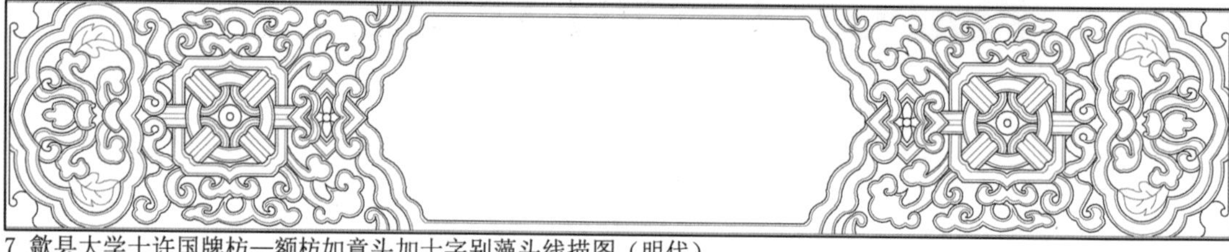
7 歙县大学士许国牌坊—额枋如意头加十字别藻头线描图（明代）

图 3.59a 如意纹藻头

9 徽州宝纶阁下金檩藻头彩画—如意头加斜向45° 十字别

8 徽州宝纶阁下金檩藻头彩画—如意头加十字别

图 3.59b　如意纹藻头

1 红地龟背纹骨架如意纹寿字加金锦

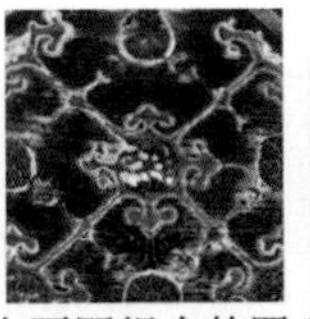

2 綵衣堂包袱锦上不同组合的四合如意锦文

3 綵衣堂山墙穿枋枋心内四合如意贴金锦纹

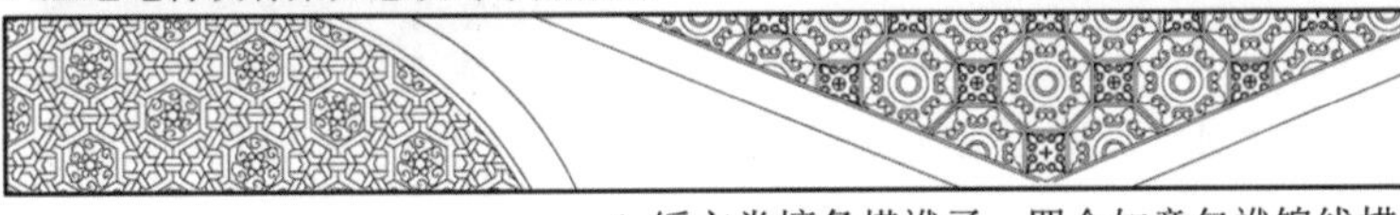

4 綵衣堂檩条搭袱子—四合如意包袱锦线描图

图 3.60　包袱内如意纹组合

3.6.2　组合纹样

彩画中存在大量的组合纹样，基本上单个构件彩画都是由不同种类的纹样组合而成，例如，梁枋包袱锦彩画，一般由华纹藻头与锦纹包袱构成，而包袱本身袱边子的纹样与包袱内纹样也不相同，再加上枋心中部多作八宝贴金纹样，一幅梁枋彩画纹样至少在四种图案以上，如果纹样种类、数目、色彩及组合方式不同，就可以形成千变万化的彩画样式，为了突出重点，文中仅介绍江南彩画三种最具地域特色组合纹样：锦上添花、锦地开光、八宝贴金。

3.6.2.1　锦上添花

锦上添花纹样最初来源于丝绸纹样的构图方式，因为其图底清晰，表现丰富，被采用到彩画纹饰中。通过分析，主要有两种类型，一类在几何母题的中心填充适合的花纹。这类锦纹以六方连续与四方连续为构成骨架，其纹样多由三角形经过旋转、对称而形成的单体，在单体中心增添小碎花，主要有枣花、莲花与菊花。单体的尺度一般为构件宽度的三分之一，例如一个檩条的宽度如果为 45 厘米单元纹样的大小就在 15 厘米到 20 厘米之间。比较适合绘画，这些小花纹往往是单元图形的视觉中心，常以贴金的形式出现，同样几何纹与小碎花的结合使得纹样变得活泼、亲切（图 3.61）。

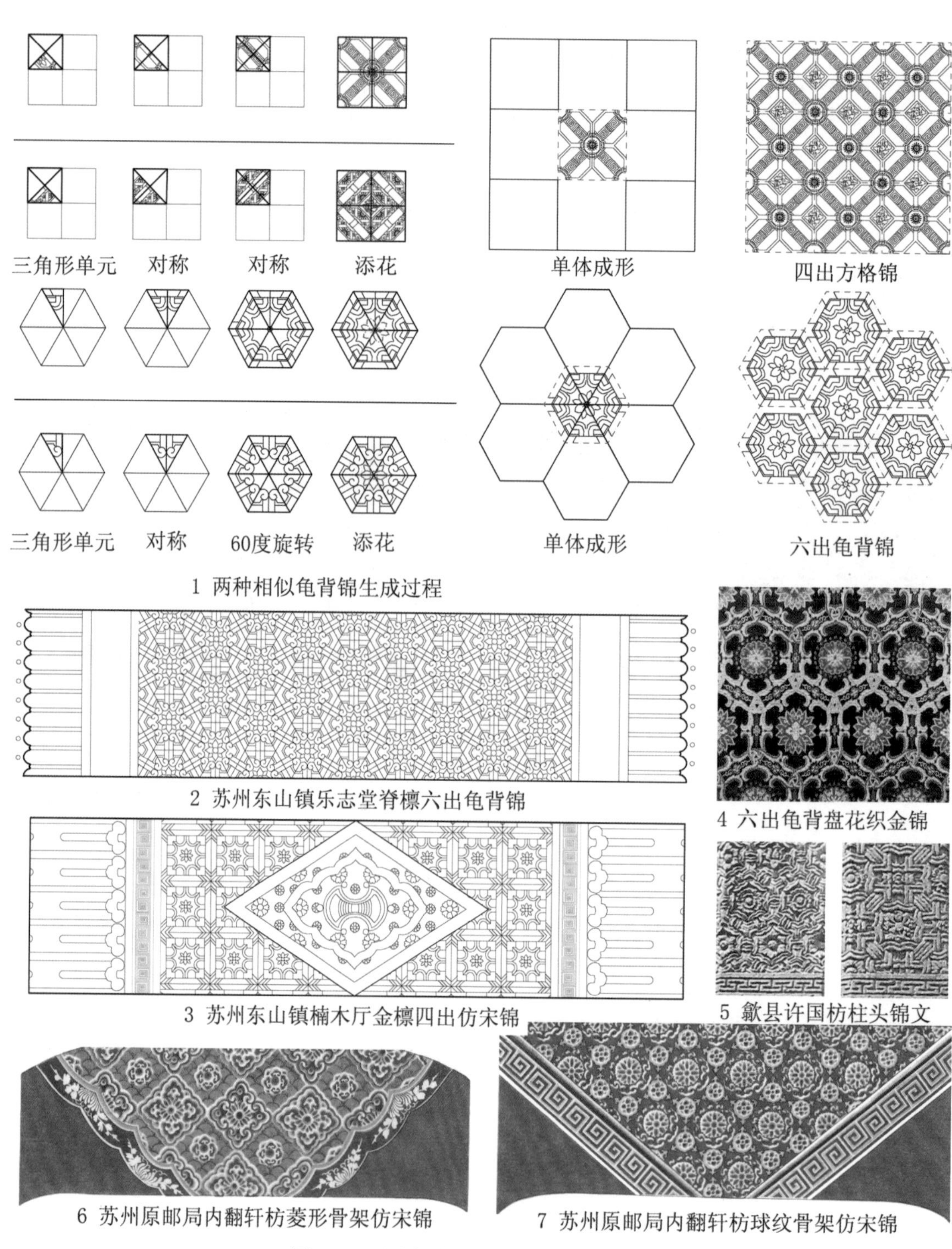

图 3.61 江南彩画中的锦上添花纹样

锦上添花中另一类纹样，是指在全部铺满各式小型几何锦纹上加饰自然形态的花鸟。小型几何纹主要有万字纹、米字纹、水波纹、云纹等。这种简单的几何纹以四方连续构成骨式，向四周展开，作为底纹，主要起到衬托作用。并且底纹与其上写生纹样相互呼应，最终达到繁缛细致、动静结合的效果。如织金妆花缎纹样（图 3.62–1），其在翻滚的波浪纹上，加饰不同形态的鲤鱼和佛教中的“八吉祥”，非常生动活泼。图 3.62–2 与妆花缎纹样如出一辙，徽州天花也是在细小的水波纹上绘有不同形态的鱼类，并且多成对出现，有鲤鱼、鲶鱼、鲫鱼、金鱼、鳊鱼，构思巧妙，手法精良，极富艺术感染力。呈坎宝纶阁插梁上系袱子内万字纹上绘牡丹（图 3.62–3），寓意“富贵万年”。

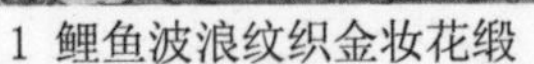

1 鲤鱼波浪纹织金妆花缎

2 黟县宏村陪德堂前廊天花（水波纹上绘各式鱼类）

3 徽州呈坎宝纶阁锦上添花系袱子（富贵不断头底纹上绘牡丹花）

图 3.62 锦上添花

3.6.2.2 锦地开光

这种构图来源于丝绸纹样的构图，主要指在几何形或散排的主花周围留出一定范围的光洁空地，这块空地一般是四方形、圆形和四出、六出、八出形等。在这块空地边界以外的地方，全部以各类小型几何纹满铺，边界内的空地上则加饰自然形花纹或各种图案、这样既突出了主体花，又使锦面纹样显出空间感。这类形式的花纹称为“锦地开光”[1]（图 3.63）。

锦地开光应用在彩画纹样的构图中，主要指在细密的小型几何纹中，如寿纹、万字纹、菊花纹、水波纹、云纹上，间隔一定范围留出一块空地，绘以不同类型的盒子，这些称为盒子或聚锦纹样多摘自于生活中常见的图案，式样多变、信手拈来，每有画师自己的发挥，有

1 陈娟娟. 明清宋锦［J］. 故宫博物院院刊，1984（4）：51

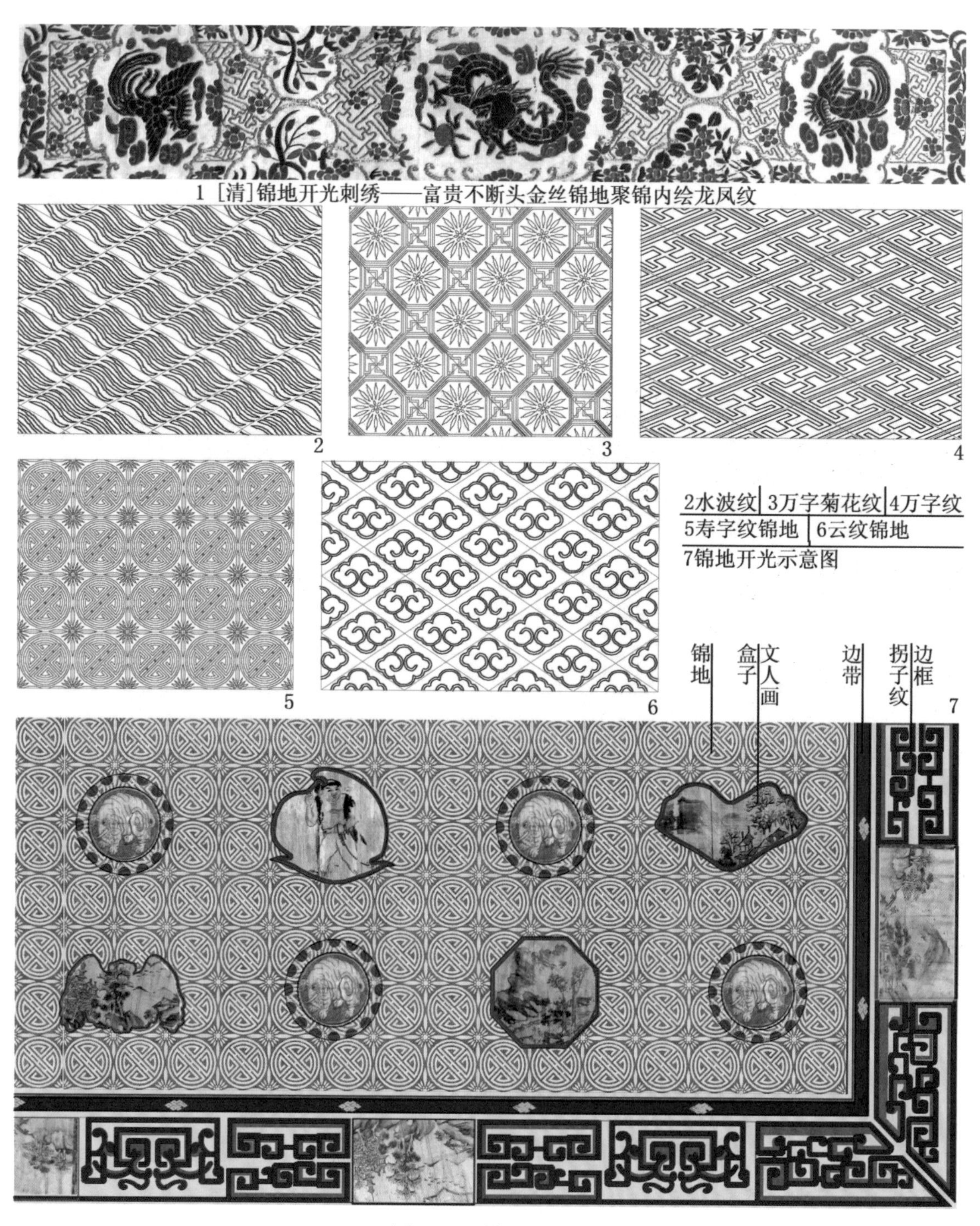

图 3.63　锦地开光

石榴、葫芦、蝴蝶、圆光、方光、书卷、蝙蝠等不下数十种（图 3.64）。聚锦外轮廓简单者仅作青色边线，复杂者在青色边线外压黑色。每幅盒子的大小在 25 厘米到 35 厘米之间，方寸之内是画师展现绘画技艺，一比高下的领地，盒子内多作白色底，其上绘各式山水、花鸟、人物画等文人画与吉祥画题材，足称得上“壶中天地”。类似此种做法在官式苏画的包袱边亦有小幅聚锦，因以白色作底色[1]，锦内亦作画，通常称之为“白活”。

1　官式彩画聚锦底色除去白色外，还有蛋清、浅香色、四绿等色。详见：边精一. 中国古建筑油漆彩画［M］. 北京：中国建材出版社，2007：131

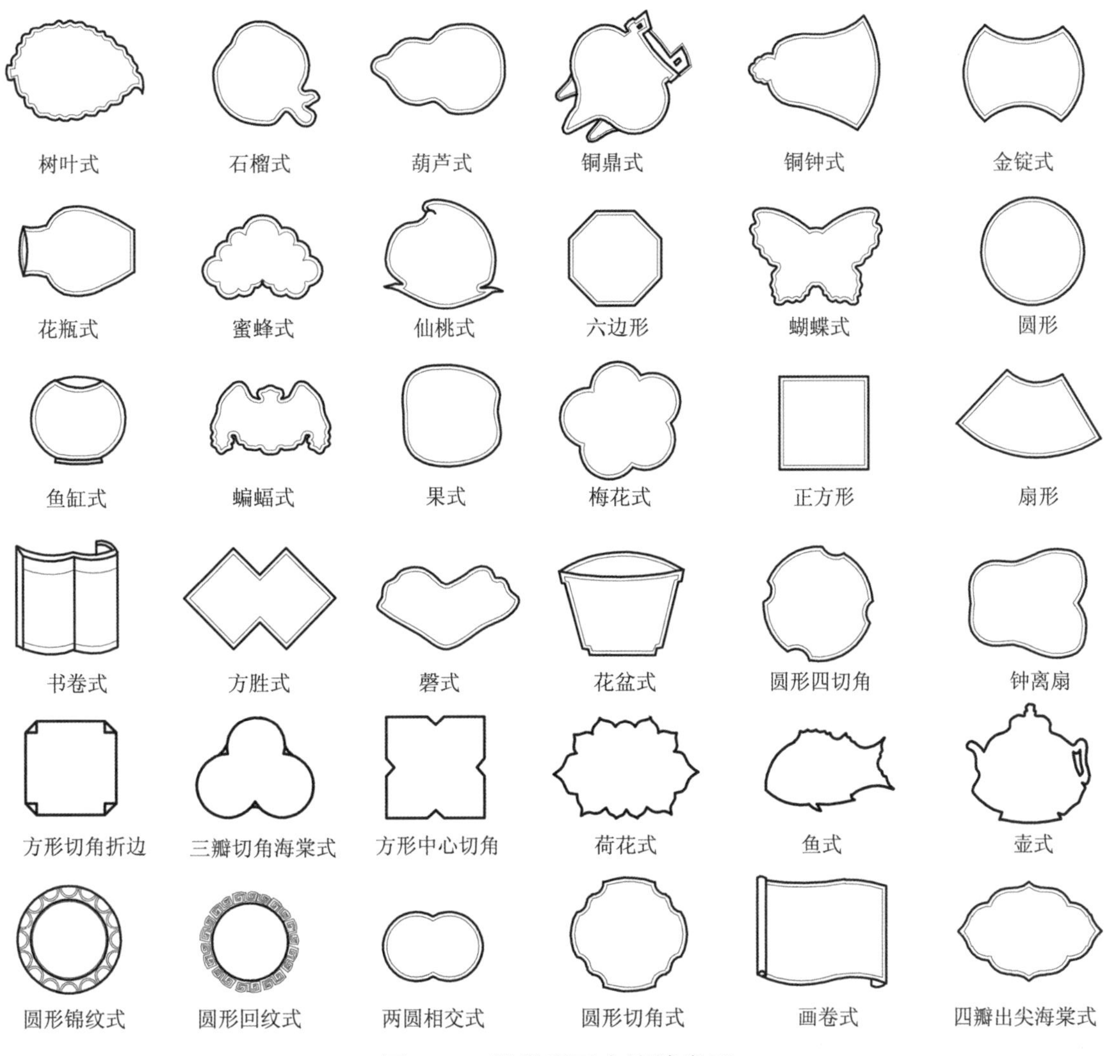

图 3.64　徽州彩画中聚锦类型

3.6.2.3　八宝组合

檩条与梁底至少在元代就有枋心中部贴金的传统，永乐宫三清殿明间大梁的梁底部分就绘有如意方胜纹，详见第二章（图 2.10）。据此推断枋心中部作八宝装饰应是一种早期传统，只是后来在官式彩画中少见了，而这种传统在江南彩画得以保留，成为一地域特征（图 3.65）。江南彩画所谓的“八宝组合”不同于佛教、道教八宝，主要由吉祥寓意的“宝珠、金钱、方胜、如意、犀角、珊瑚、金锭、银锭”组成，除去上述几种外，常见的还有：玉环、毛笔等。这些吉祥图案由丝带、十字结穿插，最终形成一体，其中单个图形均有寓意：“金锭”寓意富贵，“方胜”寓意胜利，“玉环”寓意高洁，“毛笔”寓意仕途，“古钱”寓意富裕，此类纹饰非常富有层次感，形成整体后，整体纹样多具新的寓意，如：“笔锭如意”、“一锭如意”、“十字杵”、“金双钱”等，并且根据空间等级的不同，圆环与方胜选用阳数三、五、七、九，以示空间的重要性。

1 明善堂明间脊檩系袱子：十字杵与锦纹组合　2 如意方胜　3 十字杵　4 必定胜　5 一定胜
6 七连环十字降魔杵　7 三连环十字降魔杵　8 九连环玉璧方胜组合　9七连环方胜如意八宝贴金

图 3.65　枋心中部各类八宝组合

3.6.3 写生画

天花彩画聚锦写生画以及堂子画内写生画多取材于文人绘画与民间吉祥画，特别是对于文人画，多取其画题，借用若干画法，如“工笔、线法、渲染、墨法”，并适当进行简化和夸张，注重绘画所传达的意境和趣味，有的寥寥数笔，却挥洒自如。有的简笔花卉，用笔流动洒脱，明显已经将文人绘画的形式与旨趣融入彩画之中。部分画法逐渐形成一种绘画模式，总结成画诀，在师徒、父子间口耳相传。如：画鲤鱼：“一笔鱼身一笔尾，三笔画头添眼嘴，再勾腹线和鳞片，又加鱼翅势如飞，最后画脊鳍，形神得兼备。”[1]画鸟：“画鸟雀自嘴、眼、脑毛、披蓑毛为一部；又窝翅、梢翅、被毛为一部；肚毛、腿胯、尾翎至拳爪为一部；三部记清连成一体，画出无不像。”[2]（图 3.66a 与图 3.66b）是笔者在查阅画诀时发现，部分口诀与一百年前徽州画师留下的天花盒子内的写实绘画不谋而合，显然两者是相通的，或许在当时徽州画师中已经广为流传。

美人样：鼻如胆、瓜子脸、樱桃小口蚂蚱眼；削肩膀、勿露手、要笑千万莫张口。（1 依南别墅）

其他人物口诀：
娃娃样：短胳膊短腿大脑壳，小鼻子大眼没脖子，鼻子眼眉一块凑，千万别把骨头露。
寒士样：头小额窄、口小耳薄、垂眉耸肩。
贵人样：双眉入鬓、两目精神、动作平稳、方是贵人。

文士样：正看腹欲出、侧看臀必凸、站立如颗钉、仰见喉头骨；又曰：舒眉、凝目、正容、恭袖、身端、步踱、背前探、手拈指。（2 关麓汪令銮宅）

画山水歌诀：
丈山尺树，寸马豆人。山要高、用云托、石要峭、飞泉流、路要窄、车马塞，楼要远、树木掩，近山不可接远山、远水倒可接近水，旅舍不宜半山腰、水桥最忌无去路。

花卉：花卉先学画瓣蕊。
3 南屏李家弄—荷花

画蝶：虫蝶先学画翅腿。
4 宏村树人堂—蝴蝶

5 宏村树人堂山水画

6 关麓汪令桭宅老子骑青牛过函谷关

图 3.66a　画诀在彩画中的应用

1　聂鑫森 . 中国老画题之谜［M］. 北京：新华出版社，2007：53
2　王树村 . 中国民间美术史［M］. 广州：岭南美术出版社，2004：569

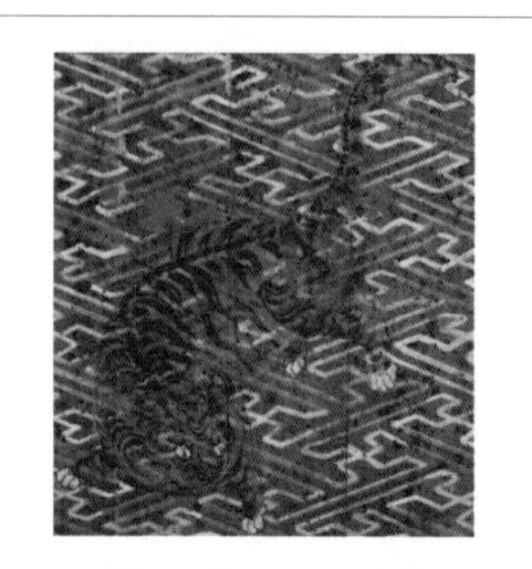
吊睛白额虎、正中写三横

画麒麟，头似龙

画白兔，前腿短

画猫，头大、腰圆、尾粗

7 南屏李家弄前厅天花彩画：依次是老虎、麒麟、白兔、花猫、大象、（太平有象）骏马、山羊、黑驴、耕牛。

画山羊，须抬头

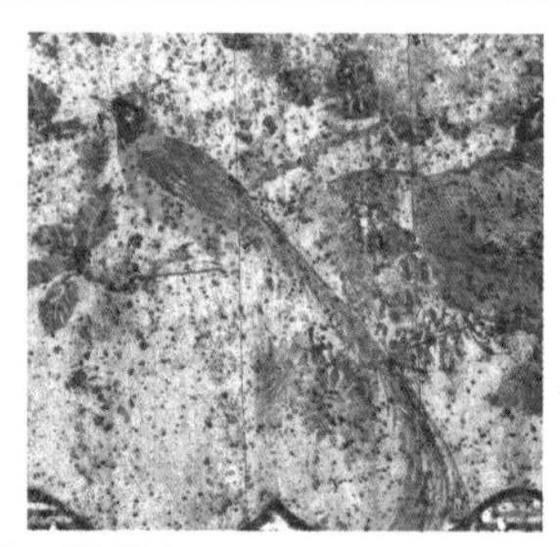
8 南屏李家弄—绶带鸟

9 宏村陪德堂—鲤鱼

鸟兽总诀[1]：龙脸要愁像，出现必升降，龙身遍体甲，其数却无量。吊睛白额虎、正中写三横，虎尾斑点匀，为数十三整。朝阳啸的凤，姿势欲祥腾。哭的狮子脸，嬉球又跳升。若要画肥猪，腿短拖地肚。昂头挺胸马，画法三块瓦。抬头羊，低头猪，怯人鼠，威风虎，鸟噪夜，马嘶蹶，牛行卧，犬吠篱，画戏猫，常洗脸。画白兔，前腿短。画雄鹰，两只眼。画麒麟，头似龙。画鲤鱼，尾鳃鳍。雀鸟先学画爪嘴，走兽先学画首尾，虫蝶先学画翅腿，花卉先学画瓣蕊。

图 3.66b　画诀在彩画中的应用

除模仿文人绘画外，彩画还多选用民间吉祥画（图 3.67），在明清时期，这部分吉祥喜庆题材主要是祈求升官、发财、生子富贵之类，以象征、谐音、含蓄、寓意等手法设计，“图必有意，意必吉祥”。据明代佚名《严氏书画记》中记载，吉祥题材的绘画就有近三百件，如《寿松图》、《百鸟朝凤》、《麻姑献寿》、《高冠进步》等都是当时常见的画样。聚锦中常见的花鸟鱼虫、飞禽走兽、吉祥八宝（也称为八吉祥，佛教中称转轮、法螺、宝伞、白盖、莲花、宝罐、双鱼、盘长为八宝）。龙凤纹在官式彩画中大量应用，而在江南彩画中由于等级制度的限定，龙凤纹多见于庙宇彩画中，住宅中较少使用，仅见于常熟綵衣堂与脉望馆、黟县南屏依南别墅内，这些写实绘画与几何纹样相比更加具有生命的活力，更具生机。

1　王树村．中国民间美术史［M］．广州：岭南美术出版社，2004：569

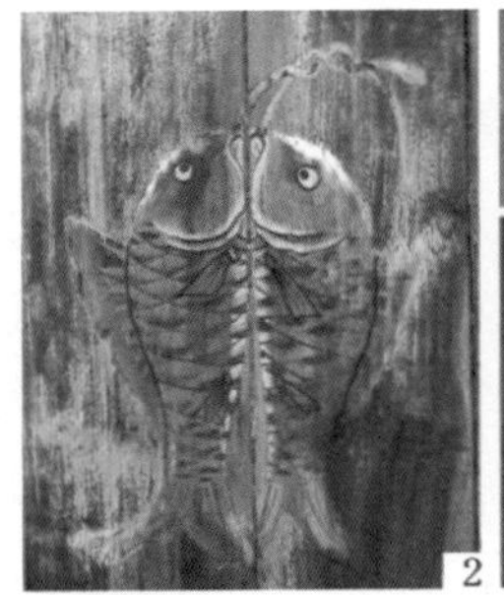

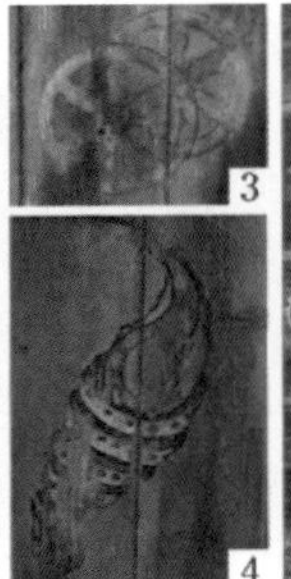

1 杏红地万寿八宝丝绸纹样 2 双鱼 3 转轮 4 法螺 5 莲花 6 云鹤纹妆花沙 7 綵衣堂仙鹤云纹包袱 8 卢宅富贵牡丹缠枝花 9 西山徐家祠堂喜鹊登梅

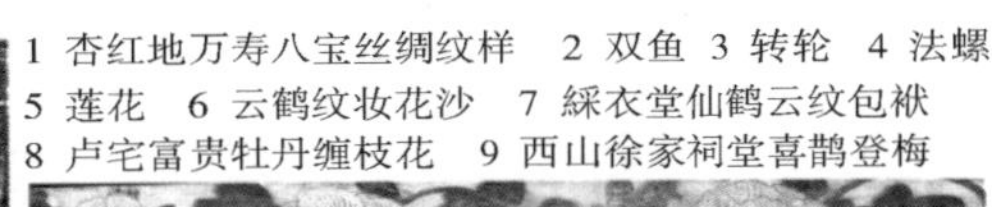

图 3.67 江南彩画中的吉祥画

3.7 彩画色彩分析

丰富的色彩是中国古代建筑的特色之一，梁思成先生在《中国古代建筑史》一书关于“中国建筑之特征”中写道：“彩色之施于内外构材之表面为中国建筑传统之法，虽远在春秋之世，藻饰彩画已甚发达，其有逾矩者，诸侯大夫且引以为戒，唐宋以来，样式等级，已有规定……虽名为多色，其大体重在有节制之点缀。”[1] 梁先生在文中指出中国古代色彩装饰从一开始就有法度，而这种法度最重要的限定因素之一就是色彩的级别。从中国五色审美观的源头《考工记 · 画缋》[2] 来看，青、赤、黄、白、玄这五色分别与五时、五方、五行、五德、五星等一一对位，即把五色纳入到“五行”所构建的宇宙模型中，也就生成了“五色”即“正色”的观念。在此后的历史中，红、青、黄、白、黑一直作为正色应用于高等级的建筑装饰中。

元明以后青绿色系成为官式建筑采用的主色，这种冷色调的使用与官式建筑外观黄色琉璃屋面、朱红色门窗、柱子相协调。这些正色的使用对比强烈，又异常成功地烘托出官式建筑的庄严华贵。而江南地区的民间彩画，在色彩应用上并没有官式彩画的严格，加之整个区域的审美倾向[3]，江南彩画在用色上更多地继承了宋代彩画的用色特征，以红、黄、青、绿、黑、白六色并用，除黑白外，其次每色深浅又分为大色、二色、晕色（三色），三色已经极少见了。不同色相相和，又产生部分间色，如紫色、香色、米色、褐色，形成丰富的层次感，其中土黄、土红、白色多作衬色，青色的使用量远远大于绿色，这点在清代徽州与浙江彩画中尤其明显，但是由于大部分彩画都已经褪色发黑，必须依靠试验数据才能明确彩画的色彩倾向。

1 梁思成．中国建筑史［M］，天津：百花文艺出版社．2005

2 《考工记 · 画缋》：“画缋之事，杂五色。东方谓之青，南方谓之赤，西方谓之白，北方谓之黑，天谓之玄，地谓之黄。青与白相次也，赤与黑相次也，玄与黄相次也。青与赤谓之文，赤与白谓之章，白与黑谓之黼，黑与青谓之黻，五采备谓之绣。土以黄，其象方，天时变，火以圈，山以章，水以龙，鸟兽蛇。杂四时五色之位以章之，谓之巧。凡画缋之事，后素功。”

3 这种审美倾向或多或少也受到明代以来江南画界吴门画派、浙派、新安画派的影响。

在江南彩画的调研过程中，南京博物院何伟俊博士对典型的彩画颜料进行取样，并完成试验分析。根据其研究成果，他认为："在传统观念里，江南无地仗建筑彩画素来以色彩清新、淡雅著称。然而研究显示，江南无地仗建筑彩画使用的颜料种类繁多，几乎涵盖了中国古代绘画常用的所有颜料。植物颜料花青、绿色颜料氯铜矿广泛应用于彩画之中。由于现存红黄系颜料在外观上比青绿系颜料容易识别，加上二色颜料的严重褪变色使建筑彩绘的整体色彩产生了较大变化，无法体现原有五彩斑斓之艺术效果。"[1]笔者根据他的试验结果，针对綵衣堂、呈坎宝纶阁、枕石小筑三处彩画取样时颜料的状况，参照矿物颜料实物颜色作原色对照，以窥当时彩画的用色（表 3.7）。

表 3.7　颜料取样分析前后对比图

建筑名称	年代	主要色系						
		红色系	蓝色系	绿色系	黄色系	白色系	黑色系	金色
綵衣堂	明成化、与弘治年间	铅丹与少量朱砂的混合	含钴的玻璃质	氯铜矿	雌黄	铅白	墨	金粉、金箔
色彩现状（青色多发黑色，绿色多变为褐色和赭色）								
色彩复原								
呈坎宝纶阁	明万历年间	朱砂	石青	石绿	土黄	铅白、白垩	墨	金色
色彩现状（红色、黄色稳定性好，金色脱落留金胶）								
色彩复原								
枕石小筑	清代道光年间	朱砂	群青			铅白	墨	金
色彩现状（除铅白部分发黄外，其余颜料保存较好）								
色彩复原								

下面是在对江南地区、浙江东阳吕府嘉会堂（清晚期）、徽州宝纶阁（明晚期）、西递民居天花彩画（清晚期）根据颜料化学分析的基础上作的色彩复原，以供参考（图 3.68，图 3.69，图 3.70）。

1　何伟俊．江苏天地仗建筑彩绘颜料层褪变色及保护对策研究［D］．北京：北京科技大学，2010

图 3.68　东阳卢宅嘉会堂穿枋彩画色彩复原

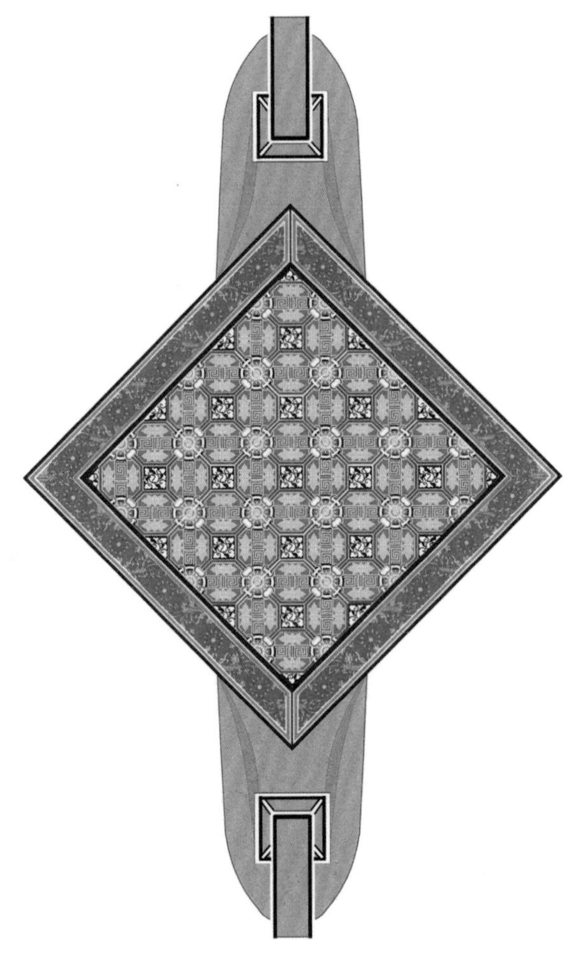

图 3.69　宝纶阁金檩四方连续画意锦包袱画色彩复原图

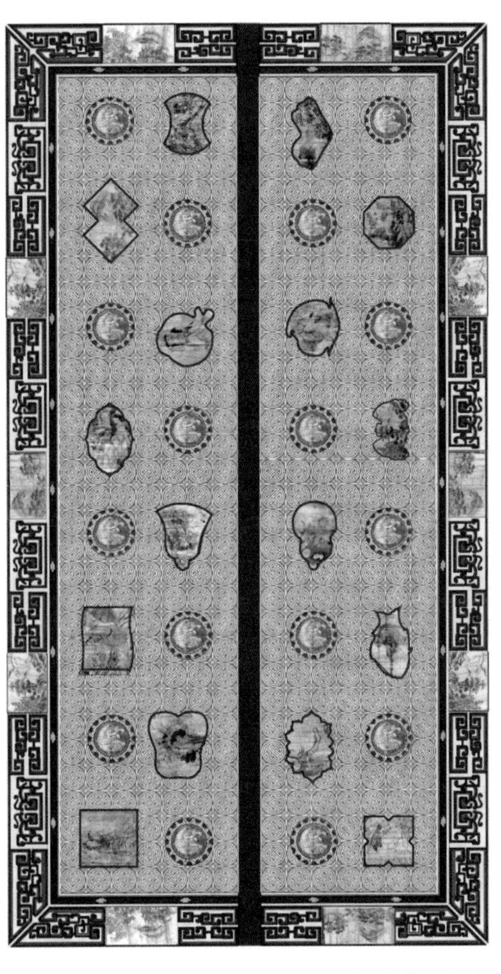

图 3.70　徽州民居天花彩画色彩复原图

总体而言，江南彩画在颜色的运用上不同于官式彩画用色上的严格制度，没有固定的标准，色彩搭配自如，但还是有如下共同特征：

（1）明代中后期彩画多一般以土红、土黄等暖色为主色调，青绿作点缀色，运用黑色与白色作协调色，不但不显得唐突，且还可以为其他颜色增辉，在色彩的搭配上达到了“艳不俗、浓不重、繁不乱、淡相宜[1]”的设色要求，在清晚期青色颜料的使用渐增。

（2）以单色为主，同时也有复合色的使用。所谓的复合色，即将不同的颜色重叠在一起，以求得丰富的层次与中间色。实际上，在南北朝时期就已经在彩画中应用复合色了。如

1　吴山．中国纹样全集（宋・元・明・清卷）［M］．济南：山东美术出版社，2009：38

在石绿上加染石青，银朱上罩染胭脂，以及用银朱或铅丹调合铅粉，花青调藤黄，石黄调铅丹，等等。彩画色调进入了丰富华丽的阶段。[1] 明代以后高等级的江南彩画设色注重复合色的使用，如香色、米色、褐色等的应用，使得色彩更为柔和。

（3）设色技法中以晕色为主，一般不超过四道、以三道居多（北方称之为攒退），施彩以退开为贵，通常每彩各取两色，最后一道为白色，由浅及深，每一色完毕后，再施另一色，最后拉黑线或者拉金边，一般各条色带宽度相等，勾黑略细。

3.8 对比研究

3.8.1 苏南、徽州、浙江彩画共同点

江南地区彩画属于中国南方彩画谱系中的民式彩画，创作较官式彩画更为自由灵活。区域内苏南、徽州、浙江三地彩画在形式、工艺、保存现状方面有异有同，笔者不揣浅陋，先分析其相通，以供参考。

（1）在江南地区古建筑装饰中，彩画与雕刻存在一种互相制约的关系，江南建筑室内装饰一般以雕刻为主，木构架一般采用园作月梁或扁作月梁，梁端有雕刻线脚，檩条的端部多作山雾云与抱梁云，室内门窗格栅更是雕刻的重点，与雕刻相对应彩画显然就处于一种辅助的位置，常常点到为止[2]。这可能由于江南地区审美文化上多强调“雅”、气候潮湿不易彩画保存有关，总之现存江南彩画数量极少。保存至今的彩画绝大多数已经褪色，发污，很难看出绘成之初原貌，亟待保护。

（2）江南地区庙宇彩画由于香火较旺，重绘的频率较高，保留下来的彩画以清末的堂子画居多，祠堂与住宅的彩画基本以明末清初风格的包袱锦为主。

（3）江南地区丝织业发达，彩画无论从纹样、构图，还是设色方面多借鉴丝绸做法，以锦纹为主，辅以写实纹样。

（4）彩画等级以中五彩与下五彩为主，平贴金或无金饰，其中下五彩居多，基本符合封建礼制要求。

（5）江南地区彩画注重虚实对比，在端头与枋心间留素地或松木纹，不求构件遍绘彩画，只求突出重点，这是与其他地区彩画的重要差别。

（6）江南彩画几乎无外檐彩画，以内檐彩画居多，且多以暖色、浅色为底，使得彩画在室内起到亮化空间的作用，并且暖色的使用，增加了室内空间的舒适度，而并不追求庄重严肃的空间感。

1 中国科学院自然科学史研究所．中国古代建筑技术史［M］．北京：科学出版社，1985，279
2 从居室装修整体来看，江南彩画在民居中仅是雕刻的辅助部分，居室装修的整体风格是清新淡雅的。

3.8.2 苏南、徽州、浙江彩画形式特征差异（表 3.8）

表 3.8 苏南、徽州、浙江彩画形式特征差异

类别	苏南地区	徽州地区	浙江地区
彩画风格	以富丽精雅见长	更具文人绘画气质	偏于世俗人情味
建筑类型	庙宇、宅第、衙署	祠堂、宅第、桥、亭	庙宇、戏台、祠堂、宅第
彩画类型	清中期以前三段式包袱锦彩画、清晚期堂子画。	清中期以前三段式包袱锦彩画、晚期仅存民居天花彩画。	清中期以前可见高等级住宅、祠堂的旋子彩画、如意藻头彩画，清晚期以天花藻井、堂子画为主。
纹样	仿宋锦纹居多，如：四出、六出龟背锦、四合如意锦	以锦上添花与锦地开光为主，开光内绘写实吉祥画。	几何纹样与写实纹样多结合使用，善于绘戏文。
色彩	色彩以五彩为主，复合色使用较多，多平贴金。	色彩以五彩为主的基础上突出白色与青色作为底色应用。	色彩以五彩为主、金饰极少，藻井彩画多土红底色。

3.8.3 苏南彩画与官式苏画的异同

苏南彩画与官式苏式彩画之间存在着双向交流的关系。一般认为明代以后，随着南北文化的交流，特别是香山帮的进京，使得苏南彩画的包袱构图传到了北方，由于这种构图形式非常适合北方建筑外檐部分挑檐檩、垫板、枋这类面状构件，于是官式彩画在原有的三段式箍头、枋心、箍头的基础上吸收了这种包袱形式，并加以丰富和发展，至清代中期已经形成较为成熟的官式“苏式彩画”。事实上清代早期的官式苏画的确有以锦纹为主题的包袱，由此再结合中原地区清早期以前的包袱彩画来推测，至少在明代包袱画作为民式彩画的重要类别已经在中华大地普遍存在，而以苏南地区特别是苏州地区的彩画最为精美，到了清代，沿着运河南北方彩画的双向交流在康乾盛世变得更加频繁。官式彩画正式有了苏式彩画，反过来官式苏画中绘写生画的作法又影响了江南彩画，遂又在江南地区也逐渐形成了堂子画。（见图 3.71）

表 3.9 官式苏画与江南彩画的比较

	苏式彩画	彩画
彩画等级	分为金线苏画与墨线苏画	分为上、中、下五彩三等
布局位置	多位于檐下（檩、垫板、枋）部分	在木构梁、檩、枋部位皆可施用
适用范围	多用于皇家园林、及部分皇家敕建的寺院，后期应用较广泛	适合不同类型建筑，住宅、庙宇、小品建筑皆可
出现年代	清代早期已出现	明代就已经形成格局
类型	枋心式、包袱式、海墁式[1]	包袱锦、堂子画
构图	较为复杂：副箍头、箍头、藻头、包袱或枋心。包袱在整体构图中由 2/3 缩至 1/2	较为简单：箍头、包袱、箍头，根据构件长短灵活构图
纹饰	包袱或枋心图案以写生画为主，端头多为卡子纹与盒子	一直沿用团花纹，锦纹图案，后期逐渐增加写实绘画
色彩	以青、绿、红为大色，根据装饰内容的需要，配以相当数量的间色，以华贵富丽为基本色调	以朱、绿、青、黑白为主色，配以少量的间色，以淡雅简洁为主调

1 方心式苏画借用旋子彩画的主体框架，在藻头部位作了变化，删去了旋花，换成了锦纹、团花、卡子，聚锦一类的图案，方心内作龙凤与西番莲纹；海墁式：以绿色或者淡黄色作底色，其上绘串枝牡丹或藤萝等一类爬蔓。详见：何俊寿，王仲傑．中国建筑彩画图集［M］．天津：天津大学出版社，2006：5

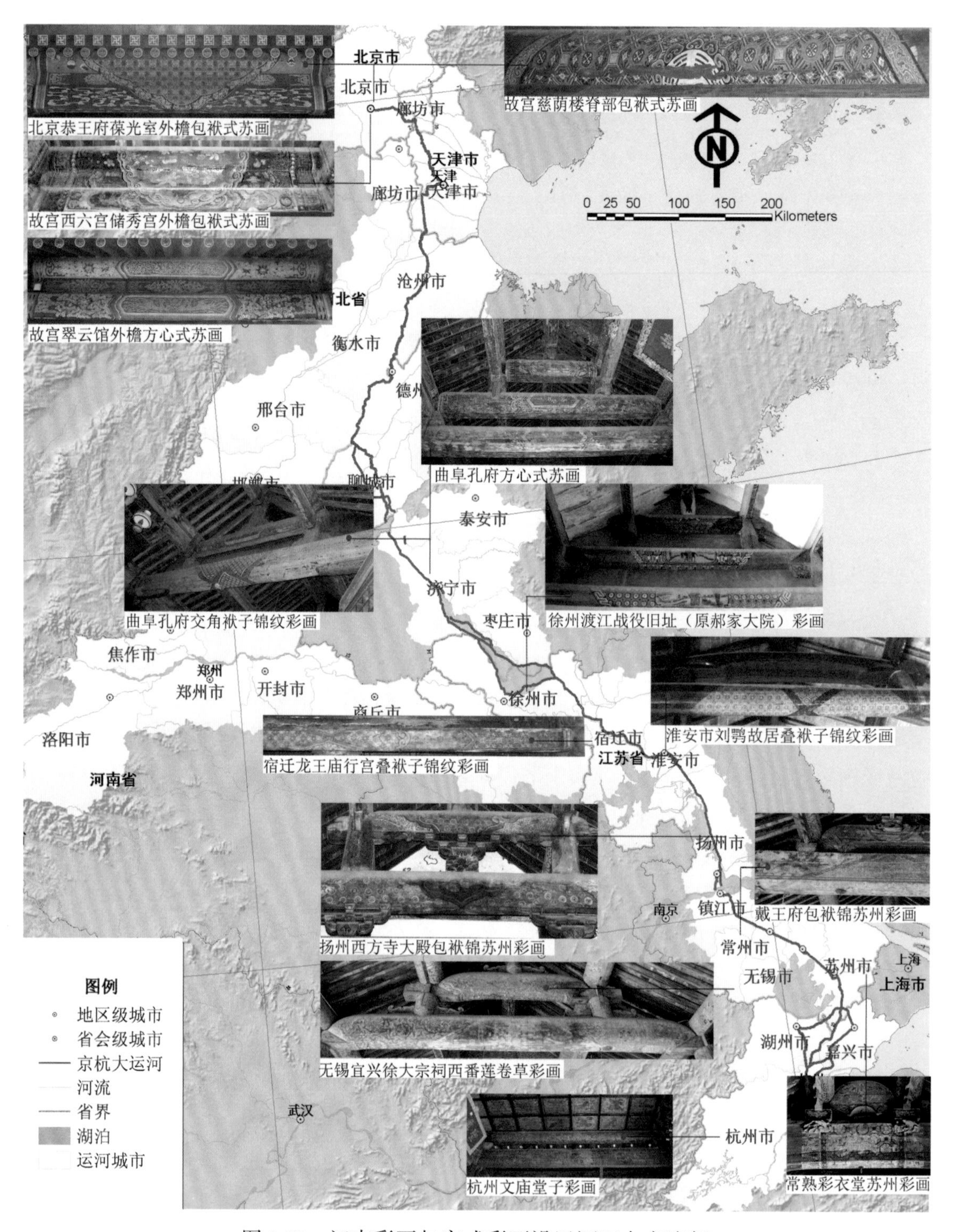

图 3.71　江南彩画与官式彩画沿运河双向交流新

3.9 小结

中国的地域装饰文化千差万别，这种文化蕴含了不同的地域性与时代性。江南地区彩画在工艺程序、图案、构图、设色上均存在独特性，体现了其特定的社会环境、自然条件和审美情趣，特别是当地审美多强调“雅”，在建筑装饰上也秉承这种气质，崇尚自然素雅导致在材料的选用和加工上少雕琢，少饰彩，成为了普遍接受的审美趋向，使得该区域的彩画数量稀少但工艺精湛。从明代中晚期“铺陈列绣”的包袱锦彩画，到清代以“写生画”为代表的“堂子画”的兴起，体现了大众艺术与文人审美的完美结合。本章节在分析苏南、徽州、浙江三地的彩画分布与特点的基础上，对彩画形式的三要素“构图、纹样、色彩”逐一分析。

构图上，江南地区清代中期以前以“包袱锦”彩画为主，呈“端头—枋心—端头”三段式，着重突出枋心部分，在端头与枋心间多作素地，构图简洁。清代晚期的“堂子画”构图更加灵活，主要为“包头—堂子—包头”三段式，并且根据构件的长短加入聚锦，以增强彩画的表现力。这两种彩画类型根据构件位置的重要程度，在构图上有繁简之分，其中以明间的脊檩与五架梁为整座建筑的装饰重点，构图最为复杂。

纹样上，以织锦纹为主，写生画为辅，除此之外还继承了宋代彩画以华纹、如意纹装饰的传统。其中织锦纹的大量使用与江南地区盛产丝绸直接相关，并且还借用丝绸纹样“锦上添花”与“锦地开光”的组合方式。“写生画”深受江南地区文人画与民俗画影响，题材多样，技艺精良。

色彩上，苏南地区一般五彩并重。浙江与徽州地区彩画多用青色与白色为主色，红、黄为点缀色，彩画呈冷色调。在设色技法上，晕色简单，同一色退晕最多不超过四道色阶。此外，设色还特别重视绘画的技法，有工笔、线法、渲染、墨法，并在此基础上适当进行简化和夸张，更加注重画面整体意境的传达。

第四章　江南地区建筑彩画工艺

传统建筑工艺研究是非物质文化遗产保护的根基。只有保存与维系传统建筑工艺，建筑技艺的历史信息才能得以保留。地方传统建筑工艺又是地区差异性、识别性的重要体现。近百年的时间江南地区建筑彩画已渐被官式彩画所取代，江南彩画工艺也逐渐失传，近年来引起学术界的关注，通过调查整理已积累了部分研究成果，但还不详尽。

江南地区彩画工艺基本沿续了宋代作法，从现存实例来看，虽然明代晚期到清末彩画衬地逐渐加厚、设色技法出现由注重叠晕向强调绘画的发展趋势，但工艺基本保持一致，区域内的苏南、徽州、浙江三地彩画的制作工艺又略有差别。本章在对传统工艺进行匠师访谈、实验分析的基础上，对江南彩画工艺与宋代彩画及清代官式彩画的工艺作一简单的比较研究，并从传统工艺四大要素“人、思想、材料、技艺”四方面进行阐述。一是彩画的创作者画师，他们是传统工艺得以维系与传承的主体，也是工艺的核心，文中主要挖掘江南地区画师的谱系、传承及现状；二是传统画师的设计构思，本章以实例说明江南地区画师在遵守几项重要原则的前提下灵活创作；三是绘制彩画的材料与工具，主要包括颜料、用胶、画笔与衬地材料，从某种角度讲，材料的特性决定了一定的加工方法和艺术方法[1]；四是彩画制作技艺，重点突出彩画的绘制工序，并对江南明清彩画工艺进行模拟试验。

4.1　江南彩画工艺现状与匠师传承

江南彩画创作自由，灵活性大，在构图、纹样、设色上虽然有法度，但不拘谨。与官式彩画等级严明、画法规范相比，江南彩画展示在世人面前的正是它的精美与活泼，这种创作的自由是由于江南“彩画作”不是独立工种，画师多以作佛像装銮、雕刻、匾额、油漆为主业，建筑彩画仅为其副业，这样更促使他们在创作上不断地借鉴、出新。

4.1.1　江南“彩画作”

我国传统营造业中以“作”字来代表手工业的工种，如“□□作”的称谓。最早对木构彩画作出定义的当数北宋李诫所著《营造法式》中“彩画作”总释的末尾小注：“今以施之于缣素之类者，谓之画；布彩于梁栋枓栱或素象什物之类者，俗谓之装銮；以粉、朱、丹三色为屋宇门窗之饰者，谓之刷染。”[2]从这句话中，我们至少看出，在北宋，装銮是建筑彩画和佛像饰彩的俗称，在百工中，装銮作匠人亦作建筑彩画。

1　李砚祖. 物质与非物质：传统工艺美术的保护与发展［J］. 文艺研究，2006（12）：106
2　李路珂.《营造法式》彩画研究［M］. 南京：东南大学出版社，2011：57

南宋文人吴自牧《梦粱录·团行》[1]中记载南宋临安百工："其他工役之人或名为'作分'者，如钻卷作、篦刀作、腰带作、金银打鈒作、裹贴作、铺翠作、裱褙作、装銮作、油作、木作、砖瓦作、泥水作、石作、竹作、漆作……"从中看出在不同的工种中，"装銮作"与"漆作"的明显分工，但该书中并没有列"彩画作"，极有可能在南宋"装銮作"即包含"彩画作"。又据元、明之际通俗读物《碎金》"艺业篇"二十七"工匠部"有"……雕佛、布銮、油作、赤白作……"[2]，亦有可能"布銮"即包含彩画作。另据明代张潮《虞初新志·戴进传》中附记明代吴门画派四大家之一的仇英的身世描述："仇英生于贫寒家庭，其初为漆工，皆为人彩绘栋宇，后从而业画。"[3]明代"漆作"亦有可能包括彩画工种，这些清代以前有关江南地区行作的历史文献中均无单独的"彩画作"记录。事实上，兼职是当时的普遍现象。《中国绘画史》中提到："明代画工，有专职的，也有兼职的，但以兼职者居多。如彩塑画工，其主业往往是泥水作；凡壁画、彩灯画，往往是油漆匠，只有画肖像与神轴或年画者，是专业的。"[4]

清代雍正《工部工程做法》中明确有"彩画作"的记载，充分说明彩画是为封建社会等级制度服务的，彩画专家王仲傑先生在《明、清官式彩画的概况及工艺特征》一文指出："官式彩画直接由工部按照等级制度和工料限额直接组织官式工匠制作的一种定型彩画，它的服务对象是皇家御用建筑、王公大臣府第、敕建庙宇及京城衙署等。"[5]相比之下，民间彩画服务对象多为衙署、庙宇、官宅，范围较小。尤其在崇尚自然素雅，少雕琢，少饰彩的江南地区，彩绘栋宇并不盛行，往往不能单独立业。例如，清末苏州营造业中就以"木作"与"水作"为两大工种。其余为"小工种"，如"油漆作"、"雕花作"则属于附属地位。

《营造法原》一书对香山帮工种的介绍主要集中在"水、木作"两部分。与相对固定、工程量大的"水作班"与"木作班"而言，技术独立的"小工种"则游走于各个建筑工地间，并且由于社会的需求量较少，掌握一种技术很难经营下去，所以小型的、相似的工种经常合并，比如"彩画作"与"装銮作"、"油漆作"的合并，这样更有利于生计。《中国绘画史》中提到："至晚清，凡画工，大都是兼职的。他们在经济收入上比较灵活。"[6]事实情况也是这样，在江南彩画的调研过程中，通过对苏南祖传四代的彩画艺人顾培根师傅的访谈，了解到他家祖上三代主作装銮，兼作彩画及油漆。他还举例说，彩画与装銮二者之间的工艺近似，差异主要体现在地仗层的作法上，佛像的基底主要为泥作，而彩画的基底则为木材，此外在颜料、工艺流程和纹样上非常相近，彩画的纹样也多来自于佛像装銮的丝织衣物，所以纹样相同；在对浙江画师的采访中也发现他们几乎都是以佛像装銮为主，作彩画为辅。他们将佛像装銮与建筑彩画统称为"作五彩"；在晋北地区也同样存在绘彩画也作装銮、水陆画的艺人。当然在京畿地区，由于官式彩画的需求量很大，"彩画作"与"装銮作"就成了相对独立的工种。综上，"彩画作"是否为单独的工种或合并于其他工种完全取决于社会的需求，这其间隐藏着适者生存的自然法则，故其合并与分离也是大势所趋。

---

1 ［宋］吴自牧. 梦粱录［M］. 杭州：浙江人民出版社，1981

2 沈从文. 中国古代服饰研究［M］. 上海：上海世纪出版社，2002：518

3 林家治，卢寿荣. 仇英画传［M］. 济南：山东画报出版社，2004：3

4 王伯敏. 中国绘画史［M］. 上海：上海人民美术出版社，1982：525

5 何俊寿，王仲傑. 中国建筑彩画图集［M］天津：天津大学出版社，2006：1

6 王伯敏. 中国绘画史［M］. 上海：上海人民美术出版社，1982：639

4.1.2 江南彩画工艺现状

虽然建筑彩画在江南不是一个独立的工种，但它作为一种技艺为历代画匠所传承。明代时江南彩画界有吴、皖、浙三大派[1]。明代吴派彩画从明中期吴门四大画家之一的仇英作品中就可以看出，他在未跟随文徵明[2]习画之前，曾作为漆匠，跟随父亲彩绘栋宇，在他的作品《汉宫春晓图》中不仅能够看到明代嘉靖年间苏南青绿官式彩画，也能在《宫蚕卷》中看到民式的锦纹彩画，充分证实明代吴派彩画是存在的；其次关于明代皖派彩画，从徽州呈坎宝纶阁，以及现存徽州明代牌坊中都能够看到美轮美奂的包袱锦彩画，说明至少在明代中期以前，皖派彩画的技艺都已经非常成熟；关于明代浙派彩画，尽管实物资料相对较少，但是从宁波慈城明代冯岳台门彩画来看，其构图与箍头彩画图案延续了宋"营造法式"的风格，又接近明代官式彩画做法，与清代浙江彩画截然不同。

关于清代江南彩画，1985年，从陈薇教授对江苏东山薛仁生[3]师傅的访谈得知：薛仁生师傅本人系吴派祖传民间彩画匠人，他提及清时江南一带形成以宁波帮、绍兴帮、苏州帮为主的流派，他没有提及徽州彩画的派系。根据实际调研，清代徽州建筑大木构架几乎都作木雕，仅在民居室内天花板有部分彩画。关于彩画匠师的情况，据姚光玉[4]先生介绍，徽州地区的室内天花彩绘是由木匠师傅绘制，墙头墨线彩绘由泥水师傅绘制。根据清华大学陈志华教授在关麓古建筑考察，询问当地老者得知，天花及板壁彩画系漆匠绘制[5]。只可惜在多次徽州彩画调研中并没有找到新绘的天花彩画，也没有找到年长的了解徽州彩画的师傅，徽州彩画是否还有传承不得而知。

关于浙派的宁波帮与绍兴帮，在清代均是匠作工艺中较大的一派，据了解，宁波帮与绍兴帮大木作部分以"水木作"为主，小木作部分以雕刻为主，关于彩画难以考证，在实际调研中，"浙江宁波天一阁藏书楼"与绍兴"大禹陵"绘有彩画，并且这两处均是20世纪民国期间所作的仿《营造法式》彩画作样式，并无地方特色可言，目前也尚未找到了解传统彩画的匠师。除此之外，笔者采访了一部分东阳的彩画匠师，他们在江南一带作彩画，多没有正规的彩画传承，是民间的画家，在彩画活计较少的时候他们作仿古家具的绘画、外檐墨绘、佛像装銮，通过他们了解到在清末东阳地区有一位知名画师方绍铣[6]，他本人为太平天国侍王府做过壁画彩绘，他曾任塾师，又擅长工笔，时人称呼他为花船匠，所谓花船匠即为旧时对船只作装饰绘画的一类匠人。可知在清末浙江彩画的确是一项兼职。又据在浙江余姚学习"作五彩"的谭景运画师了解到，在浙江一带以"作五彩"佛像装銮、装金为主，即使作彩画，现在的样式上也是模仿北方官式，到目前为止在浙江还尚未找到仍然在世的传统彩画匠师。

关于苏南彩画匠师的寻访也是几经周折，原计划寻找到薛仁生师傅再详细了解江南彩画，

---

1 陈薇. 江南包袱彩画考［J］. 建筑历史与理论, 1988（1）: 26

2 文徵明（1470—1559年）：字徵明，号衡山、停云，长洲（今江苏苏州）人，绘画上与沈周共创"吴派"，又与沈周、唐寅、仇英并称"吴门四家"。

3 薛仁生：吴派祖传民间彩画艺人，苏州市文管会曾在59年邀请薛师傅临摹部分苏州市现存明清建筑彩画精品，出版书籍《苏州彩画》。已故。

4 姚光玉：徽州古建筑专家。

5 关麓溪头，我们遇到一位粗手粗脚的老人家向他请教，那么精彩的彩画是什么人画的。他说："请漆匠呀。"详见：陈志华. 北窗杂记二集［M］. 南昌：江西教育出版社，2009：443

6 方绍铣：绍铣字梅生，金华罗店人，世以壁画为业，俗呼为花船匠者也。

无奈得知他已经在几年前作古，不禁让人扼腕叹息。后又找到了苏州光福村从事彩画工艺的王炳南老师傅，通过访谈了解到王师傅早年在北方学习官式彩画，后来在南京一古建公司从事彩画工作，祖上非彩画艺人。老先生画技颇高，可惜对传统苏南彩画不甚了解。此后通过苏州“香山工坊”找到顾培根师傅[1]，通过交谈得知，顾师傅是彩画世家的传人，而且顾家与薛家是苏州一带有名的彩画艺人，两家祖上早年共同承揽苏州当地的装銮、彩画工程，曾经在民国时期辉煌一时，当时南京民国总统府的彩画为两家所作，后又作“西园寺”、“紫金庵”等多项油漆、彩画、装銮工程，时过境迁，解放后两个彩画家族在“文革”中因为做“佛像装銮”而遭到了巨大的打击，不仅家中佛像被毁、彩画脚本被烧，全家老少还被扣上“走资派”的帽子，忍辱过活。目前两家唯一继承祖业的顾师傅主要做油漆工、匾额工，也很少有机会作彩画。通过顾师傅，还有幸地找到了薛仁生师傅的弟弟薛仁元，他当年也从事油饰彩画行当，只是在“文革”后就转业了，下面关于传统工艺的一些作法，得到顾师傅与薛师傅的指点。以上为目前江南传统彩画工艺的传承情况，从总的趋势上可以看出，江南传统彩画工艺几近失传。

4.1.3 江南地区彩画匠师

彩画一般以工匠为创作和传承主体，纵向接通社会精英文化与官方文化，横向沟通市井文化，在多种文化元素的融合中，形成了中国匠作艺术特有的复杂协合机制。在封建社会中画工与画家职业相近，但身份不同。在唐宋绘画史论中，画家与画工虽然有等级地位的差别，但鸿沟不显，五代时期刘道醇的《五代名画补遗》始将画体分类，按照出身门第将画家分为圣艺、侯王贵戚、轩冕才贤、缙绅韦布、道人衲子五卷，五卷之后，则是民间画工艺匠[2]。宋元以后，随着社会经济的发展，文人作品地位上升，画史中出现了文人画、院体画、浙派、吴门派、四僧八怪……民间画派中只有“纱灯派”之贬词[3]。故文人画家与市井画工的分界越来越明显，由于画工出身低微，整天忙于生计，其作品多有重复、重形似，难免有匠气，难登大雅之堂，在画论中常获微词。如：“近世画工，画山则峰不过三五峰，画水则波不过三五波，此不淳熟之病也？”（北宋·郭熙、郭思《林泉高致》）；“画工有其形而气韵不生”（清·笪重光《画筌》）；“士大夫之画所以异于画工者，全在气韵间求之”（清·盛大士《溪山卧游录》）[4]。即便如此，这些均难以否定民间画工的历史地位，他们的创作源于日常生活，最具生命力。

实际上在画工与画家之间并没有绝对的界限，悟性高的画工可以跻身为画家，落魄的画家与文人，也可能转成画工，在江南地区就不乏这样的实例。明代吴门四大家之一的仇英，就是漆工出生，由于他天赋甚高，加之个人的勤奋钻研，最终成为一代大家，并且早期的画工经历，对于他以写实见长的画风有重要的影响。

太平天国时期，不少文人、画家参与各王府的壁画与彩画工作。据史料记载，当时在南京“百工衙”下设了“绣锦衙”，南京城内各府第衙馆“门扇墙壁，无一不绘”。而且，按照各自的官阶等级绘制不同内容的壁画与彩画。部分文人、画家走向民间，为彩画提供了更

1 顾培根：男，58岁，苏州木渎人，祖传四代的彩画艺人。
2 周积寅．中国画论［M］．南京：江苏美术出版社，2007：490
3 王树村．中国民间美术史［M］．广州：岭南美术出版社，2004：28
4 周积寅．中国画论［M］．南京：江苏美术出版社，2007：492

多交流和借鉴的机会，使得彩画的表现技法受到文人画影响，提高了绘画技艺。著名的画家有浙江金华罗店的方梅生、浙江东阳的陈声远、绍兴的张宝庆等，其中尤以方梅生最为有名，人称“长毛画师”，他随军在金华、苏州、杭州、绍兴等地绘过壁画与彩画。

方梅生（1842–1932），1861 年 5 月太平军攻克金华，城北罗店村人方梅生四兄弟参加了太平军，当时方梅生才 20 岁，后来侍王李世贤得知他曾任塾师，又擅长工笔，就召集他和曹宅人朱彝、浦江人方维贤等人负责王府壁画与彩画的绘制，后来他还随太平军到各地绘画，太平军撤离浙江后他便回到故里以耕织为业，但并未放弃书画喜好，1924 年，南京沦陷六十周年时，83 岁高龄的他还特意为太平天国创作了一幅《英雄图》[1]。

清末苏州香山帮匠人以木工、泥水工为主体，形成了集木作、泥水作、砖雕、木雕、石雕、彩绘油漆等多项建筑工种为一体的庞大群体。据薛仁元师傅讲：清末苏州葑门横街有五家画行，都是以知名的画师命名，有薛挣元店、张启源店、钱家云店、鲍家启店、最后一家薛师傅记不得了。这些店之间的竞争很激烈，他父亲参与的西园寺大殿彩画就是由两家画行同时绘制。

关于画师的工作环境，据薛师傅讲：“在庙宇中作画，常需搭脚手架凌空作业，工作环境非常危险，尤其图案与色彩多重复，工作非常辛苦，又极其需要耐心。远不比画家在室内桌案上挥毫泼墨轻松。”关于彩画分工，他说：“在彩画绘制的具体工程中，师父根据每个人的艺术熟练的程度，分工合作，描稿与画堂子山水、花鸟、人物画需要大师傅去完成。简单填色之类的工作由小工与徒弟完成。”

有关画工的习艺过程，薛师傅谈到：“小孩子一般 13 岁出来做学徒，学三年，帮三年，要六年的时间才能学出来，主要学习雕、塑、灰、装、彩（雕刻、泥塑、灰塑、装金、彩画），开始的时候帮师傅洗衣、做饭，基本干些打杂的事情，逐渐会帮师傅熬油、熬胶，打下手，在师傅有空的时候，会拿出“画稿”叫徒弟临摹。学徒全凭个人悟性，悟性高的将来可以独立经营画行，悟性低的一辈子给别人帮忙。”

当时苏州知名画师有薛家与顾家。他们两家一起联手在苏南一带作佛像、装銮、彩画工艺。解放前江南地区彩绘佛像还比较流行，他们都保留有不少祖上留下了的佛像与彩画脚本，主要在苏州西园寺做过佛像与彩画，民国时期为南京总统府、交通部绘过彩画，后又为苏州东山紫金庵罗汉像做过装銮，下面主要介绍两个彩画世家（图 4.1a，图 4.1b）。

（1）薛家

薛兆坤是民国时期苏州最为知名的画师，他精通佛像装銮、油漆彩画。在苏州葑门横街经营一家画坊。他手下有 24 个徒弟，膝下生有三子，老大薛仁泉，老二薛仁生，老三薛仁元，他们均继承祖上的手艺。老大薛仁泉在兄弟三人中最有天赋，他跟随父亲在苏州的西园寺一起做塑像绘彩画，在做千手观音像的时候费尽心思，脑中苦苦思索观音的形象，以至于在锯木料的时候不小心把手指割破，当时不以为然。完成了西园寺的工程之后又赶往苏州东山的紫金庵作装銮。在他做完紫金庵罗汉堂观音菩萨头顶的那顶华盖后就倒下了，由于手指受细菌的感染而得了破伤风，没过多久就离开人世。薛仁泉所作的“紫金庵”菩萨的华盖受到世人的高度赞誉，也成了这位民间艺人的绝笔之作。解放后，薛家经营的作坊倒闭了，全家人都丢了饭碗，改行了，可惜一身才华得不到施展，只有薛仁生师傅 1959 年曾协助苏州文管会

1　东阳新闻网. 民间画家方梅生 .［EB/OL］.（2009–05–15）. http://www.dynews.zj.cn.

图 4.1a　顾培根画师在彩画工地

图 4.1b　薛仁元画师的三本画稿

对苏州市几处重要的彩画作了样稿，完成《苏州彩画》[1]一书，为彩画的传承做出了贡献。此后他就成为苏州景德路红木店的营业员，于 20 世纪末去世。老三薛仁元，年轻时也跟着祖上做佛像装銮，解放后到房管所工作，现已退休在家，这次苏南彩画匠师的访谈就是采访了薛仁元师傅，目前他们的后代都不再从事画行。

（2）顾家

顾培根师傅的父亲顾德均为苏州一带有名的装銮、彩画艺人，其曾祖父情况不详，自他祖父起，两代单传，顾琴香（祖父）——顾德均（父亲）——顾培根（儿子）。顾琴香把手艺传给了他的独子顾德均，也对其寄予了更大的希望，让他在薛家学画整整三年，虽然顾德均在绘画技艺上大有长进，但是解放后，装銮彩画的生意却明显少了，大部分的工程就在木渎周围，如云岩寺和包山寺。“文革”时，更大的一场灾难降临在这个彩画家族的身上，在“破四旧”的时候，红卫兵不仅在寺庙里砸了佛像，还到顾德均家将其家里大大小小上百尊的佛像砸掉，并把家里祖上传下来的厚厚几套关于佛像彩绘的脚本都烧毁了，顾德均和他刚刚成人的儿子被扣上了“走资派”的帽子，经常被批斗，顾家从此家道中落。现今，顾培根师傅每每讲到此处都很伤感，他讲：那时候他们家人走路的时候都不敢抬头，父亲心情也很苦闷，偶尔会拿出纸来随便涂鸦。直到 1997 年，父亲七十多岁的时候才重操就业，当时淮安周恩来“西花厅”纪念馆想绘制清式彩画，苦于当地没有彩画艺人，四处打探，终于找到了顾德均老师傅。油漆彩画是淮安“西花厅”的重头戏，必须按照中南海“西花厅”的原样进行绘制。他亲赴现场，对 28 道工序道道检查把关，顺利地完成了一生中最重要的也是最后一次彩画工程（图 4.2）。

图 4.2　淮安西花厅

顾德均的儿子顾培根，生于 1949

1　苏州市文管会 . 苏州彩画［M］. 薛仁生，临摹. 上海：上海人民美术出版社，1959

年，从小就对油漆、装銮很感兴趣，父亲将塑像与油漆彩画的手艺传给了他，但是顾培根并没有机会从事彩画工艺，他只参与过苏州木渎云岩寺大雄宝殿的天花彩画工程，以及无锡古韵轩大酒店仿苏式彩画工程，基本从事与油漆和匾额相关的手艺。到了顾培根儿子这代就彻底改行了，目前顾培根师傅的心愿就是能够将父亲生前的彩画工艺再延续下去。

4.1.4 彩画匠师的画稿

画稿对于壁画与彩画尤为重要，历史上有影响的画家，往往是画稿的设计者。彩画中有两种画稿，一种是作为教材的脚本世代相传，是画师的最重要的看家本领。另一类是作为"谱子"的画稿，在具体工程中使用。这里主要介绍的是"脚本"。

脚本是古代壁画与彩画中普遍流传的样本，不同的流派，脚本的图样不尽相同。其中一种是墨稿，此类作品属线描画，多是从祖上留下的各种彩画纹样，如构件藻头纹样、各色华纹、锦纹、花鸟、草木、山水、禽兽等的线描图，部分稿子还会在上面号色。一般画师都将脚本珍藏，不会轻易示人。另外一种是色稿，不仅有线条，还有各种颜色的搭配关系，在清代也称为小样，彩画的号色主要参考小样。宋代《营造法式》"彩画作"图版部分应该属于脚本，有墨稿也有色稿（图 4.3–1，4.3–2），不同版本的色稿和墨稿均有细微差距。苏州已故著名画师薛仁生师父曾在1956年临摹了一批苏州彩画的小样，图4.3–4弥足珍贵，但是他家里的脚本却没能留下来，据他的弟弟薛仁元画师介绍，"脚本"在当地称为"稿子"，是学徒的教材，并提到祖上留下厚厚的稿子，里面有彩画稿子、佛像稿子和诸神稿子，都在"文革""破四旧"的时候给烧掉了。听来让人惋惜，没有脚本传世，彩画图样的年代序列就出现断层，无法弥补。薛仁元师傅近几年来凭自己的回忆，绘制了三本"色稿"（图 4.3–3），里面大部分是佛像和道教的画像，也有少数彩画样稿，他自己虽然已经不作彩画装銮多年了，但还是忘不了这些老手艺。

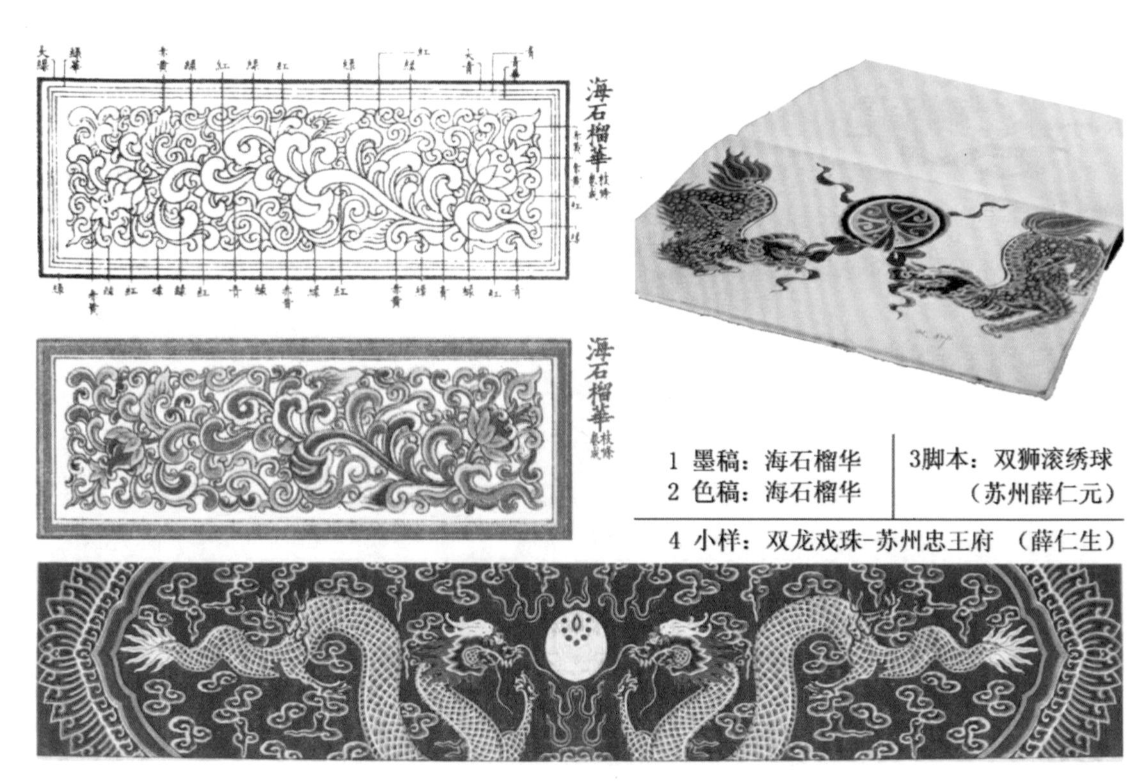

图 4.3 各类脚本

4.2 江南彩画的设计原则

彩画体现了材料、构图、色彩、纹样共同形成的协调之美，这种美感的形成不仅需要画师技法的娴熟运用，更体现着技艺之外的修养，这种潜能的高下，将“画师”与“画匠”区分开来。画师需要熟练地应用彩画设计的原则，并做到心与手相合，心与工具相合，心与材料、加工对象相合，才能产生精品。总体而言，彩画在设计上首先关注适用，其造型和装饰必须要体现着功能的需要，要求造型和纹样都要合宜。笔者通过观察分析发现江南彩画虽然没有官式彩画对纹饰组合与比例尺度要求的规范严格，但在设计上仍遵循以下原则。

4.2.1 主次

主次关系首先体现在彩画的绘制要合乎规矩，符合建筑的等级，这种关系从大的方面体现在对整组建筑群而言，彩画的绘制往往集中在建筑群主轴线上的核心建筑，如官宅的大厅，寺庙的大雄宝殿，祠堂的享堂，这些建筑往往是礼仪性空间，而非居住空间。其次，对于一座建筑单体而言，这种关系在彩画的空间布局与不同构件构图体现的是一种相互对应的关系，使得传统建筑空间秩序严谨、主次分明，一般的规律为：①明间彩画 > 次间彩画 > 稍间彩画；②内檐梁 > 轩梁；③梁 > 檩；④脊檩 > 金檩 > 檐檩。此设计规律一方面与空间等级相关，另一方面从明间—次间—稍间，空间逐渐减小，受关注的程度也逐渐降低，无论是匠师还是房屋主人都希望将彩画最精华的部分放在明间的梁架上，以突出重点。单个构件的构图，以枋心为主、藻头次之，箍头部分更次之。此外，在色彩方面，一定要定好冷、暖基调，选好主色。清·邹一桂《小山画谱》中云：“五彩彰施，必有主次，以一色为主，而它色附之。”[1]一幅彩画无论色彩多么丰富，必须要有主色统帅全局，才使得色彩多而不杂，主次分明，色彩之间搭配既清晰和谐又富有特色，此外，在五色中，红、黄、青、绿色为主色，白色与黑色为辅色，故黑白两色多作勾边，起烘托主色的作用。在纹样方面，在重要空间内，重要构件纹样最为复杂，多选用复合纹样，而次要构件的纹样多为单一纹样，或者留素地不绘彩画，总之，江南彩画无论从建筑整体空间营造还是从局部构件的设计都体现了主次关系。

4.2.2 适度

如果说官式彩画体现了充实之美，江南彩画则体现了空灵之美。江南彩画在建筑装饰中更注重适度，木构表面少有遍画彩绘者，一般都是在主要的梁与檩部位做彩画，其他部位做油饰，同时构件彩画在藻头与枋心间素地或做松木纹，以留白作为背景，反衬视觉焦点。彩画枋心部位一般为构件总长的二分之一到三分之一不等。苏州画师所说的“图案分聚散”即为此意，这其中蕴含着以虚济实、突出中心的构图手法，这一点是江南彩画与官式彩画最重要的差别之一，体现了江南地区的注重装饰适度的审美倾向，正如明代隆庆（1567–1572）年间安徽新安漆工黄成所著《髹饰录》中所载：“百工之通戒：文彩不适、淫巧荡心，行滥夺目。”[2]江南地区的审美中不尚“错彩镂金”之美，更注重装饰背后的意境之美与道义之美，尤其在彩画与雕刻中切记过犹不及。

1　[清]邹一桂.小山画谱[M].济南：山东画报出版社，2009

2　王世襄.髹饰录解说[M].北京：文物出版社，1983：94

4.2.3 守中

中庸之道体现在江南彩画设计上有三点：其一，彩画布局以明间为中心，呈轴对称分布，以各间脊檩为中心，呈前后对称。一方面使得整座建筑彩画协调统一，另一方面画谱反复使用，提高了画师的熟练程度与作画效率。对于单个构件而言，调研中除枋心中部为写实绘画外，几乎所有的图案都是中心对称分布。其二，这种守中的观念对于包袱锦来说，要求锦纹格子一般为奇数单元，且单元格内图案要坐中。其三，突出构件的中心，江南彩画枋心中部多贴八宝金饰，成为一大地域特色。

4.3 大木构架彩画设计实例

中国传统建筑的木作体系包括大木作和小木作，大木作是建筑的梁柱框架结构，小木作是相对于大木作而言的，是建筑木作中不属于建筑大木构架部分，对建筑不起结构支撑作用的木作装修构件。宋代《法式》中列举的小木作有：门窗、隔截、天花藻井、栏杆、胡梯、龛橱佛帐以及一些室外木作小品。江南地区的彩画主要集中在大木构架上，小木作部分只有天花藻井有作彩画的习俗，本节对彩画设计实例的探讨就分为大木构架彩画与天花藻井彩画两部分。

江南彩画一般分布于整组建筑群最为重要的庙宇或厅堂中，其室内大木构架主要有抬梁、穿斗、插梁三种结构体系[1]，在高等级建筑中常常是建筑的主体间架结构采用抬梁与插梁体系，山墙部分采用穿斗结构，等级低的建筑则采用穿斗式结构，建筑彩画的设计一般与建筑的等级相对应。依据宋代《法式》中对彩画在建筑构件上的分布来看，作者李诫把一座殿宇分成三层：上为檐口层，包括椽子、飞子、大连檐等构件；中间层为梁栱层，包括檩条、梁枋、斗栱部分；下层为柱列层，包括柱础以上、阑额以下的木质柱身部分。其中，中层梁栱层是彩画的主体部分，是确定整个建筑本身彩画属于何种级别的基准点。上下两部分的彩画按照梁栱层彩画样式进行适配，这也是因为梁栱层构件表面的彩画居于整栋建筑的中心部位，各构件组合成一体，无论是远观还是近视，其整体地位都相当突出[2]。江南地区现存明代以后建筑只保留了核心中间层梁栱层作彩画，檐口层与柱列层除个别椽子作松木纹、柱头作锦纹外，其余构件几乎不作彩画，这与江南地区潮湿多雨的气候导致檐口彩画不易保存，以及社会审美有一定关系。下面按木构彩画的高低等级对彩画设计手法逐一分析。

4.3.1 大木构架遍绘彩画

（1）徽州呈坎罗东舒祠宝纶阁彩画分析

罗东舒祠位于安徽黄山呈坎村，是为纪念宋元明初著名学者罗东舒而建。整组祠堂始建于明嘉靖初年。整组建筑坐西朝东，由四进院落组成。宝纶阁位于最后一进院落，共上下两层，上层用于珍藏与皇恩有关的圣旨、御赐和官诰等物，下层用于宗祠男性祖宗牌位，是整组建筑群中最神圣、装修最精美的建筑。宝纶阁扩建于明万历年间，面阔十一间，进深七檩，

1 这三种木构架的结构特点分别为：插梁式结构为承重梁的梁端插入柱身（一端或两端插入），抬梁式结构特点为承重梁置于柱头上；穿斗式构架的结构特点是檩条顶在柱头，柱间无承重梁。

2 吴梅.《营造法式》彩画作制度研究和北宋建筑彩画考察［D］. 南京：东南大学，2003：28

分成中、东、西三室。整栋建筑除山面用穿斗式构架外，其余全部使用圆形月梁的插梁体系，斗栱、雀替、梁头雕刻精美，梁枋木表全部用土黄刷饰，其上编绘包袱锦彩画（图 4.4），虽然历经数百年岁月，仍然保存完好。如此大面积的建筑构架遍绘彩画需要画师的精心设计（图 4.5）。

下面笔者对画师设计意匠进行简要分析：①主次分明：整个建筑以中部室三开间为核心组成部分，与其他东西部室比较，中部室金檩绘包袱锦，东西部室金檩土黄刷饰，仅作箍头彩画（图 4.6）。②对称分布：东西两室的彩画图案是一致的，并且每室内明间部分是最复杂的锦纹，两次间彩画一致，锦纹也稍逊色。③繁简得当：各室的山墙部分彩画仅作箍头，枋心中部画写生折枝花卉；轩梁部分用土黄刷饰，仅作箍头彩画；包袱锦彩画的复杂程度随着脊檩—金檩—檐檩逐渐降低。通过这种严而有序的彩画布局，强化了宗祠建筑本身的庄严肃穆。

图 4.4　徽州呈坎乡宝纶阁中部室包袱锦彩画

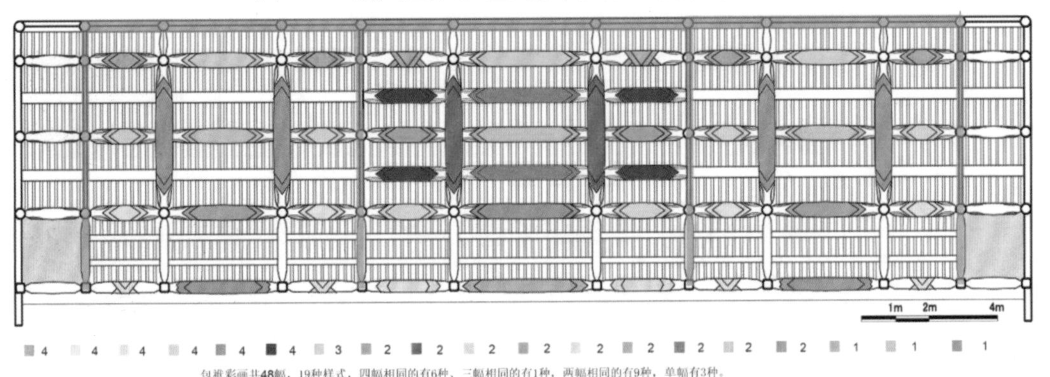

图 4.5　徽州呈坎乡宝纶阁彩画布局分析图（不同颜色代表不同锦纹样式）

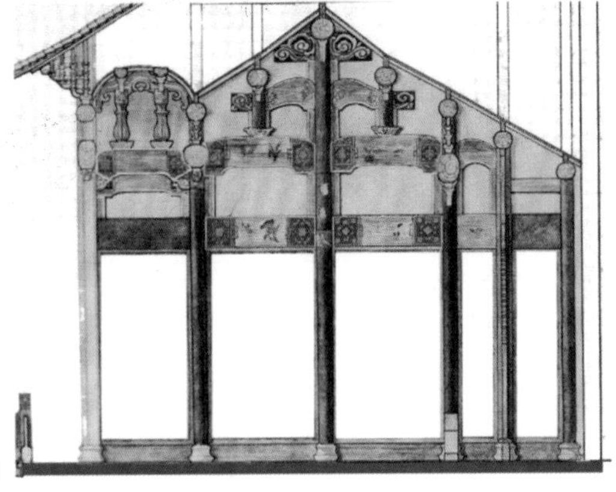

图 4.6　徽州呈坎宝纶阁明间彩画与山墙彩画布局比较

（2）宜兴徐大宗祠彩画分析

宜兴徐大宗祠，位于宜兴县溪隐村，始建于明弘治五年（1492），是明代景泰、天顺、成化、弘治四朝元老徐溥[1]的家族祠堂，五进四合院，现仅存二、三两进，第一、四进已被拆建，现尚存二、三进。第二进面阔三间，进深八架椽，梁、枋均有彩绘，但已模糊不清，第三进面阔三间，进深八架椽，梁架遍体彩画，保存基本完好，部分受潮发黑褪色，其彩画形式在江南地区较为少见，既不与同时代的江南包袱锦彩画完全相同，也不与同时代的官式旋子彩画相同，它是江南地区最为独特的彩画，彩画等级较高、构图严谨、色彩鲜艳，与宋代彩画作中的“五彩遍装”一脉相承。

具体设计特点为：①等级严明：木构件遍饰彩画，属于上五彩等级。整体色调偏暖，以樟丹色作底色，间入青、绿、黄、黑、白、金等，运用叠晕、间色的技法，以“宝相花”与卷草为满铺构件表面的底纹，在重要的梁枋檩条部位作包袱锦（图 4.7）。②中轴对称：在构图方面遵从普遍的构图规律，以明间为中心呈轴对称关系，左右次间彩画完全一样，在相同开间内又以脊檩为中心呈前后对称关系。③主次分明：明间彩画无论从色彩还是从构图都要高于次间彩画，明间檩条彩画绘包袱锦，而次间檩条除脊檩外不绘包袱锦枋心。明间脊檩彩画在整组建筑中构图最复杂、用金量最大、等级最高，枋心中部绘八宝贴金纹饰；三架梁通体彩画，五架梁绘包袱锦彩画（表 4.1）。

表 4.1　徐大宗祠构件彩画分析

名称	彩画照片与文字描述
檐檩、随檩枋彩画	通体彩绘，以宝相花与卷草纹为主，枋心为三角形系袱子。
次间金檩、随檩枋彩画	通体彩绘，以宝相花与卷草纹为主，宝相花有晕色，花心贴金。
次间脊檩、随檩枋彩画	通体彩绘，以宝相花与卷草纹为主、枋心为梯形祥云包袱。
明间金檩、随檩枋彩画	通体彩绘，以宝相花与卷草纹为主、枋心为六出龟背纹包袱。
明间脊檩、随檩枋彩画	通体彩绘，以宝相花与卷草纹为主、枋心为方胜、铜钱贴金包袱。

1　徐溥（1428–1499）：字时用，号谦斋，明景泰五年进士，历任户部、吏部尚书、文渊阁大学士、武英殿大学士，素有“四朝大学士”之称，弘治五年（1492）任首辅，为朝廷一品大员，后因眼疾告老还乡，建了这座宗祠，族人每逢二月半，八月半都到祠内祭祀。

续表

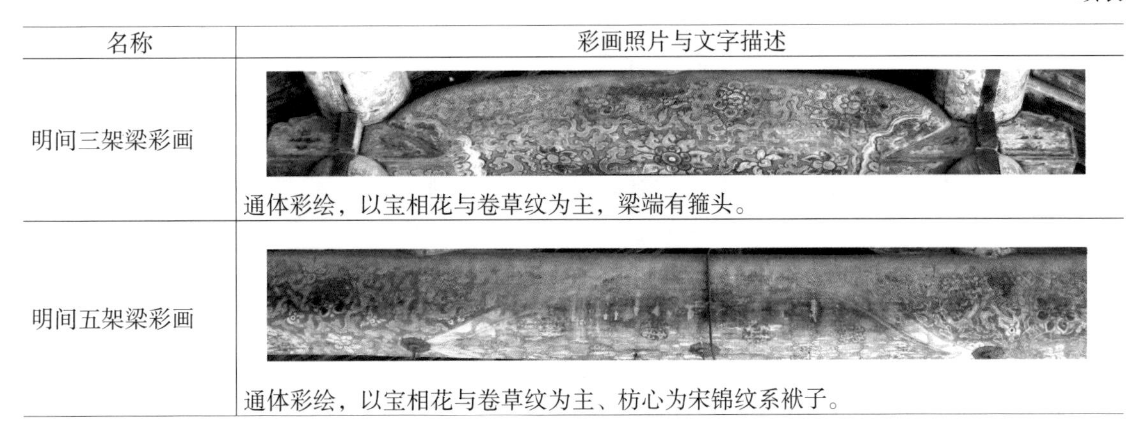

名称	彩画照片与文字描述
明间三架梁彩画	通体彩绘，以宝相花与卷草纹为主，梁端有箍头。
明间五架梁彩画	通体彩绘，以宝相花与卷草纹为主、枋心为宋锦纹系袱子。

图 4.7　徐大宗祠梢间山墙彩画分布图

徐大宗祠彩画与宋《营造法式》彩画作中的“五彩遍装”[1]彩画的特点较为相似，这种彩画的特点是在梁、柱、额、栱、斗、椽等处都画上五彩花纹、云纹或写生图案，所以称之为“遍装”。花纹图样都采用“间装”法，红色地上的花纹用青绿相间、芯心用红色绘成，构件边棱用青绿色叠晕缘道，是一种极力用丰富的色彩彰显出建筑等级的作法，这处高等级彩画反映了江南地区画师对宋代彩画构图、设色、纹样上的继承。

4.3.2　大木构架局部彩画

这类彩画存在于江南地区的官宦住宅最主要的厅堂部分，以及高等级建筑群的次要房间，主要分布在明间三架梁与五架梁上，彩画枋心中部贴金或无金饰；山墙无彩画或仅作箍头；

1　潘谷西，何建中.《营造法式》解读［M］. 南京. 东南大学出版社，2005：170-171

其余木构件油饰或保持木材的本色（如楠木构件则不作油漆、留素地），而檩条部分一般在各开间脊檩与金檩部分有彩画，其余檩条则无。空间关系为：①明间彩画 > 次间彩画 > 山墙彩画；②梁 > 檩；③脊檩 > 金檩。彩画等级多对应于中五彩与下五彩，下面列举两例说明。

（1）苏州忠王府中部官署后堂

苏州忠王府系太平天国忠王李秀成在苏浙地区的最高统帅府[1]。整个建筑群坐北朝南，分成中、东、西三路。中路建筑主要是分为五个部分，由南至北依次为：大门、仪门、正殿、后堂、后殿（图 4.8）。中部官署是整座建筑群的核心，彩画主要分布在轴线上。除后殿与相对的两庑、两厢之外，其余建筑构架上均绘有彩画，此外后殿还绘有壁画。其中彩画数量之多为苏南地区官署、宅院建筑之首，代表了太平天国时期彩画绘制方面的最高成就。

忠王府后堂作为整个建筑群内相对次要的建筑，共三开间，由穿廊与正殿相连接（穿廊木构件上均无彩画），画师在设计上处处体现“适度”的原则。后堂仅明间三架梁与五架梁在枋心部位绘包袱彩画，无端头。三架梁包袱内绘写生花，五架梁在等级上略高于三架梁，故包袱内绘四方连续锦纹，中间留出一盒子，盒子内绘双狮滚绣球（图 4.9b），作为整座后堂彩画的重点。而在次间的东、西边贴，仅作油饰。檩条部分的彩画主要列布于各开间的脊檩与前后金檩，其余檩条无彩画。各开间脊檩彩画用大红色作底，其上绘仙鹤寿桃图，构成各开间的视觉焦点（图 4.9a）。

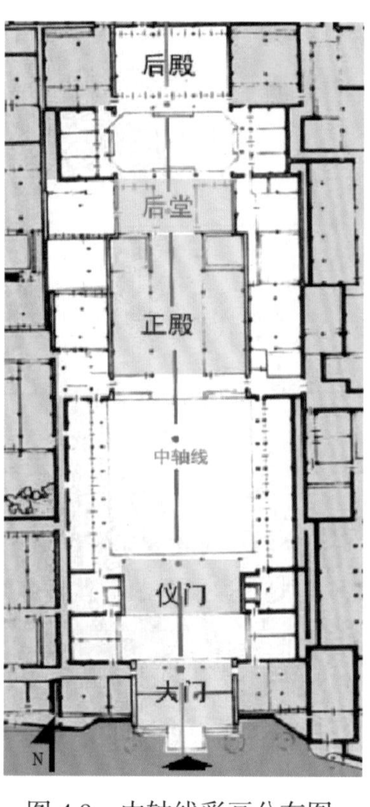

图 4.8　中轴线彩画分布图

图 4.9a　后堂次间脊檩双鹤寿桃彩画

图 4.9b　后堂明间梁架彩画

1　苏州忠王府是太平天国忠王李秀成 1860 年 9 月至 1863 年 12 月期间，利用原拙政园花园部分及东西部宅第等合并改建而成，是全国保存至今最完整的一组集公署、住宅、园林为一体的太平天国历史建筑群。

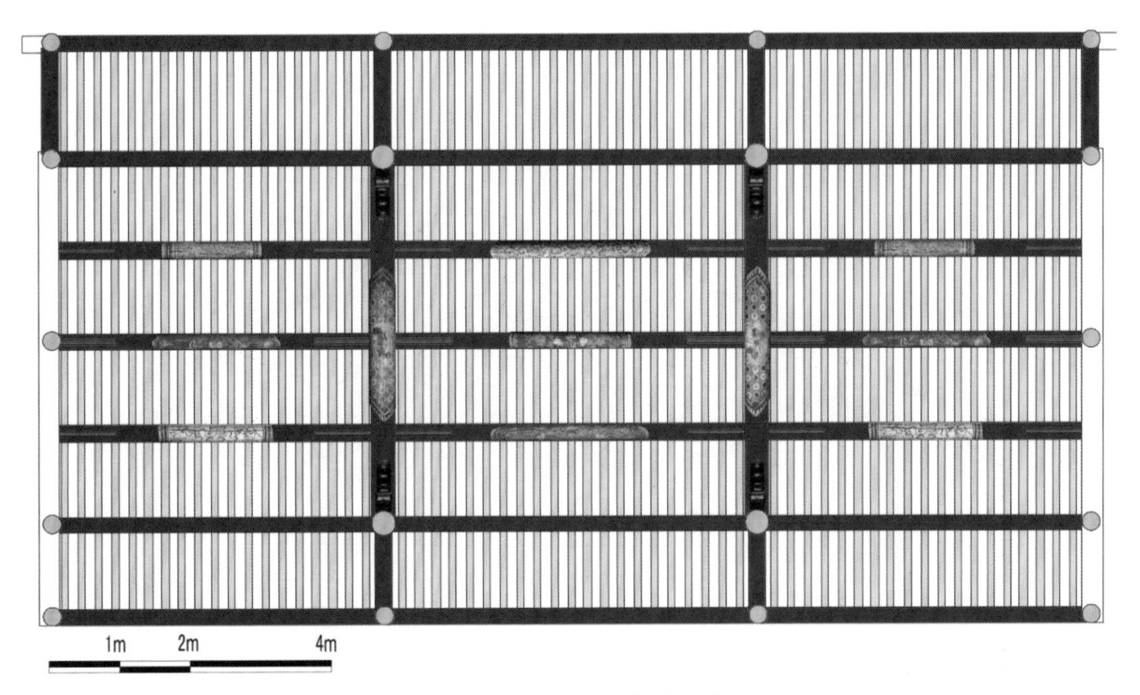

图 4.10　忠王府后堂檩条彩画布局图

（2）苏州明善堂

苏州东山明善堂由花厅，大厅，主楼及左右备弄，厢房等组成一组完整的院落。大厅在整座建筑群的东部，厅面阔三间，进深八柱十架椽。建筑室内装饰较为简洁，主要以彩画为主，木雕仅集中于抱梁云与山雾云，由于其彩画表面罩了一层桐油，故图案弥漫不清，但还是能看出画师的构图。

在设计上，匠师首先突出明间梁栿，明间梁架三界梁为上搭包袱，无箍头，（包袱底面的长度约占构件总长的二分之一）包袱内绘六出龟背锦纹。四界大梁处绘更为复杂的叠袱子，亦无箍头彩画；其次，前后轩梁部分同样予以重视，在荷包梁与轩梁处均作六出龟背锦纹，山面仅轩檩处有上搭包袱，其余处为深栗色油饰；再次，檩条部分彩画主要分布在厅堂的脊檩与轩檩部分，金檩仅作宝相花藻头，主次分明，并且强调了入口空间的重要性。在各开间脊檩中，明间脊檩等级最高，其上包袱为叠袱子，枋心中部贴金，依据五行学说，黄色处于中央戊己土的部位，土为万物之本，故多居中部，象征富贵。而左右次间的脊檩为系袱子包袱锦（图 4.11）。

4.3.3　仅脊檩绘彩画

仅脊檩彩画主要集中在苏州市区，目前，在太湖东山、西山一带保留了三十余处建筑彩画，这些达官贵人的府邸多在大厅或眠楼脊檩处绘彩画以显示身份，成为当时的风尚。对彩画的使用尤其注重“适度”，只在各开间脊檩部位绘彩画，并且明间脊檩多用叠袱子形式，而次间脊檩多用直袱子与上裹袱子形式。此外，部分住宅或仅在明间的脊檩中部绘一幅彩画，其图案多为锦纹，枋心贴金，彩画起到画龙点睛的作用（图 4.12）。

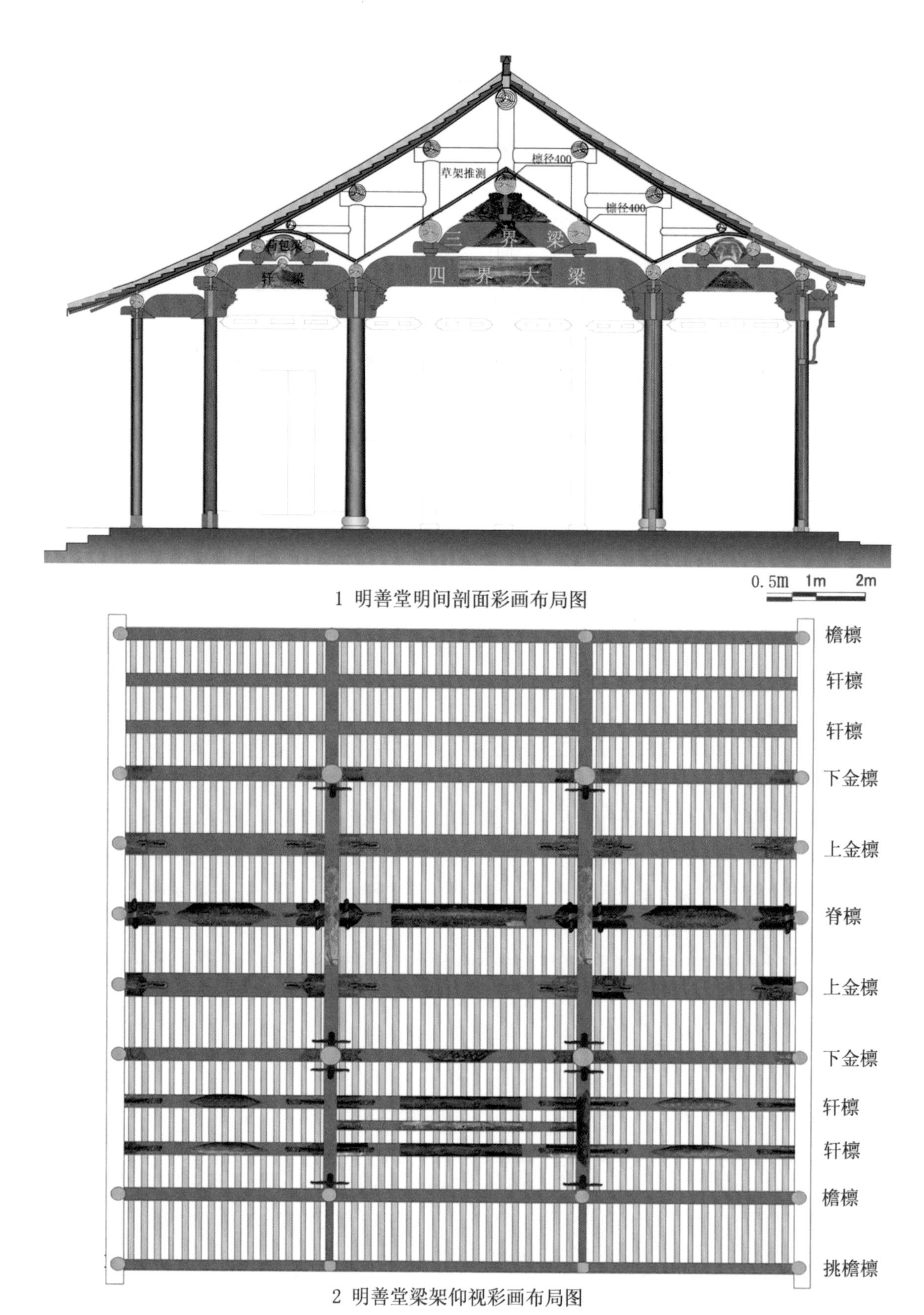

1 明善堂明间剖面彩画布局图

2 明善堂梁架仰视彩画布局图

图 4.11 明善堂明间剖面与梁架仰视彩画分布图

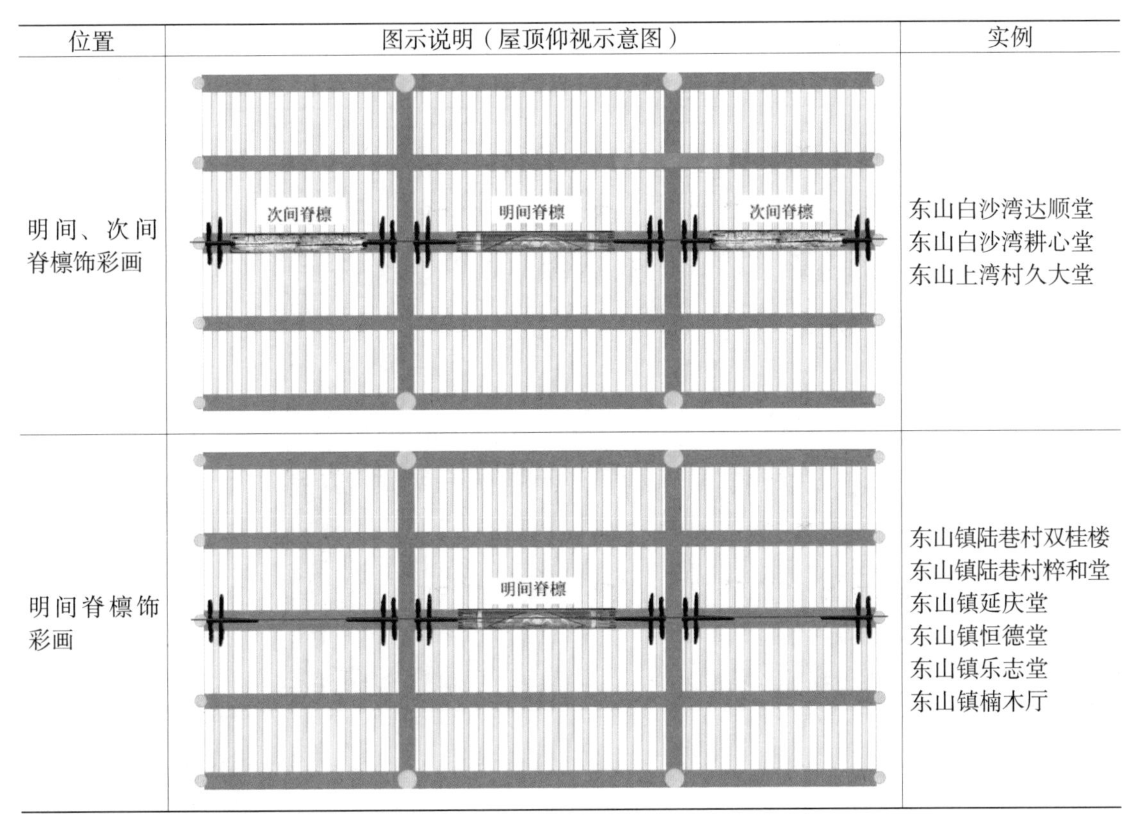

位置	图示说明（屋顶仰视示意图）	实例
明间、次间脊檩饰彩画	次间脊檩 明间脊檩 次间脊檩	东山白沙湾达顺堂 东山白沙湾耕心堂 东山上湾村久大堂
明间脊檩饰彩画	明间脊檩	东山镇陆巷村双桂楼 东山镇陆巷村粹和堂 东山镇延庆堂 东山镇恒德堂 东山镇乐志堂 东山镇楠木厅

图 4.12　脊檩彩画分布图

4.3.4　徽州天花彩画设计

徽州地区板式天花风格独特，仅在徽州一带流行，现以黟县关麓八大家[1]之一的汪令镗住宅“春满庭”为例说明其设计特点。该住宅为外廊式天井院，建于清道光年间，为汪姓第八子汪令镗及其后代居住。该住宅的天花彩画共计 19 块，其中两块损坏严重。天花彩画设计思路为：①沿院落中线彩画呈轴对称布局，中线两侧卧室、退步、暖厢、楼梯间彩画完全一致。②依据建筑空间等级，天花彩画主次分明，徽州天花彩画主要分为三类：锦地开光、锦上添花、素锦地，这三类纹样均以规则性的几何纹为底纹，根据空间的等级不同纹样繁简不同，其中楼梯间最为简单（边框为单色刷饰，锦上添花，也有素地锦做法），其次为暖厢与退步（边框为拐子纹、锦地开光），等级最高为上厅与下厅的天花彩画（两圈拐子纹、锦地开光）。③彩画的风格与居住建筑相适应，为了提高室内的亮度与舒适度，以白色为主色，其他颜色为辅助色，彩画色彩淡雅、柔和。如果过于华丽的色调及繁琐的图纹，在室内久居会使人头晕目眩，未必取良好的视觉效果（图 4.13）。

1　所谓关麓八大家，是关麓村一汪姓人家的后代，八个儿子所建住宅，这些住宅几乎均绘有天花彩画。

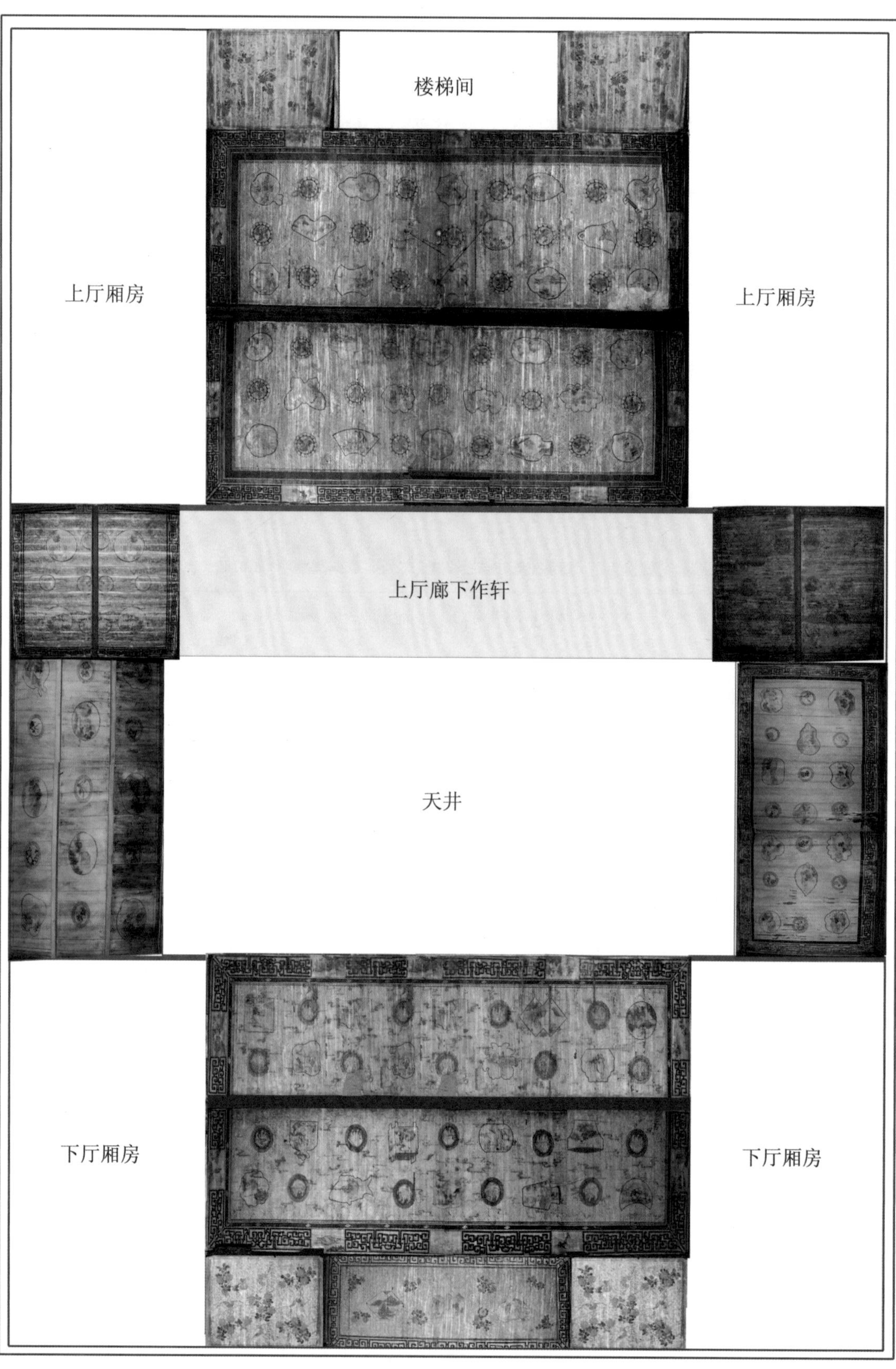

图 4.13　春满庭天花彩画布局示意图

4.4 彩画的材料准备

《髹饰录》乾集总序曰："良工利其器，然而利器如四时，美材如五行，四时行、五行全而物生焉。四善合、五彩备而工巧成焉。"[1]这段描述同样适应于彩画工艺。精湛的工艺与上乘的材料和工具休戚相关，故在工艺篇中先谈原料与工具，主要包括：颜料、胶、画笔、靠尺、粉袋之类。

4.4.1 颜料

中国古代彩画颜料主要分为矿物颜料、植物颜料与金属光泽颜料，分述如下：①矿物颜料，古人称之为石色，是将矿物破碎、分洗、漂洗和提纯出来的[2]。在质地和呈色上都表示出厚、浓、重等特征，也被称为"重色"，根据其产地不用，同一类颜料会在色相上有微差，如朱砂，就有巴砂、越砂、辰砂、锦砂、宜砂之分（图 4.14）。矿物颜料作为古代彩画的主要颜料主要是由于它本身有稳定的化学物理性能，历久不变色，其次矿物颜料不溶于水，且颗粒有很强的覆盖力和隔绝性，干后能形成薄的防护层，一方面可以掩盖木材表面的节疤、斑痕，另一方面将木材与外界环境隔离，起到保护木材避湿的作用，尤其部分矿物颜料如石绿、雄黄具有毒性[3]，还可以防止虫蛀。②植物颜料，古人称之为"草色"。为树木花卉中提炼出来，具有渗透性和透明性等特性，由于其颜色淡，且不易保存，虽然在彩画中用量少，但其自有石色颜料替代不了的妙处，部分植物颜料因价格低廉，常常作为彩画衬色之用。③金属光泽类颜料主要是指金箔、银箔之类，用于高等级彩画。

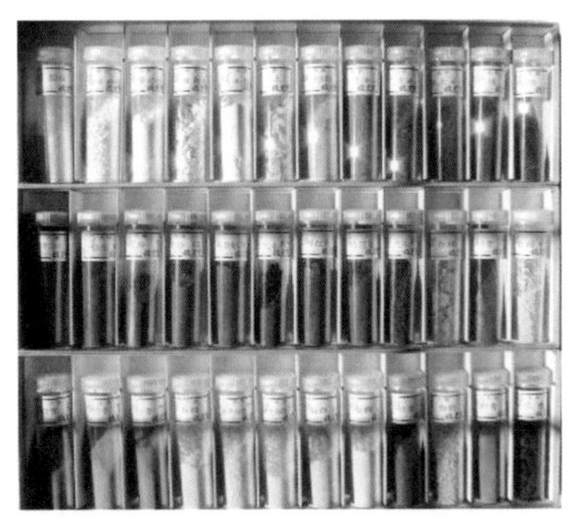

图 4.14　不同产地的矿物颜料

江南一带自古画派众多，关于江南地区颜料品类及调配在有关绘画的文献中多有记载，如南宋浙江黄岩人陶宗仪的《辍耕录》，明代新安平沙人黄成《髹饰录》，清代苏州人迮朗的《绘事琐言》，清代常州人邹一桂的《小山画谱》，清代扬州人李斗的《扬州画舫录》等书中均详细叙述了颜料的选择、加工、研漂和使用情况。除相关文献外，苏州一带还有在明末以后专门出售颜料的"姜思序堂"[4]，传承至今，三百余年，为江南画界提供上乘的绘画颜料，功莫大焉。

关于江南彩画颜料的认识，以往的研究者常认为江南彩画用赭石较多，这实乃表象，多是由于颜料长期受环境因素影响显现为褐色（图 4.15）。在宝纶阁调研中发现一铁环覆盖了原有青色与绿色，环外已经都变为黑褐色。在对彩画颜色判定上，仅依靠目测难免失之偏颇，

1　王世襄. 髹饰录解说［M］. 北京：文物出版社，1983：25

2　尹继才. 矿物颜料［J］. 中国地质，2000（5）：45

3　中国建筑彩画所使用的颜料，大部分是毒性的颜料，其中含毒性的大小不同，其中洋绿、砂绿、石绿、石黄、藤黄雄黄等毒性较强；铅粉、银朱、佛青与樟丹等毒性小。详见：马瑞田. 中国古建彩画［M］. 北京：文物出版社，1996，

4　相传明末清初，姑苏有位姓姜的画家对国画颜料有极精湛研究，由他手工制出颜料，不仅色泽鲜艳且有纸色合一，经久不脱之妙。其子孙秉其制作衣钵，初为家庭式生产，致乾隆年间，在苏州阊门内都亭桥设立铺面，此画家是进士姜图香之后，家有一屋名为"思序堂"，乃将店铺以"姜思序堂"命名，至今已有数百年历史。

图 4.15　颜料褪变色前后对比

必须依赖于仪器分析结果。课题组何伟俊博士的学位论文就是关于无地仗彩画的褪变色研究，其研究成果使得江南彩画所使用的颜料种类逐一得以澄清，不再是推测。江南地区在颜料的使用上以清中期为界，清中期以前几乎都是国产颜料，清中期后有引入不少国外进口颜料，江南地区彩画多就地取材，采用当地的颜料。

4.4.1.1　明代中晚期—清代中期江南彩画常用颜料种类

现存明代江南彩画实例基本都为明代中晚期以后绘制，在调研中苏南地区选取有代表性的重点案例的彩画样品主要采自常熟綵衣堂、常熟赵用贤宅、无锡硕放昭嗣堂、常熟言家祠堂、苏州凝德堂、宜兴徐大宗祠、泰州南禅教寺。徽州地区彩画样品主要采自黄山市屯溪区程梦周宅、呈坎村宝纶阁、西溪南镇绿绕亭；浙江省建筑取样较少，仅为绍兴吕府。以下为何伟俊博士整理的江南彩画颜料分析结果（表 4.2）。

表 4.2　明中晚期—清早期无地仗建筑彩画颜料综合分析结果表[1]

序　号	颜　色	分析结果	显色成分	样品来源
1	红	朱砂、白铅矿	朱砂	綵衣堂、赵用贤宅
		铅丹、朱砂	朱 砂、铅丹	徐大宗祠
2	白	铅白、白铅矿、白垩、石膏	铅 白	南禅教寺
3	蓝	青金石、白铅矿	青金石	南禅教寺
		铅白、群青	群青	严家祠堂
		含钴的玻璃质	钴蓝	綵衣堂
		靛蓝	靛蓝	綵衣堂、凝德堂
		石青	石青	赵用贤宅、南禅教寺
4	褐	铅白、白铅矿、白垩、$PbSO_4$		南禅教寺
5	绿	铅白、白铅矿、氯铜矿	氯铜矿	徐大宗祠、南禅教寺
6	粉红	铅丹、铅白、白铅矿、白垩、石膏	铅 丹	徐大宗祠
7	金	金	金	綵衣堂、南禅教寺
8	黄	石黄、白铅矿	石黄	南禅教寺
		赤铁矿、石膏、石英	赤铁矿	凝德堂、昭嗣堂
		雄黄、白铅矿	雄黄	南禅教寺
		土黄、白垩	土黄	綵衣堂、徐大宗祠
9	黑	墨	墨	严家祠堂、綵衣堂、双桂楼

注：$PbSO_4$ 不属于颜料，是较不活泼金属的硫酸盐，可能是铅丹被氧化后的形态。

上述结果表明，明中晚期—清早期的彩画颜料主要为矿物质颜料，这类颜料本身性质相对较稳定，在一般环境条件下，不易发生化学变化导致颜色的变化。其中红色颜料有朱砂和铅丹；蓝色颜料在色彩上有微差，主要有石青、钴蓝和靛蓝；绿色主要是石绿和氯铜矿；白色颜料比较丰富，有白垩、铅白、白铅矿、石膏等；黄色颜料主要是土黄与石黄，黑色为墨色。根据明代晚期隆庆年间新安平沙漆工黄成所著的《髹饰录》一书中记载，当时徽州一带常用

1　何伟俊. 江苏无地仗建筑彩绘颜料层褪变色及保护对策研究［D］. 北京：北京科技大学，2010：37

的颜料有："银朱、丹砂、赭石、雄黄、雌黄、靛华、漆绿、石青、石绿、韶粉、烟煤之等[1]"，与何伟俊博士的分析结果相近。并且其中大部分颜料如："石青、石绿、朱砂、土黄、墨煤、铅粉"在《营造法式》彩画作"诸作料例"中有明确记载。此外，何伟俊博士通过试验分析认为："建筑彩画使用颜料有混合现象，不仅有朱砂与赤铁矿的混合；有朱砂与铅丹的混合；还有朱砂、赤铁矿、铅丹的混合，蓝色颜料有群青与墨的混合；石青与墨的混合；还可能存在靛蓝、钴蓝与墨的混合。根据绿衣堂和凝德堂蓝色颜料的拉曼分析与花青颜料分析数据相对应，确定其使用的蓝色颜料为靛青。靛青的发现不仅完善了苏南地区的无地仗建筑彩绘颜料谱系，也说明苏南无地仗彩绘对宋代以来建筑彩绘工艺上的传承。如宋代《营造法式》中提到制作碾玉装或青绿棱间装（刷雌黄合绿者同前）的建筑彩绘，做法为待胶水干后用一份青淀，二份茶土混合后刷一遍，其中的"青淀"就是现在所说的靛青。"[2]

4.4.1.2 清代晚期江南彩画常用颜料种类

按苏州木渎画师顾培根师傅所述，清晚期及民国时期苏南彩画颜料一般分为五大类：红、黄、青、白、黑，也有匠师认为是红、黄、青、绿、紫。根据李斗在乾隆晚年写成的《扬州画舫录》卷十七《工段营造录》中有关彩画颜料。记录有："栀子、黄丹、土黄、油黄、赭石、雄黄、石黄、黄滑石、彩黄、广靛花、青粉、沥青、梅花青、南梅花青、天大二青、乾大碌、石大二三碌、净大碌、锅巴碌、松花石碌、朱砂、红标朱、黄标朱、川二朱、银朱片、红土、苏木、胭脂、红花、香墨、烟子、南烟子、土粉、定粉。"[3]颜料多达三十种以上，但是根据王世襄先生的考证，这篇《工段营造录》以清代雍正《工程做法》以及《圆明园内工则》为主要材料，采取了摘录的方法，不足为证[4]。为了明确清代颜料的种类，在调研中还是对部分彩画进行取样，主要有苏州张氏义庄、江阴文庙、苏州云岩寺大雄宝殿、苏州翠绣堂、泰州南禅教寺歙县关麓村瑞蔼庭、歙县西递镇枕石小筑、歙县南屏村倚南别墅（表 4.3）。

表 4.3　清代无地仗建筑彩绘颜料综合分析结果表[5]

序　号	颜　色	分析结果	显色成分	样品来源
1	灰	石英、铅白、白垩		江阴文庙
2	红	朱砂、石英、铅白	朱 砂	张氏义庄、南禅教寺
		铅丹、朱 砂	朱 砂、铅丹	张氏义庄、南通文庙
		朱砂、土红	朱砂、土红	江阴文庙
3	蓝	青金石、铅白、白垩、石英	青金石	南禅教寺
		石青、石英、铅白	石青	张氏义庄
		靛蓝	靛蓝	观音殿
		铅白、群青	群青	枕石小筑
4	白	铅白、白垩、石英		南禅教寺、江阴文庙
5	绿	氯铜矿、铅白、白垩	氯铜矿	南禅教寺、张氏义庄
		石绿、铅白、白垩	石绿	张氏义庄
6	褐	$PbSO_4$、铅白、白垩		云岩寺、南禅教寺

1　王世襄 . 髹饰录解说［M］. 北京：文物出版社，1983：31
2　何伟俊. 江苏无地仗建筑彩绘颜料褪变色及保护对策研究［D］. 北京：北京科技大学，2010：42
3　［清］李斗 . 扬州画舫录［M］. 陈文和，点校. 扬州：广陵书社，2010：5
4　王世襄. 清代匠作则例汇编（装修作）［M］. 北京：中国书店出版社，2008
5　表中主要物质化学分子式为朱砂（HgS）、青金石［（Na、Ca）$_2$（$AlSiO_4$）$_6$（SO_4、S、Cl）$_2$］、群青（$Na_6Al_6Si_6S_4O_{20}$）、铅白［$PbCO_3 \cdot Pb(OH)_2$］、白铅矿（$PbCO_3$）、石膏（$CaSO_4$）、石英（SiO_2）、雄黄（AsS）、土黄（α-FeOOH）、雌黄（AS_2S_3）、铅丹（Pb_3O_4）、石青（蓝铜矿）$Cu_3[CO_3]_2(OH)_2$、氯铜矿 $Cu_2Cl(OH)_3$、石绿 $CuCO_3 \cdot Cu(OH)_2$。

江南地区建筑彩画研究

续表

序号	颜色	分析结果	显色成分	样品来源
7	黄	雄黄、白垩、石膏	雄黄	南禅教寺
		土黄、白垩	土黄	张氏义庄
8	黑	墨	墨	江阴文庙、张氏义庄
9	金	金、银	金	南禅教寺、翠绣堂

清代晚期的彩画颜料基本上延续了清代中期以前的颜料类别，但是由于新的颜料的产生，部分传统颜料逐渐被取代，如群青取代石青在彩画中大量使用，是这一时期徽州彩画和浙江彩画的最大特点；此外石绿也逐渐被进口的巴黎绿所代替，但绿色在彩画的应用上范围有所缩小，为了更加清晰地了解江南清代彩画颜料的特点，笔者将试验分析数据、画师所述的彩画作坊使用颜料种类、清末官式彩画颜料、清《小山画谱》所记录颜料、苏州“姜思序堂”所售颜料作一对比分析（表 4.4）。

表 4.4　江南地区清代颜料比较

来源	红色系	黄色系	绿色系	蓝色系	白色系	黑色系
彩画取样数据	朱砂、石英、土红	土黄、雄黄	石绿、氯铜矿	靛蓝、群青	铅白、白垩	墨、石墨
苏南彩画作坊颜料	银朱、铁红、樟丹、胭脂	土黄、藤黄	洋绿（巴黎绿）	云青（群青）	铅粉、白土	徽墨
清末官式彩画颜料	土红、樟丹、银朱	石黄、藤黄	洋绿	群青、青粉	铅白	黑烟子
清代小山画谱记录	胭脂、朱砂	藤黄、赭石、雌黄、雄黄	杭粉、石绿（取狮头绿）	花青（靛蓝提取）、石青（取佛头青）	铅白	墨烟（百草霜）
姜思序堂颜料	朱砂、银朱、曙红、朱膘、赭石、	藤黄、铬黄	石绿（头绿－四绿）	石青（头青－四青）、花青	钛白粉、铅粉	

通过对比发现以下特征：关于彩画颜料与绘画颜料的比较。

（1）数量上：江南彩画颜料的多用原色，种类单一，而文人画颜料特别丰富，从李斗《扬州画舫录》可见，清代的文人画颜料对色彩的使用非常的精微，例如对于青色的分类：“青有红青，为赤青色，一曰鸦青。金青，古皂隶色。玄青，玄在缎、缁之间，合青则为始鲍。虾青，青白色，沔阳青以地名，如淮安红之属。佛头青即深青。太师青即宋染色小缸青，以其店之缸名也。”[1] 观察使用之细腻令人咋舌。

（2）类型上：江南彩画的颜料以石色为主，植物颜料较少使用，红色中采用胭脂之类，青色采用靛蓝，这主要是基于石色颜料的遮盖力较强，且经久不褪色。

（3）层次上：相同一种颜料，用于彩画为了节约成本，颜料经淘澄后分出同一色相，不同色阶的颜料，如石绿，有绿华、三绿、二绿、大绿都能用于彩画的退晕中，而绘画则不然，在对颜料的淘澄后往往只取其中的一到两个色阶，其余则不用。如：同样的颜料靛蓝，如用于绘画中就比较讲究，只取其浮于面上之彩，亦称之花青[2]。

（4）价格上：彩画颜料一来需求量大，二来也需要购买更加低廉的颜料以控制造价，

1　［清］李斗 . 扬州画舫录［M］. 陈文和，点校．扬州：广陵书社，2010：5
2　［清］沈宗骞《芥舟学画编》卷四。

故彩画的颜料一般价格较低：如用较为低廉的靛青、群青取代石青，以银朱取代朱砂。

（5）设色上：绘画设色追求“以古雅为上，不可浮艳、俗气、死气”“要重而不浊，淡而不薄，混浊、典雅、火气、滋而不燥，艳而不俗[1]”，彩画设色上多用原色、对比色、极度色，与绘画相比更为鲜亮、厚重。

此外，关于江南彩画与官式彩画的比较发现，在清代中期以后，中国的颜料市场上进口颜料价格低且颜色鲜丽，无论北方还是江南地区都逐渐引入进口颜料，这些颜料主要是化工合成的普鲁士蓝、群青和洋绿之类，其他的还是传统颜料。在彩画的用色方面，官式彩画里五大色是青、绿、丹、白、黑，而江南彩画除此五色外，将黄色也作为大色，常作衬色用，所以整体的色调比官式彩画要偏暖一些。

4.4.1.3 江南地区重要彩画颜料分述

画工中流传的一首歌诀：“石青石绿为上品，石黄藤黄用亦佳，金屑千年留宝色，樟丹万载有光华，雄黄价贵于赭石，胭脂不同色朱砂，银朱膘脚皆可用，共说洋青胜靛花。”[2] 这首歌诀点出了几种主色的特征。

（1）红色系

江南彩画的红色颜料主要有朱砂、铅丹（樟丹）、银朱、铁红、胭脂，其中铁红又称红土，由赤铁矿加工而得，性能稳定，是等级比较低的颜料，用于次要建筑[3]。胭脂是植物颜料，为偏紫的红色，常作小色点染花头之用。这里主要介绍用量较大的朱砂、铅丹和银朱，其中前两种红色颜料在清代中期以前普遍使用，银朱在清末使用较广。

朱砂：又名“丹砂”，色调为大红和朱红，以辰砂为上品[4]。在古代社会中正色的等级高于间色[5]，朱砂是古代红色中的正色，纯正艳雅，性质稳定不易变色。

铅丹：又名黄丹、樟丹[6]。加硫磺、硝石经高温成橘红色粉末，色调纯净而匀细，便于调配，有毒，稳定性较好。

朱砂与铅丹虽然都是比较稳定的颜料，但在江南地区铅丹的稳定性高于朱砂，但级别低于朱砂，江南地区同样一栋建筑中朱砂与铅丹多共同使用，朱砂一般用于最重要的部位，局部点缀，铅丹多做衬色。如宜兴徐大宗祠彩画，铅丹作衬色大面积使用，朱砂用于宝相花的花头部位，变色较铅丹严重（图 4.16）。

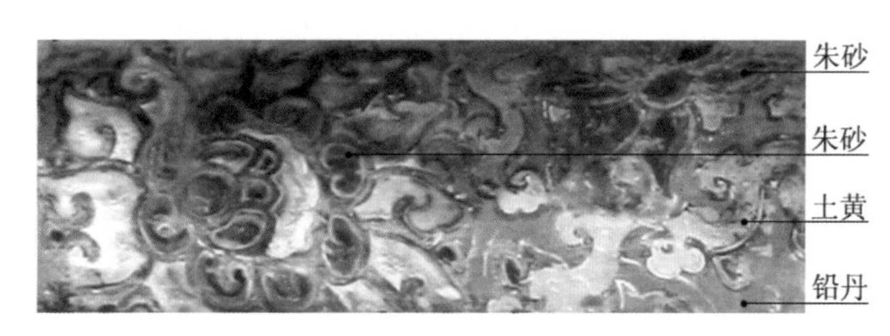

图 4.16　徐大宗祠颜料

1　潘天寿. 听天阁画谈随笔［M］. 上海：上海人民出版社，1980：67
2　王树村. 中国民间美术史［M］. 广州：岭南美术出版社，2004：571
3　皇帝理政、朝贺、庆典的主要殿宇，应饰以朱红；寝宫、配殿、御用坛庙，应饰以较深色的二朱色；宫内其他附属建筑及宫外敕建的佛寺、道观、神社祀祠等，皆饰以铁红。
4　盛产于湖南辰州，称为辰砂。
5　在中国古代社会青赤黄白黑为五正色，绿红碧紫骝黄为间色，正色的等级高于间色。
6　樟丹：因其产地为福建漳州，也称之为漳丹，用时将鸡蛋去黄剩蛋清打匀和入，颜色分外鲜明。

银朱：是人造的朱砂，是清中期以后大量使用的红色颜料，用来取代朱砂，广泛用于油漆彩画中。在《营造法原》中银朱记作“银珠”，并记载银朱有“广珠、青兴、三兴、建朱、心红、血标、烟红”等，这八种区分与银朱的产地与成色有关。据苏州漆匠们介绍，以前银朱有块状和粉状两种，块状者质成色正，粉状者质轻而色彩略次，但现在市面上出售的银朱则大多为粉末状[1]。

（2）黄色系

黄色系颜料主要有雄黄、土黄与藤黄。其中雄黄、土黄是天然矿物颜料使用量较大，多作衬色。

土黄主要来源于褐铁矿被风化后的黄色土状物[2]，性能稳定，色彩温和，非常耐看，是徽州地区木构彩画最常用的衬色（图 4.17），除此之外，松木纹彩画一般也是在土黄衬底上绘制。

雄黄的主要化学成分为硫化砷，其色调为橘红色，颜色的遮盖力较强，价格低廉，且有毒，可以防蛀，明清时期的仓库、书库内采用大量的雄黄、绘制彩绘，这种彩画称为“雄黄玉彩画”[3]，苏南地区檩条上的包袱彩画有用雄黄作衬地（图 4.18）。

图 4.17　绿绕亭土黄衬地

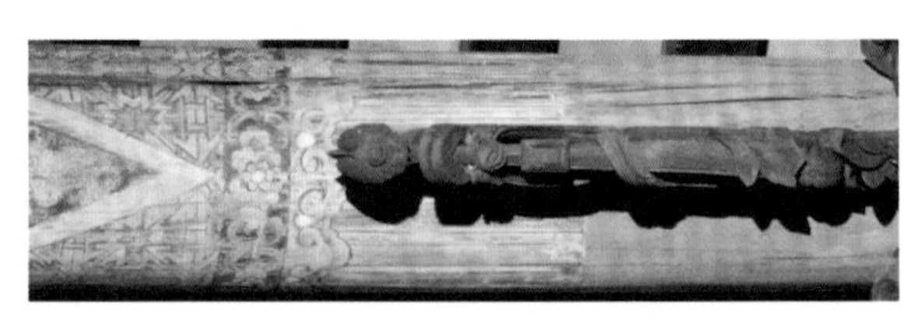
图 4.18　粹和堂雄黄衬地

藤黄是海藤树上流出来的胶质黄液，产于海南一带，是一种树脂颜料，毒性较大，由于其本身为胶质，著水即化。色彩鲜艳透明，适合表层渲染。[4] 苏州薛仁元师傅讲藤黄也称之为嫩月黄，越嫩越好，主要作小色用，且不易变暗，但使用时要有白色衬地。

（3）蓝色系：

蓝色颜料主要有石青、靛蓝、群青，清代早期以前主要是石青和靛青。

石青：是天然的矿物颜料，矿物名称为蓝铜矿，色彩遮盖力强，在五色中属于正色，多为正统官式建筑选用，未加工过的石青称之为生青，在《营造法式》“总制度・取石之法”就有生青以及加工漂洗取色的叙述。石青也是江南地区清中期以前建筑彩画中最常见的蓝色颜料，在浙江绍兴吕府官式彩画中即有石青也是所有矿物颜料中价格最高，使用量较大的矿物颜料。

靛蓝：也称之为青靛，用蓝蓼草叶片发酵制成，青黑色，色彩沉稳凝重，色相多为画家钟情，在《营造法式》“彩画作”中有记述，主要用于衬地与合色[5]，根据颜料测试，在綵衣堂、凝德堂建筑彩画均有发现，说明江南地区一直有使用靛蓝的传统，现在苏州的姜恩序堂仍有此种颜料出售[6]。

1　杨慧．匠心探原——苏南传统建筑屋面与筑脊及油漆工艺研究［D］．南京：东南大学，2004：146
2　尹继才．矿物颜料［J］．中国地质，2000（5）：46
3　中国科学院自然科学史研究所．中国古代建筑技术史［M］．北京：科学出版社，1985：474
4　马瑞田．中国古建彩画［M］．北京：文物出版社，1996：88
5　李路珂．《营造法式》彩画研究［M］．南京：东南大学出版社，2011：127
6　姜思序堂的颜料在品质上分为特级、轻膏、顶上。靛蓝多为膏状。辨别膏状的优劣之法：颜色如含有杂质，必然膏体表面疏松灰暗，不已溶化，含色量少且不能渗透宣纸。而纯净原料膏体表面细腻光泽，入水而化、润色柔和，色泽鲜艳纯正，渗透纸背，成画后，经久不变，多裱不脱。

群青：是一种半透明颜色鲜艳的蓝色颜料，天然群青也称之青金石，价格昂贵，清末使用的群青多为化工合成产品，其色彩纯度高，色彩鲜艳，在浙江地区与徽州地区彩画中大量使用。

（4）绿色系：

绿色颜料主要有石绿、洋绿，在清代以前的江南彩画多发现稀有氯铜矿。

石绿：又名松绿、孔雀石，是产于铜矿的天然矿石。在清末洋绿未进入国内之前，建筑彩画采用国产石绿。石绿主要分为铜绿和砂绿，铜绿色彩鲜艳，耐久不变，砂绿色彩发暗不鲜，彩画中较少选用[1]。

洋绿：产于德国的鸡牌绿品质最好，经久不褪色。现多用巴黎绿，其颜色较鸡牌绿深暗，清末江南地区彩画已经使用洋绿。

（5）白色系：

白色与黑色是色彩明暗的两极，常用来调和其他颜色，同时白色又多作衬地之用，在颜料中用量最大，常言道"粉固居五彩之先"。我国古代绘画中用蛤粉较多，凡留存的古画、壁画上使用蛤粉的画面都未变色，凡用铅粉的画面都变成深褐色。江南地区白色颜料比较丰富，有白垩、铅白、石膏等。

白垩：即白土，白垩的发现和使用比铅白要早，价格比较低廉，稳定性好，是古代壁画与彩画最常用的衬地颜料，在《营造法式》"彩画作"中亦有记载[2]。

铅白：又称定粉，是彩画最常用的白色颜料，细颗粒状，密度较重，覆盖力强，与多用于彩画的底子色，调配晕色，拉粗细白粉线之用。

（6）黑色系

黑色颜料主要是煤黑、墨汁。

徽墨：以徽州香墨为佳，色重延年不褪色[3]，在徽州与浙江地区的门楣、窗楣、屋角与墙头大量采用墨绘，是中国江南传统建筑最为明显的特征，对于黑白水墨的极力推崇，不拘泥于自己眼中所见到物象的固有颜色，强调意象的表现物象，成为整个区域的审美倾向。除墨绘外，在彩画中也存在"运墨而五色具"的倾向，对墨的使用达到极致。

煤黑：也有使用"轻煤"，亦称为松烟灰、草木灰、锅底灰等，在《营造法原》中又写为"青煤"，是焚烧松枝和稻草等物所得之细小颗粒。从轻煤的来源上看，它与黑色绘画颜料"灶突墨"、"灶额墨"是同类物质。"灶突墨"、"灶额墨"又称百草霜，《小山画谱》载："烧茅草之锅灰，罗细，浓胶研乳，取标烘干为墨用。"[4]轻煤旧时来源于民间的收购，扫烟囱灰、收集锅底灰等皆可，20世纪中叶在苏州民风锅厂大量有售；因此，轻煤往往含油脂，不易溶于水，且浮于水面之上。操作时应先加入少许水，搅拌均匀后，再大量注入水稀释[5]。由于价格低廉，是江南地区传统建筑彩画中最常用的黑色颜料。

1 马瑞田．中国古建彩画［M］．北京：文物出版社，1996：84

2 白土：先拣择令净，用薄胶汤浸少时，侯化尽，掏出细华，入别器中，澄定，倾去清水，量度再入胶水用之。《营造法式》（彩画作制度・总制度・调色之法）

3 唐宋之际，易水李氏，迁徙新安，治墨数世，遂为墨法南行之钤健。世人皆知廷珪制墨，因材于黄山之松，不知新安漆亦极丰饶。

4 ［清］邹一桂．小山画谱［M］．济南：山东画报出版社，2009：95

5 杨慧．匠心探原——苏南传统建筑屋面与筑脊及油漆工艺研究［D］．南京：东南大学，2004：147

（7）金属色

金箔：百色之光，是等级最高的色彩，彩画的级别常常跟用金的多寡有直接关系。江南彩画多在枋心中部贴金。金箔主要分为库金和赤金两种，库金含金量为98%，又称之为九八金箔，色泽黄中透红，又有“红金”之称。赤金含金量为74%，又称之为七四金箔，色泽黄中偏青白，有“黄金”之称。好的金箔千年不变色，其中南京产的金箔在国内最为著名。此外，苏州当地也产金箔，从色度深浅上分“库金”（颜色发红，成色好），“苏大赤”（颜色正黄，成色较差），“田赤金”（颜色浅而发白，实际上是“选金箔”）三种，苏南彩画贴金后两种使用较多[1]，与北方官式彩画中“大赤飞金”与“田赤飞金”相对应。

4.4.1.4 颜料的调配

传统画师颜料的调配属于前置的准备工作，一般都是徒弟在师傅的指点下调配，中国古代颜色是一个不断发展演变的过程，最早使用的是矿物颜料的原色，后逐渐使用矿物质的间色以及矿植物的间色[2]。《营造法式》“彩画作”颜料中朱砂、石青、石绿、花青等颜料，色相古雅、沉着，因不易调和，一般都原色使用，是彩画中用量最大的色彩。合色主要有赤黄、草绿汁、绿华、深绿、草绿、红粉和紫檀。清代《工部工程作法》中关于彩画的颜色不下数十种。主要有锅巴绿、大绿、二绿、三绿；天大青、天二青、三青、洋青、青粉、广靛花；土粉、南片红土、黄丹、银朱、胭脂、赭石、彩黄、藤黄、土黄、土子、香墨、定粉。清代颜料的调配主要包括大色、二色、晕色、合色与小色的配制，所谓大色主要是指原色，如石青、石绿与朱砂。二色比原色浅一个色阶，多用来刷底子。晕色比二色再浅一个色阶；合色：以两种以上的不同颜色按照一定比例配兑而成；小色：用量小，主要用来画盒子内的文人画，山水，花鸟之类，如：胭脂、藤黄。

在彩画的发展过程中，颜色配制也有变化，宋代颜料中的大色，如石青、石绿与朱砂都是经漂洗，澄出不同明度的二色与晕色。如：颜色由浅入深——青华、三青、二青、头青。宋代《法式》“彩画作·总制度·调色之法”记载：“取石色之法，生青、石绿、朱砂：并各先捣，令略细，用汤淘出，向上土、石、恶水，不用，收取近下，水内浅色，然后研令极细，以汤淘澄，分色轻重，各入别器中。先取水内色淡者，谓之青华；次者稍深者谓之三青，又色渐深者，谓之二青，其下最重者，谓之大青。澄定，倾去清水，侯干收之，如用时，度量入胶水用之。”这种方法在国画颜料的加工中一直使用，只是改用机器设备进行分层漂洗（图4.19）。在清代彩画颜色的调配有一定的变化，清末彩画大色的配制主要是颜料兑胶即可使用，部分二色的配制主要是在大色中调入一定量的白色颜料来调制深浅不同的各种颜色，色彩的明度与纯度都降低，起到色彩间的过度、增强层次和立体感的作用。

1 大赤飞金的含金量为74%，田赤飞金的含金量低于74%。

2 矿物质的间色（如白垩合朱砂为肉色，石青合白垩成为天青色）与矿植物合用的间色（如蓝靛合朱膘为紫色、槐花和绿石成为嫩绿色等）详见于非闇. 中国画颜色研究［M］. 北京：朝花美术出版社，1955：10

古建筑专家柴泽俊先生在《明代建筑油饰彩画要点》一文中指出明代彩画的重绘中，石青、石绿要经过炮制研杀，澄出头青、二青、三青和头绿、二绿、三绿，石黄经过炮制和研杀，澄出浅黄、中黄、深黄，青绿退晕，石黄点缀，增画幅庄重之感。切不可不炮制而加铅粉，效果迥然不同[1]。根据此文推测，在明代，颜料的晕色的配制还不是加铅粉而调制的，这一点对于将来的彩画修复非常重要，如果遇到明代江南彩画补绘应该考虑到二色、三色是否为大色漂洗还是大色加铅粉。南京博物院何伟俊博士在江南彩画调研中主要取了清代彩画的二色样，证明清代二色是铅白调兑，对于明代彩画还是有疑问。

图 4.19　矿物颜料漂洗设备

另外，关于颜料调配方式转变的原因是由于矿物颜料漂洗工序复杂而放弃，还是因为漂洗所得的颜色的遮盖力不及调兑铅白遮盖力强，或者是因为有色颜料的成本高于铅粉，为了降低成本而使用铅白调兑，就不得而知，但是有一点是明确的，清末洋绿、洋青便于与铅粉调兑而产生二色、三色，并且价格便宜，几乎完全取代石青、石绿作大色。但从总体感觉上，漂洗的色彩纯度高，色彩透亮，相比而言铅白调兑的色彩略凝滞厚重。江南地区彩画颜料的配制主要是大色、二色与合色，极少使用晕色，小色的使用也比较少，为了突出江南地区彩画的用色特点，下面重点讨论大色、二色与合色的调配过程。

（1）大色的调配。大色在清中期以前主要是石青、石绿、朱砂、铅白、墨；清末以后主要有：洋绿、佛青（群青）、铅丹、铅粉、黑烟子。南北方彩画大色的使用与调配是一致的，主要是控制胶、水与颜料的比例要合宜，加多加少都会影响效果。过去工匠一般凭经验。这次在江南彩画工艺模拟试验中，对彩画颜料与胶、水的配比做了定量分析（表 4.5）。但在实际施工中根据季节、天气的不同要适当地调整彼此间的比例关系，此外，在实际的工程中，大色的用量多，与工艺模拟试验中选用的粉末状颜料不同，故入胶的方式有部分差异，如佛青，先将佛青粉倒在盆内，徐徐加入胶液并搅拌，使之拈成团以后，再加足胶液搅成糊状，再以水稀释搅均匀，试刷干后遮地，不掉色即可。如果用胶量大了，干后容易偏黑，关于颜料兑胶的注意事项，在北方官式彩画工艺书籍中都有介绍，这里不再多述。

1　柴泽俊. 明代建筑油饰彩画要点［J］. 文物世界，2005（1）：9–11

表 4.5　颜料与胶水调配比例表 [1]

颜色	颜料	数量（份）	胶水（份）	水（份）
红色	朱砂	1	1.5	1.0
	土红	1	1.5	1.0
绿色	石绿	1	0.5	0.5
蓝色	石青	1	0.5	0.5
	群青	1	0.5	0.5
白色	铅白	1	0.3	0.2
	白土	1	0.3	0.2

（2）二色的调配。彩画的韵律美，很多时候在于配色的协调，江南地区彩画通常只有大色、二色两个色阶，晕色非常少。关于二色的调配，清代主要是在大色中兑白粉，依靠经验涂在木板上比对，比原色再浅出一个色阶来，不同画师调的二色有细微差异，其中含有画师自己的审美判断及对色彩的感知（图 4.20）。

图 4.20　调兑好的大色和二色（朱砂、石青、石绿、土黄、铅白、墨汁）

图 4.21　忠王府彩画合色

（3）合色的调配。解放初期北京画师刘醒民老先生合色常用的配比关系已经整理记录在案："杏黄：石黄二、樟丹五、雄黄一；浅灰：铅粉二、佛青一、黑烟子少许。浅紫（粉紫）：铅粉一、佛青一、高红或银朱二；浅米：铅粉二、石黄一樟丹一；棕色（近香色）：洋绿一、石黄二、佛青一。老绿（比砂绿深）：洋绿一、佛青五、黑烟子少许；深蓝：佛青二、毛儿蓝二；黑烟子少许；浅香色：石黄二、高红二、黄烟子少许；栗子色（紫色）：石黄二、高红一、雄黄一、黑烟子少许。" [2] 薛仁元师傅讲：苏州一带合色用得比较少（图 4.21），主要在佛像装銮上合色用得比较多，彩画上的合色主要有紫色、香色。紫色由已经用骨胶调好的银朱加入佛青调配而得，香色则在石黄中调入银朱、佛青而得到。

1　何伟俊．江苏无地仗建筑彩绘颜料褪变色及保护对策研究［D］．北京：北京科技大学，2010：42

2　北京市文物工程质量监督站．油饰彩画作工艺［M］．北京：北京燕山出版社，2004：104

4.4.1.5 颜料号色

布色符号也称“色标”，在中国古代壁画与彩画佛像装銮中的应用有上千余年的历史，关于其定义，李其琼先生在《敦煌学大辞典》中载：“布色符号：色彩分布的代号。民间画工绘制寺观壁画，都是师徒相承集体合作完成，绘制伊始由师傅起样定稿，决定色彩分布，师傅将应涂之色用符号写在画上，助手按符号布色。根据壁画色彩与符号映证，敦煌壁画中所发现的布色符号有‘夕’（绿）、‘工’（红）、‘土’（青），‘甘’（黄）各取其字形的局部为代号[1]”。陆探微著有《合色论》也记载了当时的画家以描为重，布色则指挥徒工为之。彩画也不例外，一般在打好的谱子就布色而作的提示性文字符号。据薛仁元师傅讲，当年他们在作学徒时，依据师傅在谱子上写的色标进行布色。

彩画的常用颜色有红、黄、绿、青、紫、朱、赤、白等，用其偏旁部首或相类似文字或数字作色标。通过比较发现“色标”在传承过程中也有变化，由早期象形的字逐渐加入抽象的数字符号标记，清末画师流传的一首歌诀：“七青、六绿、八黄、九紫、十黑、工红、三香色”[2]。这些数字符号标识的颜料主要指清末进口的外国颜料，如洋青、洋绿之类。而传统的石绿、石青、朱砂、雄黄与敦煌壁画上的‘夕’（绿）、‘工’（红）、‘土’（青）、‘甘’（黄）一致，江南彩画在颜料的种类上没有官式彩画品类多，主要的大色与二色的标号与官式彩画是一致的（表 4.6），笔者根据匠师介绍以及相关文献对清末及清末以前的主要颜料色标进行归类。

表 4.6 颜料号色

	红色		绿色		蓝色		黄色		白色		黑色	
清末以前	朱砂	工	石绿	夕	石青	玉	土黄	龷	白土	白	墨	木
	樟丹	丹			花青	主	赭石	耂				
清末	紫	九	洋绿	六	洋青	七	石黄	八	白粉	分	墨	十
	银朱	艮	二绿	二六	二青	二七	藤黄	月				
	朱膘	票	三绿	三六	三青	三七						

4.4.2 胶料与胶矾水配制

4.4.2.1 骨胶

胶者，画之血脉也。中国古代绘画，无论是文人画，寺庙壁画还是彩画，都离不开动物胶的使用。所谓动物胶，是指动物之皮、骨、膜、角芯及鳞等含胶原蛋白的组织所制成的胶，血肉有情之品。《周礼》中的“冬宫·考工记”载：“胶也者，以为和也”，又曰：“鹿胶青白，马胶赤白，牛胶火赤，鼠胶黑，鱼胶饵，犀胶黄。”[3]可见骨胶在古代的使用有数千年的历史。

骨胶在彩画中的作用非常大，既用来调各色颜料，也用于打底子之用。好的胶可以保存数百年，使得颜料层牢牢附着在木表，有“百年传致之胶，千载不剥”[4]之说。对于古代彩画用胶的认识对彩画保护修复意义重大，日本古建筑专家窪寺茂先生到江南地区作彩画调研时就指出，“彩画最好的修复办法就是继续使用传统材料，如在修复中继续使用骨胶，这些传

1 沙武田．敦煌画稿研究［M］．北京：中央编译出版社，2007：369
2 北京市文物工程质量监督站．油饰彩画作工艺［M］．北京：北京燕山出版社，2004：104
3 曾国爱．动物胶简史［J］．明胶科学与技术，1995（2）：97
4 ［唐］张彦远．历代名画记［M］．北京：中华书局，1985

统材料经过数百年的考验，是有说服力的，现在的化学材料本身的寿命还不确定，如用不好，反倒对彩画是一种破坏”。在中国传统绘画中颜料的溶剂都选用可逆性胶类。可逆性是指胶液凝结后再加水仍可化开的特点。凡动物胶、植物胶等有机类胶都有可逆性，而化学合成的无机性胶类都没有可逆性。他的观点很深刻，提醒在修缮彩画时要研究传统工艺不要忘记研究传统，不要低估古人的智慧。

目前国内彩画用胶有广胶、骨胶、明胶、桃胶[1]。关于江南地区彩画的颜料层中胶的成分，何伟俊博士通过试验分析不同发现样品中的胶料具有相同的有机化合物吸收峰，其属于饱和脂肪烃化合物的吸收峰，说明为动物胶的可能性较大[2]。清末苏南地区常用的胶仍是骨胶，今天在苏州的老泰顺漆店内仍能够买到。

通常情况下，古代传统工艺制作时往往就地取材，下文的工艺模拟试验都采用此胶做原料（图 4.22）。

关于胶的熬制，在各类与古建彩画工艺相关的书中都有详细的描述，这里主要指出江南地区气候湿热，熬胶时要注意投入干胶的比例要大，水的比重宜小。用骨胶调颜料时根据不同的颜料特点，用胶量也不同，以画师的经验判断为准，（表 4.5）中胶与水与颜料的配比仅作参考，具体的调颜料会因时因地因原料不同而适当调整。其次，动物胶气味比较难闻，这一点在作彩画模拟实验中有深刻体会，想想以前作学徒的艰苦，刚开始的三年内主要是熬胶、调颜料，天天如此。此外，动物胶容易腐败，一般在冬季隔了一夜后在第二日加热后还可以用，而在夏季隔一夜后胶就腐败不能再使用。清代邹一桂《小山画谱》中亦有此记载曰：“冬月隔宿胶可用，夏月隔宿胶不可用。”[3] 所以夏季每天在彩画结束后，需要“出胶”，即将颜料静置，待胶液浮在上层，颜料沉在碗底，将胶液徐徐澄出碟外。等用时再重新加入胶。

图 4.22　苏州老泰顺骨胶

4.4.2.2　江南地区产的鱼鳔胶

江苏一直以盛产鱼鳔胶而闻名。唐代张彦远在《历代名画记》卷二“论画体工用榻写”中就记载了当时绘画颜料、胶料的名称和产地。文中就提到：“吴中（江苏）之鳔胶，东阿（山东）之牛胶，漆姑汁炼焦，并为重采，而用之。”[4] 可见江苏的鱼鳔胶在千年前就应用于绘画中，且以实际使用的效果而言，鱼鳔胶的性能优于牛皮胶，粘性比较强，是胶粘剂的上选。《营造法式》“彩画作”衬地之法：“贴真金地：候鳔胶水干，刷白铅粉，候干又刷，凡五遍。”其中鳔胶即为鱼鳔胶也，专用作贴金之用。

1　广胶又称黄明胶，明度比骨胶好，现在广胶很少见，彩画中主要用骨胶，明胶是上等胶，彩画中少用，这三种胶均为动物胶，俗称水胶，桃胶是植物胶，只作“白话”少量使用。详见：蒋广全．古建彩画实用技术（二）［J］．古建园林技术，1985

2　何伟俊．江苏无地仗建筑彩绘颜料褪变色及保护对策研究［D］．北京：北京科技大学，2010：42

3　［清］邹一桂．小山画谱［M］．济南：山东画报出版社，2009

4　［唐］张彦远．历代名画记［M］．北京：中华书局，1985

4.4.2.3 胶矾水配制

明矾，又称之为白矾，味涩，半透明，主要产地为安徽庐江。既用于油饰彩画，又是一味中药。明代李时珍在《本草纲目》中记载："绿矾，晋地、河内、西安、沙州皆出之，状如焰消。其中拣出深青莹净者，即为青矾。煅过变赤，则为绛矾。入圬墁及漆匠家多用之。"[1]明代漆作中就用到矾。关于胶矾水始于何时，至少在《营造法式》仍未提到，可能这项技术在北宋时期还没有成熟，在江南包袱锦彩画的取样中，何伟俊博士也有关于胶矾的发现。另外在清代《工程工部做法》有关于胶矾的记载，关于矾水的作用《中国古代建筑技术史》中概括的较为恰当："矾水能产生络合作用，涂在物表形成不溶解的金属络合物，能防止水的浸透，把颜色牢固地附在物面上，叠晕和罩染都是需要涂几重颜色的，如果底层上不涂胶矾水，加染会引起底色的溶解和相混，产生污斑，因此每叠一层，就需要涂一度轻淡的胶矾水。单独的矾水往往是不均匀的，因此必需加胶调成匀净的胶矾水，用匀净的胶矾水涂在底色上，加染颜色后就不会产生深浅不均的现象。它还能保护颜料不受潮气的浸透，使得彩画色彩鲜明，颜料经久不褪色，单独的胶容易发霉，加矾后也不易生霉。"[2]

关于胶矾水的配比，在清代《工程做法》中固体胶、矾的比重为 1：1（质量比）[3]，在实际中略有出入。在配制胶矾水的时候，要注意"热胶冷矾"，也就是将热的胶水与冷矾水混合起来，打起泡沫则说明胶矾水已经搅拌均匀[4]。由于胶与矾均无毒，也可以试口感。试验方法是在矾水加入胶水之后，用舌尖试，以胶矾水在口中感到涩中略带甜味为宜，以画师的经验为主，如果在刷胶矾水部位见到矾光，则矾的浓度太大。

4.4.3 画笔

画师常说 "三分手艺七分笔"，足见画笔对画工的重要意义，画笔的好坏不但对彩画的优劣影响甚大，而且还关乎作画的进度，故画工都非常重视画笔的选择。

4.4.3.1 彩画常用画笔种类

彩画的画笔主要有刷子、碾子和毛笔。刷子主要用来刷衬色，有斜口和齐口之分；齐口刷用于刷大块面，斜口刷用于刷线脚的棱角等处，以 2 寸、2.5 寸为主；碾子主要是用来拉箍头线、画锦纹、拉白勾黑用，有大小之分。毛笔主要用来作堂子或盒子画，软毫主要有大小羊毫，比较柔软，吸水性佳，适合画花卉，此类笔以浙江"湖笔"[5]为多，价格也比较便宜。硬毫以狼毫为主，主要用来勾勒线描，此外还有描线用的狼圭之类。刷子和碾子多为画师自制，笔者在台湾参观彩画工地时，看到当地的彩画行业内还有自制画笔的传统。画笔由竹子和头发丝作成扁长型，按他们的讲法用头发丝比动物毛柔软，上色时不会留下笔刷的痕迹（图 4.23）。

---

1 ［明］李时珍. 本草纲目.（石三・绿矾）［M］. 呼和浩特：内蒙古人民出版社，2008

2 中国科学院自然科学史研究所. 中国古代建筑技术史［M］. 北京：科学出版社，1985：280

3 王璞子. 工程做法注释［M］. 北京：中国建筑工业出版社，1995：301-349

4 张昕. 山西风土建筑彩画研究［D］. 上海：同济大学，2007：223

5 至元代、明代时，浙江湖州涌现出一批制笔能手，如冯应科、陆文宝、张天锡等，以山羊毛制作羊毫笔风行于世，世称"湖笔"，自清代以来，湖州一直是中国毛笔制作的中心，湖笔与徽墨、端砚、宣纸一起被称为"文房四宝"。

图 4.23　台湾画师自制画笔

4.4.3.2　香山帮画笔的制作

在解放前苏南彩画艺人们都自制画笔，既可节约成本，又可根据彩画的特点设计笔的种类，如：彩画作晕色时用笔要求直、挺、匀，自制的画笔无尖且硬，作晕色非常方便。现在画笔基本上都从文具店直接购买各类毛笔。自制的画笔在类似于北方的小圆碾子，由猪鬃、生漆与竹杆来制作画笔。苏州顾培根师傅（简称顾师傅）家里还保留过去的画笔，并且他自己也会制作画笔。做法较一般的毛笔制作工序简单，顾师傅还亲自为笔者制作了几只画笔，原材料中猪鬃毛用比较长的羊毛代替了。具体的步骤是：选取较长的羊毛，用木梳将它梳平梳顺，然后找一细竹子，将羊毛裹在竹子周围，并用麻线一道道缠住，在缠线的时候一定要将端头固定住，用和好的生漆和瓦灰调成灰料将羊毛层层粘起来，待面漆干固后再刷一、二道生漆，待使用的时候可以将笔尖剪去，即可用（图 4.24）。顾师傅讲自己制作的画笔可以多次使用，而现在的画笔用一次就报废了。如果笔头磨损，就截下一段，里面的羊毛（猪鬃）还可以继续使用。

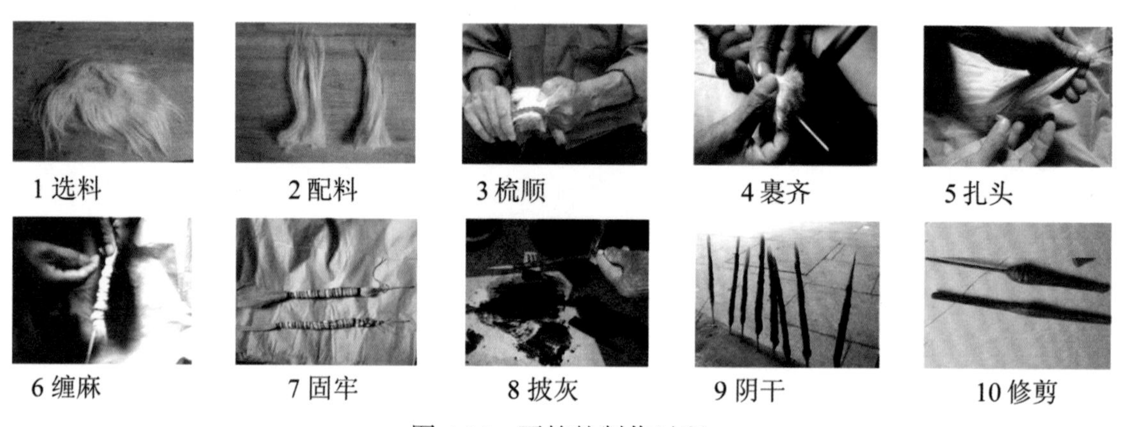

1 选料　2 配料　3 梳顺　4 裹齐　5 扎头
6 缠麻　7 固牢　8 披灰　9 阴干　10 修剪

图 4.24　画笔的制作过程

4.4.4　衬地材料与打磨工具

4.4.4.1　衬地材料

大漆：又称生漆，割取于漆树树干韧皮部所得的乳液。产地多位于中国南部地区，是江南地区最主要的漆料，生漆在潮湿的环境中易干。使用时生漆宜新不宜陈，以优质新漆的质量最好，在彩画中作打底子的底漆之用（图 4.25–1）。

小粉：是用面粉放入盐起的化学反应后，将面粉里洗出来的淀粉，取其粘性与凝聚的作用，与大漆瓦灰调兑作衬地。

瓦灰：将碎瓦或碎砖研磨而成的细小颗粒，分为粗灰、中灰、细灰。经过几轮碾压之后，用 20~30 目的筛将粗灰筛下。继续对部分粗灰碾轧，用 60~80 目的筛筛下中灰；再对中灰反复碾压，再用 100~120 目的筛筛下细灰。粗灰的大小与黄沙相当；细灰则细如面粉；中灰介

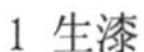

1 生漆

2 瓦灰

3 光油

图 4.25　江南彩画工艺衬地材料

于其间[1]，主要用作打底的披灰工序，顾师傅从中灰来筛选细灰（图 4.25–2）。

老粉：又称大白粉，土粉，化学成分主要是重质碳酸钙，主要用于调腻子，比较好打磨。

腻子灰：苏州称为面漆，用生漆兑土子面或淀粉，或用生漆调石膏搅拌，用于弥补大的裂缝，是较好的嵌填材料[2]。

光油：又名熟桐油[3]，在江南彩画中常作为罩面油，作衬地中调灰嵌缝之用，也可以用于调和颜料，有耐水、防腐、防蛀的功效（图 4.25–3）。光油是经过精制后的桐油，是桐油在熬炼时加“烧头”后形成。关于光油的熬制，各类油饰彩画的书籍多有记录，本书不再重述。

4.4.4.2　牛角板

牛角板是传统的调批面漆、披灰的工具。王世襄先生所著的《髹饰录解说》中在提到“柡”这个名称时，推测北京匠师所谓的“各（角）敲”，可能是南方传来的名称。“各敲”有牛角制的，也有铜制和木制的。苏州老漆匠将牛角板称为“角抄”。苏州的老漆匠亦认为水牛角较黄牛角韧性好，是因为水牛角比黄牛角大，取料方便。生漆店所出售的“角抄”仅是将牛角切割成形，但这种“角抄”质硬且前后厚薄均一，并不方便使用，还需工匠对其进行再加工。图 4.26 即为顾师傅加工好的牛角抄，用玻璃或刀将“角抄”前部刮薄刮软呈半透明状，用磨子打磨，后部留出手握的地方不刮，以方便手执，再用磨刀石开口即可。

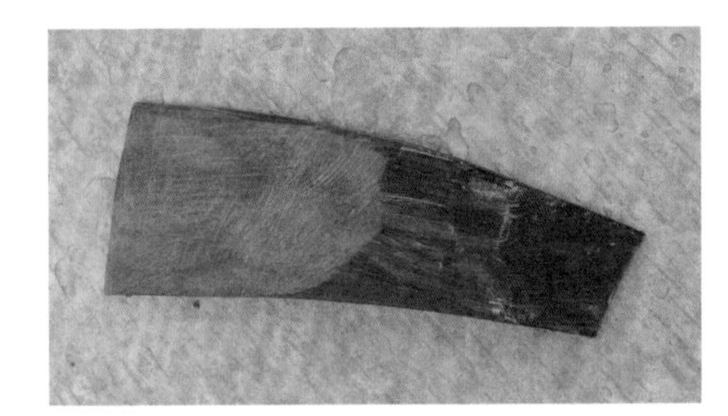

图 4.26　牛角板

4.4.4.3　打磨工具

传统打磨的工具有磨刀石、小石头磨子、瓦片、沙叶和木贼草等几样，都是由匠师自己制作的（图 4.27）。这些材料根据不同的打磨需求，加工成长、方、圆、扁、三角等不同形状，而现在的打磨工具多为各种型号的砂纸所替，纸质强韧，耐磨耐折，有良好的耐水性，也称

1　杨慧．匠心探源——苏南传统建筑屋面与筑脊及油漆工艺研究［D］．南京：东南大学，2004，147

2　中国科学院自然科学史研究所．中国古代建筑技术史［M］．北京：科学出版社，1985；474

3　桐油是性能最好的一种天然油脂涂料，属干性油，是目前所知干燥速度最快的天然油类，熬光油多将桐油与苏子油按一定配比（一般为 4 ：1）混合熬制，而苏州则一般仅用生桐油熬炼，至多加入一定比例的豆油一同熬炼。

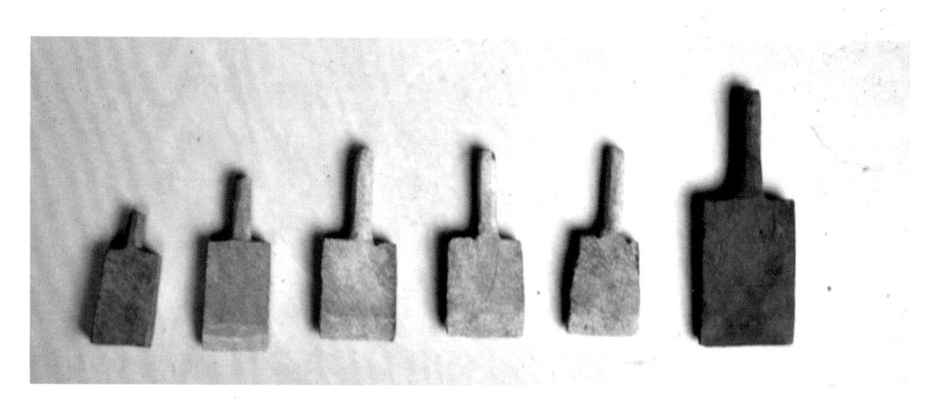

图 4.27　顾培根师傅制作的传统打磨工具（不同石材与瓦片）

之为水布。从性能上讲砂纸较传统打磨工具好用，但传统的打磨工具是工匠即兴的利用周围可用之物，现代工业化生产使工具缺少生趣。

此外，彩画工具还有用来画直线的靠尺，用来盛放颜料大小不同的碗碟，用来研磨颜料的瓷钵，与北方官式彩画的工具类似不再细说，需要说明的是，关于北方匠师作彩画时的打落碗子，通过与顾培根师傅和薛仁元师傅交流，他们谈到这类工具在苏南是不用的。

4.5　江南地区彩画工艺

江南彩画在工艺上较多地继承了《法式》“彩画作”工艺。为了深入认识它们之间的承接关系，首先对宋代彩画工艺进行梳理。《法式》“彩画作・总制度”中对于彩画绘制过程的描述为：“先遍衬地，次以草色和粉，分衬所画之物。其衬色上方布细色，或叠晕，或分间剔填。应用五彩装及叠晕碾玉装者，并以赭笔描画，浅色之外，并旁描道，量留粉晕；其余并以墨笔描画，浅色之外，并以粉笔压墨道。”据此可知，《法式》作者李诫认为绘制彩画有四个关键步骤：“衬地—衬色—布色—描边”，并且根据彩画等级不同，工艺的繁简程度不同。其中上等彩画（五彩遍装与青绿碾玉）及中等彩画（青绿棱间、解绿赤白）的工艺作法对后代彩画工艺的研究非常重要（表 4.7）。

表 4.7　宋代彩画工艺释义

绘制步骤	五彩遍装 青绿碾玉装	释义	青绿棱间装 解绿赤白装	释义
衬地	遍刷胶水侯干	与木表隔离层的作用，防止加染颜料后深浅不一，这里的胶指骨胶。	遍刷胶水侯干	衬地主要防止木材吸色，使设色均匀，防止紫外线与湿气对木材的侵蚀[1]。
	以白土遍刷侯干	用薄胶调好白土后再刷一遍，使得绘画基底层平整光滑[2]。	遍刷青靛和茶土（每三分中，一分青靛，二分茶土）	有关青靛和茶土的研究，李路珂博士认为：“茶土的质地可能较白土更为疏松、较易和色，与青靛（按照 1：2 的比例调配）合用作碾玉装的衬地，其颜色可能略偏青绿[3]。
	刷铅粉	用稍浓胶水调铅白使得衬地为白色，在衬地中已经考虑不同类型彩画底色不同。		

1　中国科学院自然科学史研究所．中国古代建筑技术史［M］．北京：科学出版社，1985：280

2　虽然白土与铅白均为白色颜料，但白土色泽偏黄，颗粒较铅白粗，价格低廉用于衬地的底层。

3　李路珂．《营造法式》彩画研究［M］．南京：东南大学出版社，2011：126

续表

绘制步骤	五彩遍装青绿碾玉装	释义	青绿棱间装解绿赤白装	释义
衬色	以草色和粉，分衬所画之物。草色主要有绿华、深绿、绿、红粉、衬金粉。	与清代彩画中刷大色类似，其中草色主要以植物颜料调和而成，价格低廉，容易调制，且以植物颜料作衬色可使石色浓厚，不露底。	以草色和粉，分衬所画之物，主要有青、绿两种草色。	这里草色和粉，主要指由螺青调和铅粉、槐华调和铅粉、紫粉调和黄丹而成的一种较为浅的青、绿、朱色系。
布色	布细色，或叠晕、或分间剔填	叠晕与分间剔填是法式着色中最重要的两种做法，此外还有对晕、退晕、描画、白画、间装、晕染等诸式。	布细色，或叠晕、或分间剔填。	叠晕主要指着色自浅往深，如：青华—三青—二青—大青—深墨。分间剔填应该为在图案间的空隙内进行小面积颜色的平涂。
描边	以赭笔描画	上等彩画的外轮廓以赭色描边。	以墨笔描画。	中、下等彩画的外轮廓以墨线描边。
	浅色之外，并旁描道，量留粉晕	在叠晕最浅的颜色如：青华、绿华、朱华的外缘用铅粉描白道。	浅色之外，并以粉笔压墨道。	在叠晕最浅的颜色外缘用铅粉描白道，与墨线外轮廓相接。

通过上述工艺步骤发现，江南地区彩画的绘制工艺薪火相传，基本延续了宋代彩画工艺，均在木表作衬地与衬色后直接绘制彩画。只是宋代彩画的绘制技艺简要概括为四大步骤，部分步骤省略，如：衬地前的捉补、衬地后的打底稿等步骤就未提及。下文对江南地区几种重要的彩画类型的绘制工艺逐一进行解读。

4.5.1 关于地仗

广义的地仗包括衬地与衬色两层含义。清代雍正朝颁布的书籍《工程工部做法》就有关于地仗的记录，其含义指彩画的衬色，我们现在理解的地仗是指“由熬制的桐油或大漆、磨碎的砖瓦灰等在木构件表层制作的灰壳，可能使用经过加工的猪血共同制成灰料，可能与麻、布等材料一起使用，主要起保护木构件的作用[1]”，形成平整光滑的保护层，以便于绘制彩画。目前考古发现的麻灰地仗，最早出现在元代移帮哥（成吉思汗之孙）王府的废墟中，在残木柱上发现有“用粗布包裹涂有腻子灰，表面绘有动物形象的泥饼[2]”。

明代前期麻灰衬地在建筑中尚未流行，这主要因为当时木材多为整木，表面光滑可以在其上直接彩绘。彩画专家马瑞田先生认为：“明朝修建宫殿多采用楠木，这些木材大都是从南方远道运来，架、枋、柱完全使用整木材，经过平、圆、直后，表面光滑，直接在木骨上进行油漆彩画，从不作披麻、油灰地仗。如北京明代建造的故宫诸殿门、智化寺、法海寺、长陵陵恩殿等遗构就是例证。[3]”清代中期以后，北方才大量出现了绘制于麻灰地仗上的建筑彩绘，逐步成为官式做法。究其原因，主要是由于北方官式建筑体量较大，清代大木料缺乏，主要木构件只能采用小料拼帮接凑的做法，在其上披麻做灰，将木材表面加工平滑齐整后再做彩画，而后逐渐成为一种约定俗成的做法延续至今，但是地仗做法根据构件不同，做法也不相同，主要有麻灰地仗、单披灰地仗。

1 西安文物保护修复中心．南京博物院古建筑彩画保护技术规范［S］．2010，4
2 马瑞田．中国古建彩画［M］．北京：文物出版社，1996，94
3 马瑞田．中国古建彩画［M］．北京：文物出版社，1996，94

在南方大部分地区，建筑木构规格较小，表面光滑，再加上气候温润，木材的干潮缩胀影响不大，一般建筑彩画在清末之前，仅在木材基层上只作较薄的底子。在调研中清末以前的江南地区、闽南地区、云南等地几乎都延续了宋代彩画只做衬地的方法。如：苏州香山帮建筑用料主要选择当地优质杉木，也有用楠木、黄柏松木等。木材经干燥，并用松节油蓖麻油和樟脑油作防腐防虫处理，以解决木材易腐蚀易虫蛀的问题[1]。如需在构件彩画就直接在上面打底子。苏南现存几处楠木构件上的彩画，如：无锡硕放曹家祠堂脊檩明代彩画（图 4.28）、常州的藤花会馆脊檩明代彩画（图 4.29），虽然这两处彩画的颜色已经褪去，依稀留下墨线与白粉线，更直观地感受到这些彩画都是在木表作较薄的白色衬地，使得彩画与木构件表面结合紧密，宛如木表披了一层薄纱。

通过比较发现，直接绘于木表的彩画保存情况好于绘于麻灰地仗上的彩画。这些现象表明，木材基层的质量对彩画的保存年限影响较大，质量较好的整木，可以保存数百年而不产生较大的裂缝，这样的木材基层大大延长了彩画的保存年限。相反，由小块木材拼帮的木构梁枋，外面作了厚的“灰壳”，由于“灰壳”材料本身的寿命有限，部分材料在百余年内就老化了，这样导致地仗层开裂离骨（图 4.30），附着在上面的颜料层就会随之产生起甲、龟裂的现象（图 4.31）。

图 4.28　无锡曹家祠堂脊檩

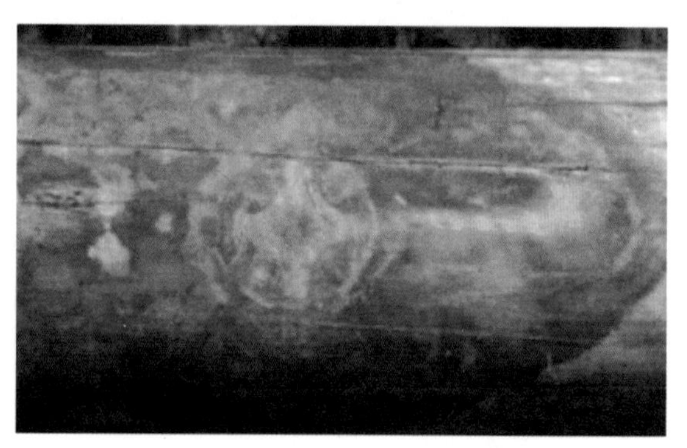

图 4.29　常州藤花旧馆脊檩

图 4.30　官式彩画地仗开裂、下垂

图 4.31　官式彩画起甲、龟裂

1　马全宝 . 香山帮传统营造技艺田野考察与保护方法探析［D］. 北京：中国艺术研究院，2010

4.5.2 打底子

虽然江南地区清代中期以前的彩画无麻灰地仗，但并不意味着木表不经加工直接做彩画。如果木表不做处理，直接着色，颜料的液体会很快被吸完，以致妨碍设色，并且由于吸入颜料液体的干湿程度不一样，色彩会产生深、浅不匀现象。此外，衬地与绘于其上的矿物颜料结合成防护层，防止紫外线对木表的氧化以及湿气的渗入。故在作画之前木表需要作衬地，江南一带也称为“打底子”。

根据何伟俊博士的检测分析结果，“部分彩绘在颜料层下或颜料脱离处，可见有很薄的基本为白色的底层，检测结果其中主要含有石灰、石膏、铅白成分，部分为黄色衬地，各部位彩绘基本上均为直接打底色后绘画，衬地薄而均匀，基本都是在底色上直接绘制而成，与木构件表面结合紧密[1]。清中期以后，衬地有逐步加厚的趋势（图 4.32）。

根据资料记载、试验分析与工匠访谈得知：打底子的具体做法包括前期对木材的捉补与打磨。首先是捉补，将木材表面的灰尘、污垢、树脂等清除干净，将木材的裂痕节疤挖去，用桐油加白土作腻子进行捉补，以找平（图 4.33）。其次是打磨，将木材表面打磨光滑，传统打磨工具为小石头磨子、瓦片等，现在均以水布打磨取代（图 4.34）。

在此基础上做衬地，江南地区“打底子”的做法有多种，其中三种方法是白色底子，在苏南与浙江地区应用较多，第四种为黄色衬地，苏南与徽州地区常用。一般“打底子”需进行 2 到 3 次以上，要求每次必须打磨至平整光滑，最后一遍更需磨得极为平整，便于上颜料层。

（1）刷胶粉。构件满绘或局部彩画时，在彩画部位遍刷一层胶粉（图 4.35）。早期胶粉有可能由铅白粉与骨胶调和而成，晚期有老粉与骨胶调和，为使衬地更加牢固，可加少许光油。这种做法延续了宋代彩画衬地做法，只是在其基础上简化，《法式》中衬地先刷胶水，候干再刷白土，之后才刷胶粉。

（2）灰油做法。光油用稀释水（松香水）溶化，将铅白搅拌均匀，同时需加入少量水调制。

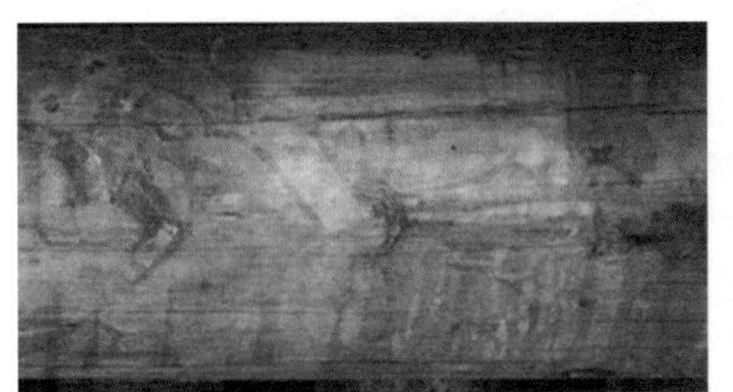
1 常熟脉望馆檩条白色胶粉衬地

2 金坛戴王府衬地

3 东山镇凝德堂檩条白色胶粉衬地

4 唐模高阳桥黄色衬地

图 4.32 江南地区各类打底子做法

1 何伟俊．江苏无地仗建筑彩绘颜料层褪变色及保护对策研究［D］．北京：北京科技大学，2010

图 4.33　对木板进行捉补

图 4.34　对木板进行打磨

1 称铅白重量

2 调骨胶

3 调好的胶粉

4 刷胶粉一道

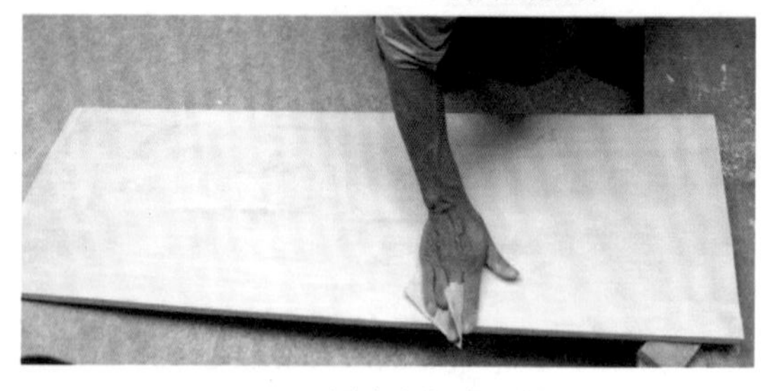

5 用水布打磨一道

图 4.35　刷胶粉

光油以松香水稀释[1]。

（3）大漆做法。指用大漆调和小粉（菱粉或藕粉），再加入瓦灰调匀后打底，干燥后磨至光滑平整。配比为：生漆 1 斤、小粉三到四两、瓦灰 1 斤半，是顾培根师傅认为彩画“打

1　传统的稀释剂还有松节油，松节油为蒸馏松香所得的油状液体，对天然树脂、油料的溶解力都很好；200 号溶剂汽油（俗称松香水）是松节油的替代产品，与煤油均属石油溶剂，是为分馏石油所得，价廉，但性能不及松节油。由于现在松节油不易得，即使按传统做法配油、漆所大量使用的就是松香水。稀释剂（松节油、煤油、松香水）的用量与光油的粘稠度有关。详见：杨慧．匠心探原——苏南传统建筑屋面与筑脊及油漆工艺研究［D］．南京：东南大学，2004：159　此外杨慧的论文中，根据苏州当地的漆匠介绍还有一种打底子的方法，其配色的方法是用光油和将土黄与豆浆调匀做底色。用豆浆调土黄也可增加牢度，据说“牢得不得了”，同时其颜色嫩黄十分鲜艳。

底子”的最好做法[1]，这种做法类似于单披灰，在清末应用较多（图 4.36）。

（4）刷黄胶粉。用雄黄加铅白、加刷彩画骨胶部位，使得衬地的色泽偏黄，定下了整幅彩画偏暖色的基调（图 4.37）。实际上与法式青绿碾玉装衬地做法类似：“遍刷胶水侯干，刷青淀加茶土”，使得色彩显青白色，便于下一步衬色，另外雄黄有毒，可以防虫蛀，同时雄黄还有防止骨胶腐败的功效，是江南无地仗彩画中常用的传统防腐材料[2]。以黄色调为主的彩画在徽州地区最为常见，在山西也有类似黄土白面衬地，可视为不同地域因地制宜的衬地做法[3]。

1 衬地材料 生漆、瓦灰、菱粉

2 大漆衬地

图 4.36 大漆做法

1 调黄胶粉

2 刷黄胶粉

图 4.37 黄胶粉做法

4.5.3 打样

打样是苏南一带对彩画“起谱子”的称呼。谱子在古代也称为粉本，早期的粉本将画稿先画在牛皮纸或制过的“薄羊皮上”，按照纹样用针顺序戳成密排小孔[4]；清方薰《山静居画论》载：画稿谓之粉本者，古人于墨稿上加描粉笔，用时扑入缣素，依粉痕落墨，故名之也[5]。沙武田发现敦煌壁画也有粉本制作，其法有二：一是用针按画稿墨线即轮廓线密刺小孔，把白垩粉或高岭土粉之类扑打入纸或用透墨法印刷，使白土或墨点透在纸、绢或者壁上，然后依粉点或墨点作画。二是在画稿反面涂以白垩、高岭土之类，用簪钗、竹针等沿正面造型轮廓线轻划描印于纸、绢或壁上，然后依粉落墨或勾线着色[6]。这两种方法一直沿用至今，

1 何伟俊．江苏无地仗建筑彩绘颜料层褪变色及保护对策研究［D］．北京：北京科技大学，2010：29

2 历代绘画所用防腐添加剂亦多有差异，常用于防腐并改善气味的有龙脑、麝香等，添加的药物有熊胆、藤黄之类。

3 黄土白面的衬地做法为胶矾水、黄土与白面的混合物，俗称“腻子”。做法是先在白面内加胶矾水，调成糊状，然后再加适量的黄土，对彩画色彩的保存十分有利。详见：张昕．山西风土建筑彩画研究［D］．上海：同济大学，2007：221

4 中国科学院自然科学史研究所．中国古代建筑技术史［M］．北京：科学出版社，1985：280

5 清方薰《山静居丛稿》卷上 载于安澜《画论丛刊》下卷，第 437 页

6 沙武田．敦煌画稿研究［M］．北京：中央编译出版社，2007：304

起谱子作为彩画绘制前最重要的一道工序，在江南一带共有三种做法。

（1）起稿

按照实物的尺寸配纸，作画稿，一般分为丈量、配纸、起稿、扎孔、打样五个步骤。丈量，将彩画构件的尺寸一一测量清楚，要精确到厘米。配纸，构件上的彩画除堂子心的文人画外，大部分是轴对称，也有部分是上下、左右均对称的，根据实际情况选用构件的 1/2 或 1/4 即可。起稿，找到几条重要的分界线，如箍头、藻头、堂子、盒子的边线，确定好比例，就可以用铅笔（以前用炭条）按照设计在牛皮纸上起稿。扎孔，主要是对于重复程度较多的图样适用，重复程度少的可以直接在图纸背面涂色，用铅笔拓描即可。根据稿子的复杂程度，选择不同型号的针，依据墨线扎孔。实际上扎孔需要有经验的师傅来确定孔的密度，扎的太密、太稀疏，都难连成图形，需返工。打样，根据衬色的不同，选取不同颜料（白土、土红、土黄）的粉袋子，将稿子粘在构件表面按线路进行拍打，再依落粉痕迹描稿（图 4.38）。

（2）摊稿

彩画中的“摊稿”与壁画、界画中的经营画格有相通之处，主要是利用纵横交错的网格规划图案的位置。从现存江南地区彩画实例中可以看出，“摊稿”主要针对规则性强、较为简易的纹样。

主要方法是在构件表面用较为醒目的土黄、土红与白粉线在构件表面用墨斗弹出方形或菱形的网格线，不另外起谱，直接绘制纹样。图 4.39 是徽州民居天花普遍采用的在衬地上起朱红色斜格的方式，格子的大小一般在 10 厘米 ~20 厘米之间，格子内画梅花纹与菊花纹、寿纹、

1 扎孔拍谱方式

2 复写起稿方式

图 4.38　两种起稿方式

图 4.39　徽州民居天花彩画斜格

万字纹等细小纹样。

（3）底稿

主要指画师在盒子或堂子内仅勾勒出人物轮廓或实物大概的底稿与草图，然后在此基础上进行描画，上色。清末以前用炭条勾勒。对于壁画而言，画史记载往往是名家高手起草稿于壁，再号色，然后由学徒弟子布色完成[1]。彩画的绘制中也有类似情况，师傅打稿号色、徒弟填色的做法。

4.5.4 贴金

江南地区彩画主要分为上、中、下五彩，这三种不同等级的最大差别是，上五彩沥粉贴金，彩画的纹饰最为复杂；中五彩是五彩退晕、平底装金，是江南地区最常见的彩画等级；下五彩主要以墨线拉黑边，退晕简单。江南地区彩画中五彩居多，沥粉贴金少见，以平贴金为主。

贴金广泛应用于油漆作、彩画作与装銮作中，既费工、费钱，又对工匠的技艺要求比较高。根据《法式》记载，贴金主要有四个步骤：

（1）衬地。刷胶——这里主要是刷鱼鳔胶，而彩画的衬地为刷骨胶，鱼鳔胶的粘性较一般的骨胶更大些，是骨胶中的上品，故在贴金时选用鱼鳔胶，此外在某些特殊的应用领域中，如古建筑的修复、艺术品的制作以及高档家具、船舶、木构件等的胶接，鱼鳔胶粘剂也为首选材料[2]。

（2）衬色。依次刷“白铅粉”与“土朱粉”各五遍，这样使得贴金的部位微凸于其余部位，也可称为“堆粉贴金”[3]，刷土朱粉衬金色也有“养益金色”的效果。

（3）贴金。用熟胶水贴金，再用丝棉按压，使其牢固，江南地区一直沿用丝棉按压的做法。

（4）打磨。用光滑的硬物“玉、玛瑙或生狗牙”碾压，使其有光泽[4]。浙江临安吴越国康陵的垂幔彩画，外缘道就采用了贴金做法（图 4.40），从图中可见，贴金部位略比其余着

图 4.40　临安吴越国康陵的垂幔彩画（939 年）

1　姜伯勤《敦煌的“画行”与“画院”》，载于《1983 年全国敦煌学术讨论会文集·石窟艺术编》，甘肃人民出版社 1985 年版，第 172-191

2　庞坤玮．鱼鳔及其鱼鳔胶粘剂（二）鱼鳔胶粘剂［J］．中国胶粘剂，2002（2）：16

3　中国科学院自然科学史研究所．中国古代建筑技术史［M］．北京：科学出版社，1985：280

4　李路珂．《营造法式》彩画研究［M］．南京：东南大学出版社，2011：126

色部位高，但不同于后世的沥粉贴金。

至于沥粉贴金的作法始于何时，尚不明确，在敦煌石窟的唐代壁画中就已经有沥粉的痕迹，现存江南明式彩画中作沥粉贴金极少，以平贴金为主，沥粉贴金常用于制作匾额与佛像装銮上，只有在常熟的脉望馆与綵衣堂内保存有较多各类不同手法贴金实例，沥粉贴金、平贴金、堆金、泥金等（图 4.41）。关于泥金的做法，清代无锡人邹一桂在《小山画谱》中有细致生动的描述："金有青、赤两种，俱要真金、将飞金抖入碟内，以两指蘸浓胶磨之，干则济以热水，极细后以滚水淘洗，提出胶而锈未去，则不能发亮。洗锈之法，以猪牙、皂荚子[1]泡水冲之，置深杯内文火烘之，翻滚半刻后，杯置于地而纸封其面，少顷揭开，则金定而去其黑水，如此洗烘三四次，则水白而金亮亦。去水之法，用纸捻引出，挤干复入，谓之白龙取水，若倾倒则精华随去矣，蘸笔时略用清胶，用过后仍用皂汤磨洗，则发亮如前。"[2]下面重点介绍沥粉贴金与平贴金两种技法。

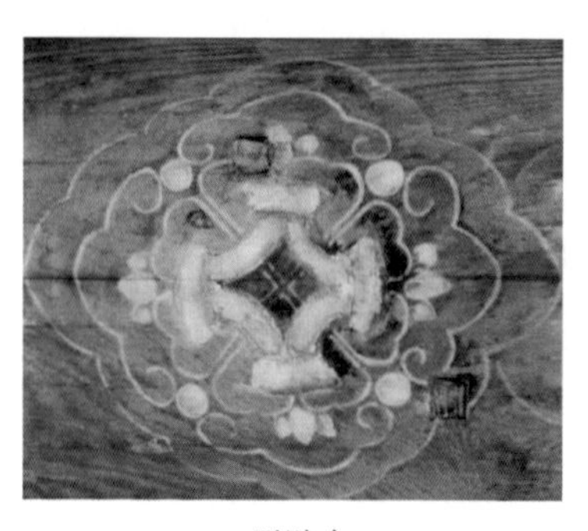
1 平贴金

2 沥粉贴金

3 堆金

图 4.41 綵衣堂彩画贴金方式

4.5.4.1 沥粉贴金

民间称为爬粉，浙江一带称为挤粉。其工序包括沥粉与贴金两部分，沥粉中的白粉主要有香灰、豆面、土粉子或大白粉。在江南一带明代沥粉多用豆面粉[3]，清代以后以大白粉为主，也有使用绿豆粉的做法。与北方沥粉材料相似，但配制的方法略有不同，北方白粉与胶调或油满调制，而南方以大白粉与生漆调和，兑一定比例的香灰[4]。香灰的作用主要使其细腻光滑，便于打磨。现在主要以立德粉与生漆调和。南北方沥粉材料的差异主要与气候有关。南方气候潮湿，生漆在潮湿的地方易干，使沥粉附着在木构件表面更牢固。而使用北方的胶调或油满调制的沥粉，很容易受潮脱落。沥粉贴金的步骤为：①用沥粉管依打样好的图案轮廓进行沥粉。顾培根师傅讲沥粉管分为两部分，前半部分为粉尖子，根据所需线条宽度，定口径的大小，后半部分是老筒子，在清代使用猪膀胱或用鸡的胃制作，现在可以买到现成的沥粉器。②待沥粉干后，在粉条上包一道黄胶作衬色。③贴金，具体程序及注意事项详见平贴金。

4.5.4.2 平贴金

平贴金这种做法在"中五彩"中最为常见，一般作于檩条或梁栿中部。主要包括以下

1 皂荚子，即皂荚，落叶乔木，枝干上有刺，开淡黄色花，结荚果。荚果富胰皂质，可以去污垢。
2 ［清］邹一桂．小山画谱［M］．济南：山东画报出版社，2009
3 豆面粉：绿豆面含淀粉丰富、粘性大、易干、不脱落。
4 香灰是寺庙里烧完香留下的灰。

步骤：

（1）打金胶。清代贴金的粘合剂为金胶油，在《工程做法》中，金胶油的配比为：生桐油一份，苏子油（或豆油）一份，另加 2% 的土籽、1% 炒熟去湿的铅粉，按熬制光油的工艺熬成即可[1]。这类金胶油最主要的成分是光油，且用光油贴金能保证金箔的光泽度。苏南地区的金胶主要有三种：一是胶金胶，以石黄、骨胶和一定的水调和在一起，使它的颜色略为发黄；二是油金胶，以石黄、铅粉和光油调成；三是漆金胶，即用熟漆打金胶。漆金胶主要用于柱子、匾额、佛像等贴金部位[2]。前两种在清末以前常用，且以光油调制的油金胶为主，现在金胶在漆店就可以购买到。

打金胶目的有二：一是可以衬托出后面的金，所谓“养益金色”，使贴金后灿烂醒目，不减光泽。二是金胶漆略有颜色，与彩画的底子有了差别，容易看出是否上满，确保没有遗漏的地方。金胶不可以打得太厚或者太薄，太薄粘不住金，太厚将来会侵蚀到金面上来，金便发乌了。打金胶后要入荫，要它干到恰到好处，似乎已经干完了，但还略有黏性[3]。

（2）贴金。待光油将干未干时，将成品金箔夹于两张毛边纸之中。先掀开毛边纸的一角，看好贴金的部位，用手隔着毛边纸，用按压的方法把金箔贴在金胶之上。此外还有两种较为细致的做法：贴油金与贴活金。其中贴油金是指，用棉球微蘸油，在金箔包装纸上粘一下，金箔就粘在纸上，然后粘到打了金胶的构件上，金箔有纸隔着，可用手指略加拂按，使它粘贴着实，而不致粘手破碎。待金箔粘着后，将纸片撤去。贴活金指对准贴金位置，适当吹一口气，使金箔贴上（吹气就是使得干透的金胶有湿度），然后盖纸，用丝棉（茧球）拂扫一次，术语称“帚金”，为的是将金箔完全按压着实[4]（图 4.42）。

（3）扫金。用羊毛排笔将金箔重叠或不着实的部分扫下，收集起来过滤，待用。如光油已干，用松香水[5]在光油上刷一遍，将其稀释后，再等其九成干时贴金。

（4）补金。将过滤后的碎金箔用羊毛刷补到小面积或是棱角处等没有粘到处。

（5）罩金漆。在贴金完成以后，视金箔的成色而定，如果为库金则不必罩金漆，如果不是库金，还要在其表面再罩一道清广漆。这道漆是金箔的保护层。

（6）齐金。大部分平贴金的最外缘都需拉一条细黑线，以示贴金的齐整，并增加立体感，称为齐金（图 4.43）。

4.5.5　设色

清《绘画雕虫》云：“着色之道，凡有八义，一曰取材必博，二曰洗炼必精，三曰水泉必择，四曰矾胶必固，五曰主辅必明，六曰传染必渐，七曰烘托必均，八曰雅俗必分。”[6]前四义是有关颜料、水、胶矾等材料的选取，而后四则是设色原则，同样适合于彩画。彩画设色主要包括了衬色、布色两个步骤。衬色的作用主要起烘托作用，在衬色上敷的矿物颜料才不容易显露“火气”，可使石色达到“湿润”的效果。衬色做法主要使用板刷或较宽的画笔，

1　赵立德，赵梦文．清代古建筑油漆作工艺［M］．北京：中国建筑工业出版社，1999：41

2　陈薇．江南明式彩画制作工序［J］．古建园林技术，1989（3）:4

3　王世襄．髹饰录解说［M］．北京：文物出版社，1983：77

4　陈薇．江南明式彩画制作工序［J］．古建园林技术，1989（3）:4

5　松香水：一种稀释水。

6　安澜．画论丛刊［M］．北京：人民美术出版社，1957：261

1 打金胶

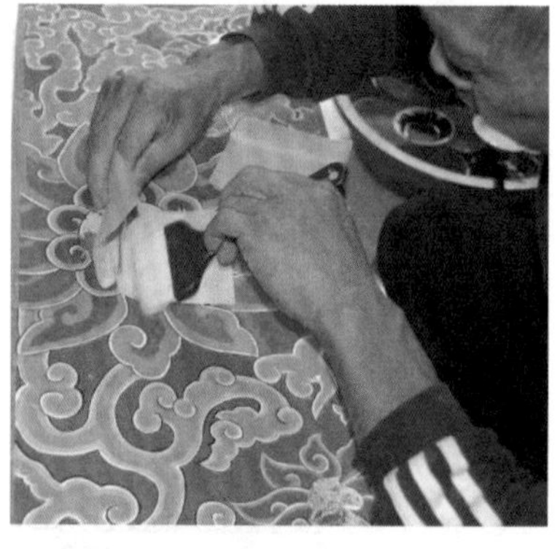

2 贴金

3 扫金

4 齐金

图 4.42　徐大宗祠彩画模拟试验贴金过程（库金）

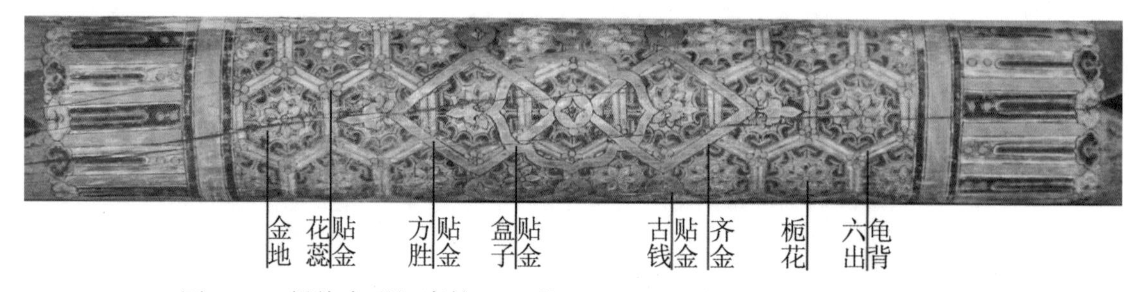

图 4.43　凝德堂明间脊檩上五彩——金地五彩花六出龟背锦直袱子

采用平涂的方式完成。顾培根师傅认为："如果用矿物颜料作彩画，衬色一般都需要刷两道，如果刷一道的话，容易漏底，在刷头道的时候，要刷均匀，如不均匀第二道也难盖住，在刷二道时就需要刷的快些，否则容易将第一次刷的颜色擦出来。江南包袱锦彩画衬地与衬色是合一的，如果整个彩画的色调是黄色，一般衬地中就加入雄黄或土黄，使其色调偏黄；如果包袱的色调为五彩，则衬色即为白色；如果是堂子画，刷色主要在衬地上施底色。布色也包括两个步骤，刷大色与布细色。下面逐一介绍。

4.5.5.1　刷大色

刷大色主要是指先刷彩画中使用面积比较大的颜色，一般为红、绿、青、黄四色中的二色，遵循由浅入深、深色压浅色的原则。

4.5.5.2　布细色

宋代布细色有多种方式，如："晕、装、染、压、抹、刷、剔、填、画等。"从现存江南彩画的实例来看，这些技法在江南地区均有传承，其中"退晕""装画晕锦""装四出、六出锦"

在明式江南彩画中最为常见，基本采用叠晕技法完成。“染、抹、刷”中刷与抹用于刷大色，而染更多地含有晕染的意味，多用于徽州写实绘画中。“压”有深色压浅色的意味，是叠晕技法。“画”更注重线条的表达，需要更高的绘制技艺，如写生画中的人物画，以传达神韵。“剔”与“填”应该用于纹样结构间小面积的平涂。在这些技法中叠晕、渲染、描画在江南地区彩画中应用最广泛。

（1）叠晕

此技法从西域传来，南梁时期就应用于江南庙宇彩画中。据《建康实录》记载“南梁‘凹凸寺’，寺门遍画凹凸花，代称张僧繇手迹，其花乃天竺遗法，朱及青绿所成。远望眼晕如凹凸，就视即平。[1]”这种技法一直流传至今，是彩画绘制中最基本的设色方法。宋代彩画叠晕为同一种颜料研漂而成的不同色阶根据纹样的结构由浅至深分层平涂，也可以用两种颜色作对晕，即两色相邻作叠晕，深色在外，浅色在内相对，造成一种中央凸起受光的视错觉[2]。宋代彩画叠晕层次多达六层色阶：“粉地—青华—三青—二青—大青—用深墨压心”。

在江南彩画中叠晕最多有四层色阶，以三层居多（图 4.44）。浙江地区也称之为套色。如：“粉地—二青—大青”。绘制时先浅后深，深色将浅色压住，一般浅色会画的宽些，深色压过浅色一边，可以对浅色找齐，但又不会露底，苏南画师称为“退开”。与宋代相比，

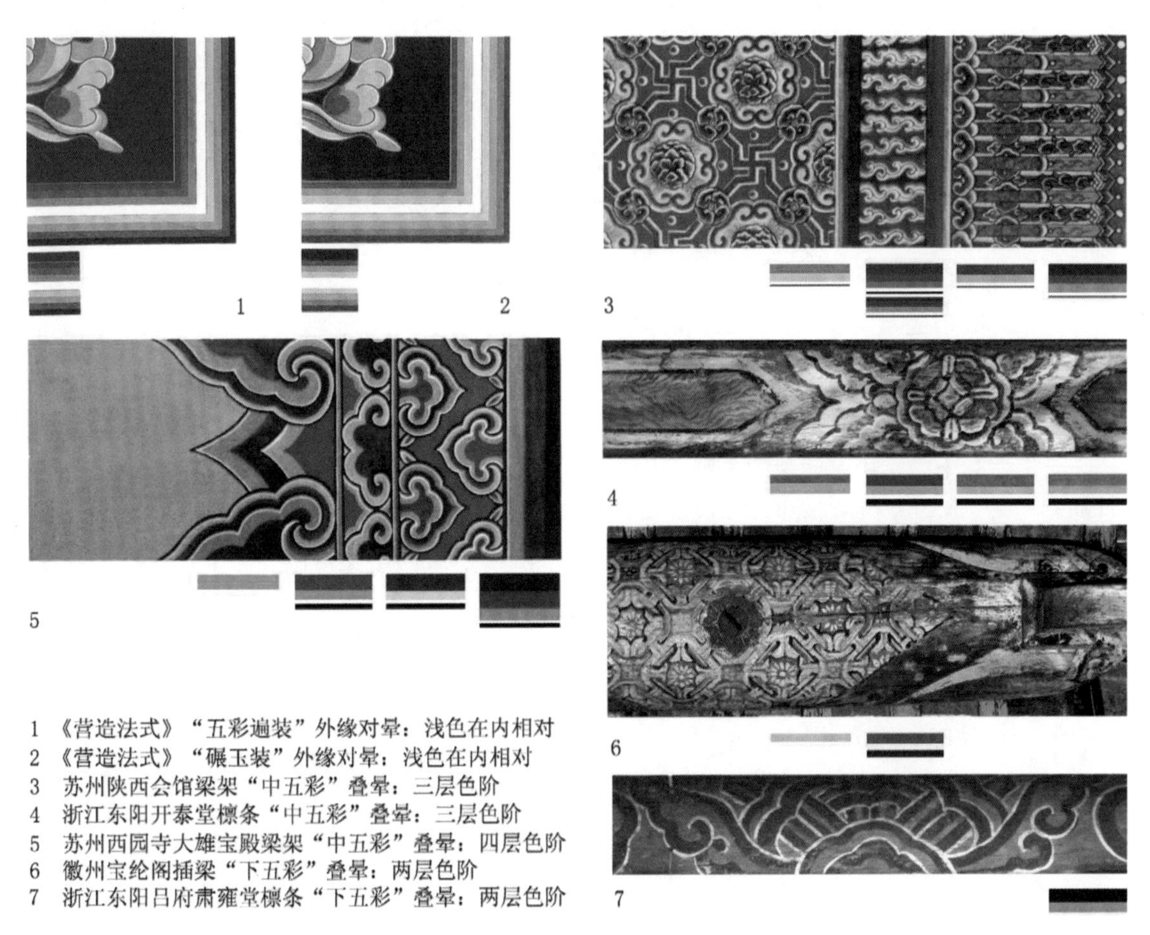

1 《营造法式》“五彩遍装”外缘对晕：浅色在内相对
2 《营造法式》“碾玉装”外缘对晕：浅色在内相对
3 苏州陕西会馆梁架“中五彩”叠晕：三层色阶
4 浙江东阳开泰堂檩条“中五彩”叠晕：三层色阶
5 苏州西园寺大雄宝殿梁架“中五彩”叠晕：四层色阶
6 徽州宝纶阁插梁“下五彩”叠晕：两层色阶
7 浙江东阳吕府肃雍堂檩条“下五彩”叠晕：两层色阶

图 4.44　叠晕技法

1 ［唐］许嵩. 建康实录［M］. 北京：中华书局，1986：686
2 李路珂.《营造法式》彩画研究［M］. 南京：东南大学出版社，2011：106

清末颜料的色阶不经过漂研，而是加入铅粉所得二青、二绿、二朱，颜色不及宋时纯净、透亮。苏州画师认为彩画色阶的宽度以 5 毫米 ~15 毫米之间正好为画师自制毛笔笔头的宽度，较好画。如果色阶宽度小于 5 毫米，则过于细密，不适合晕色，大于 15 毫米则显得绘制粗糙。

（2）渲染[1]

中国画技法的一种，以水墨或淡彩涂染画面，以烘染物象，增强艺术效果。主要是指用笔蘸色（或墨），一笔下去由深到浅，将所画之物颜色自然过渡、分出层次，徽州天花彩画中，将墨色运用推向极致。画师不拘泥于自己眼中所见到物象的固有颜色，而是强调以意象来表现物象，追求以简洁取胜，舍质而趋灵的境界。图 4.45 是南屏李家弄民居前廊天花彩画，天花板上的驴和牛的画法中就自脊背起墨色，由深到浅，墨分五彩，仅用一色晕染技法就将两个动物的形象勾勒出来，也称为“落墨法”填彩，达到了“运墨而五色具”的境界。

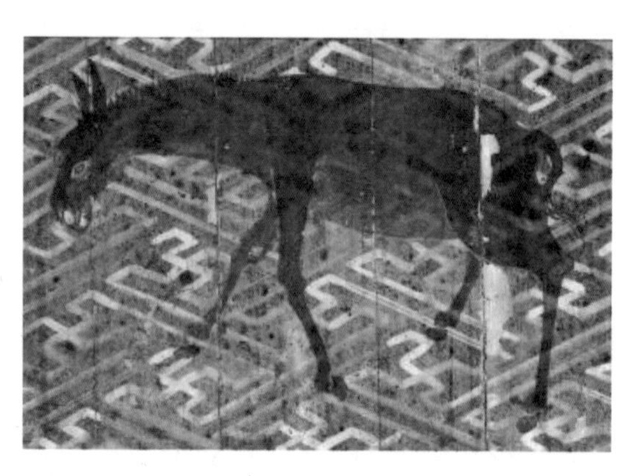

图 4.45　李家弄民居前廊天花彩画

（3）描画

江南彩画中的写实绘画，并非纯粹的文人画，它既有写生绘画技法，又具有装饰图案的表现特点，与官式彩画中的“白活”[2] 的画法基本一致，以运用线条为主，色彩渲染为辅，追求“形神兼备”的绘画境界。徽州彩画大量的写实绘画以寥寥数笔，传达出一片生机（图 4.46）。

写生绘画中特别讲究线条的美感，古代南齐谢赫《古画品录》中的“骨法用笔”是“六法”的重要一法，就提及以笔画线，勾取物象“骨架”的轮廓，使线条成为基本媒介。描画最能体现画师的技法与造型能力，是彩画与文人画相同之处，通过线条可以妙夺生意，传达意境。仇英由漆工而成为画家，自有他在匠画中练就的绘画功力，同样好画师的作品也堪与画家作品媲美。

4.5.6　描边

描边，是匠画最常用的绘画技法，属于设色完成后的修整工序，主要是在图案晕染的最外轮廓处以白色或黑色压边，使得整个图案轮廓分明，画师认为描边后图案就“立刻精神了”。在色彩学中，黑、白都属于“极度色”，与其他色作间隔处理，可以取得和谐补救，并将其他

1　渲：是在皴擦处略敷水墨或色彩。染：是用大面积的湿笔在形象的外围着色或着墨，烘托画面形象。

2　清代晚期以来，苏画中的包袱、枋心、池子、聚锦、盒子心及廊心迎风板等部位，普遍做各种写生绘画。因这些绘画大多在白色或浅色地子上做，行业中把它们统称为“白活”。详见：蒋广全. 苏式彩画白活的两种绘制技法［J］. 古建园林技术，1997（4）:23

1 黟县西递枕石小筑天花彩画—荷花图

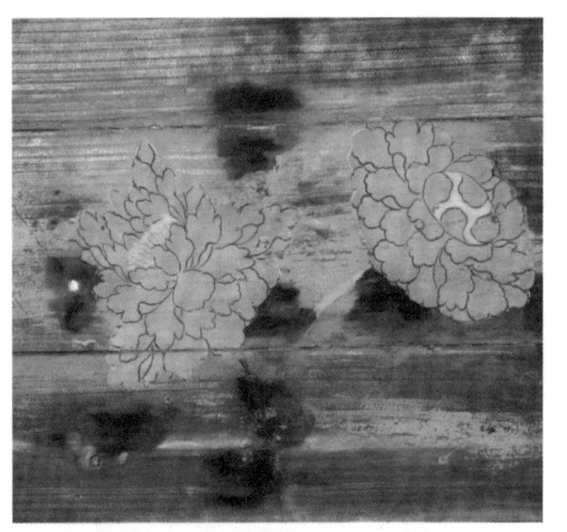
2 宝纶阁穿枋彩画—牡丹图

3 苏州西园寺梁架堂子画—喜鹊登梅

4 金华叶店村叶氏宗祠天花—花鸟图

图 4.46　江南地区写生绘画

颜色烘托出来的效果。根据《法式》记载，宋代彩画描边有两种方式，其中五彩装及叠晕、碾玉装者“以赭笔描画浅色外，旁边描出线道，同时要画出粉晕”。其余低等级的彩画“除用浅黑色描画外，还要用粉笔盖压黑线使之色浅。”江南地区高等级的彩画以赭笔描边的现存实例非常少，现存南唐二陵是难得的实例，其边线以赭笔勾画，线条流畅，不呆滞，但此法在明代以后遂少见，仅见于东阳吕府肃雍堂大梁底端牡丹花勾轮廓。此外，即便是高等级的彩画也多以墨线与白粉线描边，并且描边以宽窄一致为上。在实例中，勾黑的用法要恰到好处，不能生搬硬套，避免对比过分强烈，失去灵气，在江南彩画绘制中，常由画师自己定夺勾黑或拉白粉线，一般以箍头，藻头纹样勾黑较多，而枋心图案是否勾黑则视效果而定（图 4.47）。

1璟陵彩画赭笔勾边

2肃庸堂彩画赭笔勾边

3忠王府轩枋彩画——包袱边勾黑、袱内龟背锦纹拉白线，仅六边形对角线勾细黑线

图 4.47　彩画描边

4.5.7 罩面

彩画设色俟干，需罩光油，主要起到保护彩画颜料层的作用，但罩油有一个不能回避的缺点，但凡彩画罩了油之后，颜色马上暗下一个色阶，不如罩油之前色彩鲜丽。马瑞田先生在《中国古建彩画》一文中记录："过去的彩画匠师常把颜料适当加工，调兑入浅，青、绿色用油罩时，适当加入白粉液，使原青绿色浅出一个色级来，罩油后变深恢复原色，此种处理方法在画作术语中叫作破色。"[1]笔者通过薛仁元师傅了解到，苏南地区彩画在罩清油时不再兑入白粉。也许从江南地区的审美文化来看，这种罩油的做法正好使得彩画色彩更加温润，这是他们所需要的效果。

此外，陈薇教授当年访谈老画师，还记录了一种传统的彩画罩面方法：设色完候干，彩画表面以稀薄的胶矾水遍刷一次，以防潮腐蚀[2]。这种方式在这次江南彩画工艺模拟试验中采用，效果非常好，胶矾水干后结成一层薄膜，微有光泽，且透明度高，不但没有使得颜料层变暗，而且起到了提亮的作用（图 4.48）。

1 颜料层表面未上胶矾水

2 颜料层表面胶矾水罩面

图 4.48　胶矾水罩面前后对比图

4.5.8 找补

找补是各营造业工种需进行的最后程序。对于彩画而言，主要是检查在绘制中是否有遗漏、错画、设色不均、线条未取直等不足之处。顾培根师傅说："如果彩画在质量上有问题，东家是不会给工钱的，所以在东家检查之前，自己就需要补漏，有经验的画师会检查并及时处理，在开画之前，配制颜料时，大色、小色都要多配些，如果调好的颜料用完了，再重新配的晕色、合色，都会跟开始配的颜色有差别，补上去就会留下个补丁。找补的时候能盖错缺就行了，站在地上肉眼看不见就好了，不宜大面积修改。"

1　马瑞田. 中国古建彩画［M］. 北京：文物出版社，1996：80
2　陈薇. 江南明式彩画制作工序［J］. 古建园林技术，1989（3）:4

4.6 彩画工艺模拟实例

江南地区彩画工艺模拟试验于2008年10月1日至2008年10月25日期间开展，用了近一个月的时间在苏州木渎顾培根师傅家完成。通过工艺模拟，一方面对江南彩画工序有了初步认识，了解工艺中的细节；另一方面对工序进行摄像、拍照全面记录，为江南彩画工艺保存留下珍贵资料。工艺模拟试验参与人员及使用的材料、样板如下：

（1）参与人员

东南大学建筑学院建筑历史教研室：胡石、纪立芳、钱钰、李金蔓、王晓雯，南京博物院文保所：何伟俊。

（2）颜料与胶

在模拟试验中选用的颜料基本上都来自于苏州的姜思序堂，主要有石青、花青、石绿、土红、群青、朱砂、土黄；个别从北京金碧斋购买。如：雄黄、石黄、铅丹；从国药化学试剂有限公司购得铅白、氯铜矿；胶选用苏州当地的骨胶（图4.49–1）。

（3）木材

试验中主要在苏州木渎旧木市场购买质量好的旧木料，有老杉木板，松木板。由于旧木材的含水率趋于稳定，物理性能优于新木料，只有徽州天花彩画采用了三合板。

（4）样板

试验样板主要选自苏南与徽州两个区域的不同年代的彩画，浙江工艺与苏南工艺接近，这次试验中未选择样板，以后随着工艺研究的继续开展进行补充。苏南地区彩画以包袱锦为主，主要有明式彩画徐大宗祠的次间脊檩彩画（图4.49–2）、明式彩画苏州楠木厅明间脊檩彩画、清式彩画苏州忠王府门厅内檐枋彩画（图4.49–4）、清式彩画戴王府梁栿彩画、徽州地区的明式宝纶阁的次间檩条彩画、清代南屏李家弄天花彩画底色花纹（图4.49–3）、倚南别墅天花彩画仙女图，七块样板做模拟试验。

下面以宝纶阁明间脊檩彩画与东山镇楠木厅明间脊檩彩画为例说明。

1 各类颜料

2 徐大宗祠彩画压黑

3 徽州天花底纹罩胶矾水

4 忠王府花锦堂子完成

图4.49 彩画工艺模拟试验

4.6.1 徽州包袱彩画工艺

以呈坎宝纶阁中室次间脊檩明式包袱锦彩画为试验对象，该檩条长度为2600毫米，直径为500毫米。由于大部分颜料已经褪色，依据目测不能判断颜料种类，根据试验分析，这幅彩画主要使用了石青、石绿、朱砂、铅白、墨、金箔这六种颜料，该彩画构图为端头绘如意纹，枋心中部绘系袱子。袱子内为四出四方画意锦，锦地内布满泥金菊花瓣，包袱边在绿底色上绘二方连续贴金荷花卷草纹，为包袱锦中的高等级彩画。利用CAD软件，绘制彩画线描图作为谱子之用（图4.50）。

1 宝纶阁中室次间脊檩枋心四出画意锦照片

2 宝纶阁中室次间脊檩枋心四出画意锦线描图

图4.50　呈坎宝纶阁四出画意锦系袱子

宝纶阁彩画的绘制工艺如下：①购买一根旧杉木檩条，使其直径尽量接近原构件直径，但由于条件所限，只买到了直径为350毫米，长度为1850毫米的圆形杉木。试验只模拟枋心部分，端头由于构件长度不够，没有绘制。②批腻子：对木构件表面的钉眼、裂缝以及各种凸凹不平之处，用油灰腻子进行填嵌，此外，腻子也能渗入木纹孔隙，从而也能对构件起到一定的保护作用。③待木表层的腻子干透以后，将圆木的表面用砂纸打磨光滑。④打磨平整后以土黄遍刷衬地，待干后打磨。⑤对彩画枋心部位刷一道铅白作衬色，待干后打磨。⑥采

1 旧杉木檩条（直径350mm）

2 批腻子捉补

3 打磨

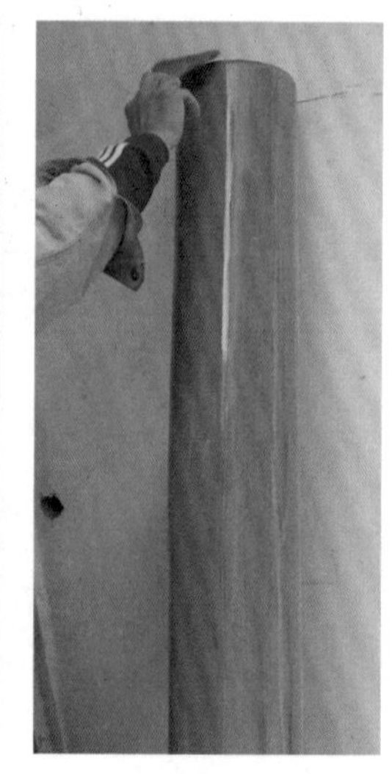

4 刷黄胶粉衬地

图4.51a　宝纶阁脊檩彩画绘制主要工序

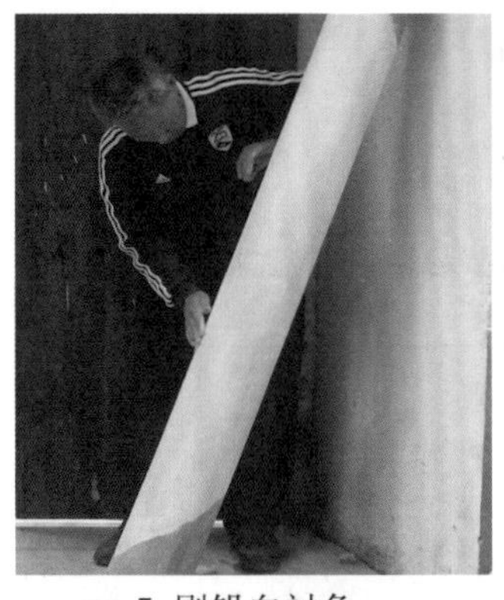

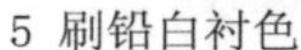

5 刷铅白衬色

6 刷铁红粉

7 复稿

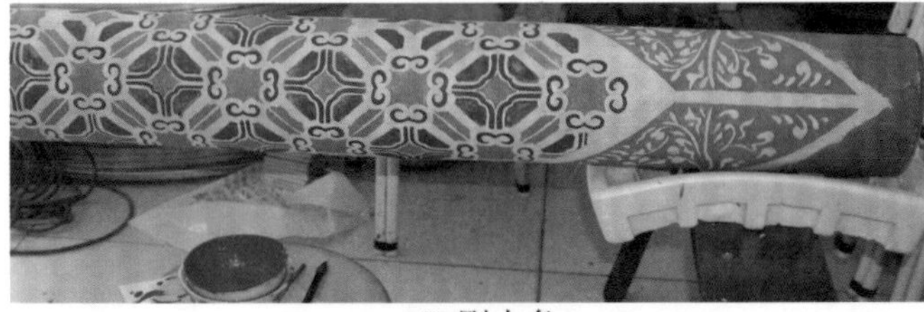

8 刷大色

9 布细色

10 宝纶阁檩条枋心四出画意锦彩画完成

图 4.51b 宝纶阁中室次间脊檩彩画绘制主要工序

用覆稿的方式在谱子背面刷铁红粉。⑦将谱子描在木表。⑧上主色，先用毛笔绘上主要的晕色。⑨布色与勾边，在主色上填入青、绿各原色，并在花心部位点金与包袱边平贴金，最后勾黑线。⑩待彩画绘制结束后，在颜料层表面上一层胶矾水，对彩画一方面起到提亮的效果，另一方面则对彩画起保护膜的作用（图 4.51a，图 4.51b）。

4.6.2 苏南明式彩画工艺

苏州楠木厅明间脊檩彩画，为江南地区典型的明式包袱锦彩画，该脊檩长度为约为 2400 毫米，直径约为 400 毫米。枋心纹样类型上属于六出龟背锦上添花，并且在枋心中部贴金“必定胜”。由于大部分颜料已经褪变色，其中，青色与绿色颜料已经变为深褐色，二青与二绿颜色变浅，与白色非常接近，红色与金箔还可辨识，根据试验分析，这幅彩画主要使用了石青、石绿、朱砂、铅白、墨、金箔六种颜料，属于中五彩级别的彩画（图 4.52）。

楠木厅六出龟背锦的绘制工艺如下：①购买木材均为旧木料，此块样板的木料为旧的杉木板宽度为 400 毫米，接近檩条实物的直径，从长的木板中锯出一块长度为 1500 毫米的木板做脊檀枋心包袱锦的展开面。并对旧木进行加工，待用；②在木板表面刷胶粉一道；③待干透后，将木表用砂纸打磨光滑；④为了保证木表不露底色，在木板表面刷胶粉二道；⑤待干透后，将木表用砂纸打磨光滑，使得木材表面平整，易于上色。⑥试验中未采用拍谱子的方式，直接采用覆稿方式，在纸的背面刷铁红粉；⑦将图案拓到木板上；⑧龟背锦以青绿为主色，其余诸色为辅，先在白色的底子上作出二青与二绿两色；⑨布细色，压大青与大绿，在出剑处上红色，打金胶贴金“必定胜”，金箔轮廓用墨线齐金，再勾白粉线，画龟背锦中部的小花，最后勾黑线；⑩彩画设色完成，待干后，在表面罩胶矾水（图 4.53a，图 4.53b）。

1 东山镇楠木厅明间脊檩枋心六出龟背锦彩画照片

2 东山镇楠木厅明间脊檩枋心六出龟背锦线描展开图

图 4.52　东山镇楠木厅明间脊檩六出龟背锦

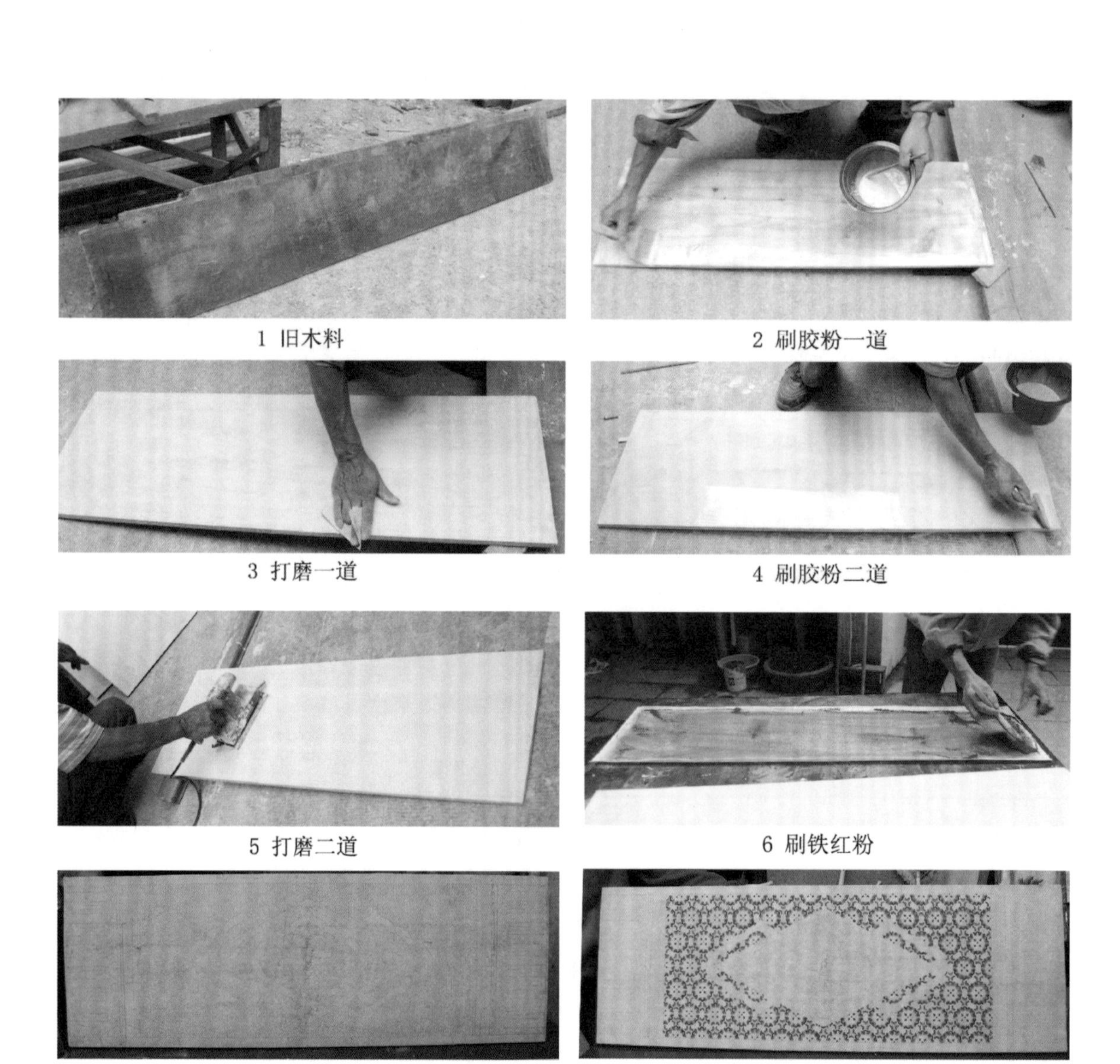

1 旧木料

2 刷胶粉一道

3 打磨一道

4 刷胶粉二道

5 打磨二道

6 刷铁红粉

7 复稿完成

8 上大色

图 4.53a　东山楠木厅六出龟背锦彩画工序

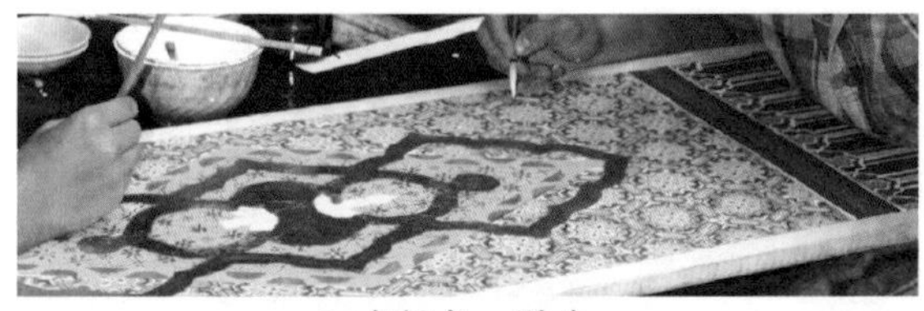

9 布细色、贴金

10 罩胶矾水

11 明式龟背锦彩画完成作品

图 4.53b 东山楠木厅六出龟背锦彩画工序

4.6.3 清代徽州天花彩画工艺

徽州天花彩画由于绘制面积过大，对整幅彩画工艺进行模拟难度较大。为了解“锦地开光”的绘制过程，选取黟县南屏倚南别墅大厅天花彩画盒子内仕女图作为样板。这幅局部彩画绘于菊花万字四方连续锦纹之上，盒子为方罐形，大小为400毫米左右，盒子内绘有一仙女，远处为滔滔江水，她身着霞帔立于一芭蕉叶上，御风而行，衣带飘飘。身后有一银盘，盘内盛放一壶酒与一方杯，整幅画面层次分明，构图饱满。仙女的形象符合清末流行的美人画法“鼻如胆、瓜子脸、樱桃小口蚂蚱眼；削肩膀、勿露手、要笑千万莫张口[1]”（图 4.54）。通过观察可发现，这幅彩画使用的颜料主要是：铅白、群青、徽墨、银朱四种颜料。

具体绘制步骤为：①选择一块边长为500毫米的正方形木板；②在木板上刷一层薄胶粉，隐约可见木纹；③用红线打出斜格；④将谱子拓在木板上，对于熟练的画师来说，在斜格内直接绘制细小的锦纹，笔者在模拟试验中，为了保证绘制质量，还是彩画描稿的方法；⑤在斜格内绘白色菊花万字四方连续锦纹，并留出盒子部分；⑥在盒子内刷一道铅粉作为衬色；⑦勾勒出仙女的轮廓；⑧运用渲染、白描、工笔绘出仙女，并用群青勾勒盒子轮廓；⑨在盒子边压黑线，基本完成（图 4.55）。

图 4.54 黟县南屏倚南别墅盒子内仙女图

1 王树村. 中国民间美术史［M］. 广州：岭南美术出版社，2004：569

1 方形木板　　2 刷胶粉

3 打斜格

4 起谱子　　5 画白色菊花万字锦纹

6 盒子内作白色衬色

7 盒子内勾底稿

8 渲染、描画

9 完成

图 4.55　徽州黟县南屏倚南别墅天花彩画盒子内仙女图绘制工序

4.6.4　仿江南彩画工程实例

为了更加深入地了解目前江南地区彩画工艺，笔者参加了无锡古韵轩大酒店彩画的设计与施工过程。这座酒店在室内设计上采用江南古典风格，甲方要求在各主要包厢的梁、枋与天花部位设计仿江南彩画（图 4.56）。由于这些梁与枋的四周都已经镶嵌 30 毫米的边框，只需要设计梁面或枋面的彩画，梁底作油饰。彩画的宽度在 0.35 米 ~0.5 米之间，长度在 3 米 ~6 米之间，具体情况如下：

（1）彩画时间：2010 年 9 月 25 日至 2010 年 10 月

（2）参与人员：顾培根、谭景运、高飞龙、罗干、胡艳萍、纪立芳等

（3）彩画材料：颜料使用丙烯酸油性颜料，都是成桶的外墙涂料，胶为白乳胶。

（4）彩画面积：近 200 平方米。

（5）心得体会：通过近一个月紧张的工地生活，笔者体会到高空作业的危险与画师的

1 刷白色衬地

2 扎谱子

3 拍谱子

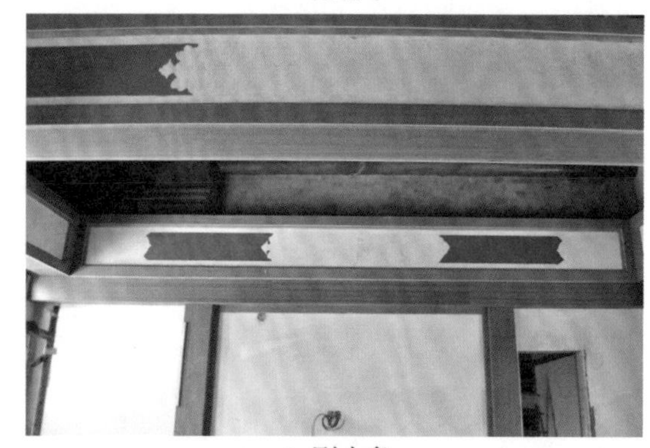

4 刷大色

5 布细色

5 勾边线

6 捉补

7 完成

图 4.56 古韵轩大酒店彩画施工过程

辛苦，同时也体会到参与实践的快乐。以前笔者曾期望江南地区的彩画能够继续采用传统工艺，实际难度非常大。传统彩画工艺的改变，有两个不可忽视的因素，一是现代建筑工程对造价的控制，二是工期的限制。如果在工程中，完全采用传统的材料、工艺无疑很难达到业主所提供的造价和工期的要求。特别是工艺原材料的选择、工序的复杂程度都会对工程的造价和工期产生很大影响，这就迫使工匠选用价廉、工期短的技术。举例来说，如果一平方米彩画用现代的颜料来绘制，目前在南方地区 350 元 / 平方米左右，根据施工的复杂程度在此基础上浮动，如果按传统工艺去作，选用价格比较便宜的矿物颜料，如土红、土黄之类，彩画绘制难度居中，大概需要 500 元 / 平方米左右，如果仿清代中期以前的彩画，需要选择更加昂贵的矿物颜料，如石青、石绿之类，成本大增。

为了节约成本，缩短工期，新绘彩画都选用价格低的乳胶漆、丙烯颜料、外墙涂料替代传统的矿物颜料和植物性有机颜料，这种化工颜料的优点在于，颜料的遮盖力强，且不需要调胶，大多是可以直接涂刷，也不须另行配制或调色，方便好用，色系也较多，但这些颜料在色彩上“燥、浮、艳”，远不及传统颜料“稳、雅、沉”。另外，传统颜料中矿物颜料多可以保存上百年，而现代的工业颜料少则几年就褪色，多则二十余年。所以化工颜料用于仿古建筑尚可以，但在古建筑彩画修复中尽量不使用。

除工艺改变外，现代彩画在工具与工艺方面也有很多变化。现在年轻的画工对传统工具的看法是用起来费工、不习惯，更谈不上自己动手去制作了。画笔都由文具店内的水彩与水粉笔来代替，远不及过去自制画笔耐用。而且现在绘画中靠尺的使用也少了，很多彩画工地改用双面贴来取直线。在工艺方面，“打底子”已经没有以前那么复杂的工序，直接改为白色乳胶漆在彩画部位刷上两到三遍即可，既作衬地又作衬色。为了赶工期，内容丰富的纹样尽量少用，最好是选用程式化的图案，便于画工流水作业，加快进度。由于现在的颜料都有防水的功能，彩画最后一道工序刷光油罩面也省去了。

总之，我们生活在一个讲求速度和效率的时代中，彩画工艺顺应时代的要求发生了较大变化，我们不能否定材料与工具的改变能极大地提高彩画的绘制速度，但也不得不承认，彩画在简化工艺的过程中也将一些最精华、最传神的传统失去，寄希望于在新绘彩画中产生精品近乎成为一种奢望。

4.7 对比研究

4.7.1 清早期与清中晚期江南彩画工艺比较

现存江南彩画的绘制时间主要是明末清初到清末民国这一时段，通过调研与试验分析发现，在此期间，江南彩画工艺在延续宋代工艺的基础上，其材料与工序基本一致，但清中期前后还是有部分差异，现列举如下。

清早期的彩画颜料基本为国产的矿物颜料，红色颜料有朱砂和铅丹；蓝色颜料在色彩上有微差，主要有石青、钴蓝和靛蓝；绿色主要是石绿和氯铜矿；白色颜料比较丰富，有白垩、铅白、白铅矿、石膏等；黄色颜料主要是土黄与石黄，黑色颜料为墨色。彩画衬地的作法也较为简单，好的木材打磨光滑，直接在木表作画，也有作铅胶粉与黄胶粉衬地。衬色以朱、黄和白色为主。在设色方面，由于规则性强的几何锦纹较多，以叠晕为主要技法，色彩多用青、绿、红三色相间，再以黑白色描边，黄紫金等色较少，设色完成后表面刷一道胶矾水，以防潮腐蚀。

清中晚期，由于国外进口颜料的引入，部分传统颜料逐渐被取代，如群青取代石青在彩画中被大量使用，是这一时期徽州彩画和浙江彩画的最大特点；此外石绿也逐渐被进口的巴黎绿所代替，但绿色在彩画的应用上范围有所缩小；银朱也取代了朱砂。其他白色、黄色与黑色颜料没有大的变化。清晚期以后衬地逐渐加厚，接近北方官式彩画“单披灰”做法，有生漆瓦灰与猪血瓦灰两种方法。由于写生绘画的逐渐增加，衬色以白色为主，在设色上除去晕色技法外，画师对于绘画、渲染的技法有所加强。

4.7.2 清中晚期苏南、徽州、浙江彩画制作工艺对比

表 4.8 苏南、徽州、浙江彩画工艺比较

类别		苏南地区	徽州地区	浙江地区
材料以及工具	同	颜料主要是群青、洋绿、银朱、铅丹、土黄、雄黄、白土、铅白、黑烟子，金箔。胶主要为骨胶，工具基本为工匠自制的画笔。衬地材料以石膏、瓦灰、大漆、光油为主。		
	异	颜料的运用较为全面，多枋心中部贴金。	颜料中对徽墨与群青的使用较多。	对土红与群青的使用量较多。
彩画工序	同	工序一致，少沥粉贴金，多平贴金，设色技法中多三道晕，四道晕少见。		
	异	出现生漆瓦灰衬地，设色中以晕色为主，多平贴金。	延续清中期胶矾水与铅粉衬地，天花彩画绘制不起谱子，以画方格与斜格摊稿的做法较多，设色中以绘画、渲染为主，贴金少见。	衬地明显加厚，设色中以绘画、渲染为主，退晕与贴金少。

4.8 小结

文化遗产的真实性与地方传统工艺的传承和延续密切关联，并且传统工艺研究是建筑遗产保护运动深化的一个表征。本章在分析彩画匠师传承、工艺现状、设计构思、彩画原料与工序的基础上，完成了江南彩画工艺模拟试验。

在写作过程中，笔者深刻体会到精湛的彩画工艺与其他技艺一样，应具备主、客观因素，是合力的作用结果。所谓“天有时、地有气、材有美、工有巧，合此四者，然后可以为良”。[1] 对于彩画而言，就需“天时、地气、才美、工巧”四者的完美结合，缺一不可。首先是天时，彩画的绘制是有时间段的，一年之中以春秋两季为佳，酷夏与深冬不仅影响到画师的状态，而且不利于绘制材料的使用，尤其是骨胶，在夏季极易腐臭，冬季则很快结冻，需要不断加热才能使用，严重影响绘画效率与质量。其次是地利，彩画在题材内容的选取上要符合江南地区的审美习惯，在材料的选择上要因地制宜，如：生漆在江南高温高湿的环境中易干，多作为衬地使用。再次是材料需上乘，作为彩画基层的木材以楠木的选用为最佳，杉木次之，木材表面应光滑平整、无裂缝，基层的优劣直接影响彩画的保存年限。此外，绘制的颜料、胶、衬地材料与工具都要保证质量。最后，也是最为关键的是画师的功力。“良工须具补天之手，贯虱之睛，灵慧虚和，心细如发，乃不负任”[2]。优秀的画师必须“手到、

1 太平御览，卷七五二，工艺部九

2 周嘉胄 . 装潢志图说［M］. 田君，注释 . 济南：山东画报出版社，2003：10

眼到、心到”才能创作出精品。“手到”指画师要有娴熟的技艺；“眼到”需要观察仔细，绘制时要准确无误，不能丢线短色；“心到”是最重要的，画师定要诚心，对于主顾来说一定要尽心做好彩画工程，保证彩画能够在时间的考验下，历久而弥新，而不能仅醉心于奇巧华丽。对于自己而言，要有追根究底的恒心与善于钻研的精神，在从业的过程中不断体会笔法、配色、构图等方面的技巧，不断提高自己的文化修养与艺术造诣。总之，此四者皆备，艺则近于道矣。

第五章　江南地区建筑彩画保护研究

21 世纪的彩画保护是在国际视野下展开的，且涉及多层面、多学科的建筑遗产保护领域。在保护过程中既要尊重东亚传统，又要符合国际遗产保护通行的原则；既注重物质层面对彩画本体的保护，也注重非物质层面对彩画形式、工艺与传承人的保护；既包含建筑史学、考古学、遗产保护学，又包含化学、材料学等多专业的配合。

现存江南地区彩画遗存数量稀少、保存状况较差、工艺濒临失传，需要开展对物对人的全面保护。本章在总结以往彩画保护发展历程的基础上，并侧重探讨彩画保护修复的理念。因为理念的正确与否，决定整个保护修复的成败，正如《装潢志》中所言："前代书画，传历至今，未有不残脱者。苟欲改装，如病笃延医。医善，则随手而起，医不善，则随剂而毙。所谓不药当中医，不遇良工，宁存故物。"[1]这句话寓意深刻。对于彩画而言，保护修复需要看时机，在时机成熟的情况下，配合正确的理念与技术，才能起到保护的作用。否则，再先进的技术手段在方向不正确的情况下也会对彩画造成难以弥补的损失。其次，本章在建立整体的保护框架基础上总结了江南地区彩画保护的特点。最后，探讨具体保护修复工程，通过对江南地区彩画现状分析、价值评估、总结工艺特点，以及在总结传统及现代保护材料优缺点的基础上，以具体实例阐释江南地区现存几种重要的保护修复类型，并指出对传统工艺的研究是保护的根基，应尽可能地在修复过程中使用传统材料。

5.1　中国彩画保护的发展历程

东南大学朱光亚教授对于目前的建筑遗产保护工作指出："站在现代观念和技术体系上，并以保存文化遗物为目标的中国建筑遗产保护运动及其学术研究是在 1929 年'营造学社'成立以后才开始的，迄今只经历了不到一百年的发展。进入 21 世纪后，建筑遗产保护的学术体系不再是单层次而是多层次，不是仅停留在物质表象层面而是向纵深进展，建筑遗产保护在重大项目中已经不是粗放型，更不是古代的随机型，而呈现出一种外科手术式的新的精细型的新模式。建筑遗产保护不再简单地是旅游、旧城改造和风景建设中的一种切入点，不再简单地只是建筑学和规划学中的一个方向，而是集多个学科于共同目标的一个新的待建构的知识体系。作为一个开放的体系，每个具体的项目都在一定的程序下根据本项目的特点进行框架上的微调，以突出项目本身的特点。"[2]

1　周嘉胄 . 装潢志图说［M］. 田君，注释 . 济南：山东画报出版社，2003：15.
2　朱光亚 . 建筑遗产保护工作及其传承：内部资料［R］. 南京：东南大学，2010：4.

江南地区彩画保护正是在这种大的遗产保护背景下展开的，作为建筑遗产的一个分支，彩画保护属于文物保护的重点，也是难点。关于彩画保护的重要性，原国家文物局单霁翔局长在《中国木结构古建筑彩画的保护与实践》一文中指出："东亚地区的古建筑彩画遗存不仅是古代哲匠高超艺术品第和技术水准的真实体现，更是不同时空背景下文化传统、风俗观念、艺术特色的历史见证，进而深刻展示出东亚地区古代建筑文化多样性的历史渊源与文化内涵。"[1] 虽然彩画是构成建筑物真实性与完整性不可缺少的部分，但中国彩画的保护修复历程较短，且以具体的工程实践经验为主，缺少理论研究。日本彩画专家窪寺茂先生指出："研究清楚中国彩画保护修复的实际情况，即把握住这一历史过程，特别是把握理念的转变，对彩画保护非常重要。"故下文在梳理近百年中国彩画保护历程的基础上，指出理念转变，以此作为江南彩画保护研究的基础与铺垫。

5.1.1 传统彩画的修补方法

我国对古建筑装饰向来有去掉重作的传统，尤其对于不易保存的外檐油饰彩画部分，基本每隔数十年就要翻新一次，以达到美化环境、彰显建筑等级的效果。大部分保存至今的木结构建筑，也许某个构件能够保留建成之初的特征，但构件表面的彩画可能经过后代的多次重绘，保存下来的基本为清代的彩画，极个别较为幸运地保留了明代或明代以前的彩画样式，其中能够完整保留下来的早期彩画多为地下墓葬建筑彩画。南方彩画多位于建筑内檐且直接绘于木表，相对保存年限较长，即便如此，上百年的彩画都会遇到各种问题。

传统彩画修补方法主要有"重绘"与"补绘"两种方式。"重绘"主要是指将原有的彩画颜料层与地仗层去除，重新进行地仗与彩画；有不去掉表面的颜料层，将颜料层的表面刷白后，重新进行绘制。彩画属于匠画的一种，主要出自画匠之手，虽然偶有发挥创作的余地，但终究依附于建筑构件，其绘制有一定的规矩，这些规矩也使得彩画便于模仿，与文人画相比，其艺术价值较低。这就使得彩画（尤其是外檐彩画）通常重绘，而且在重绘时画师们很少尊重原彩画的样式，一般按照自己绘制的，带有匠师本人功力和喜好的"样稿"。这类"样稿"一般都会采用当时的流行做法，这样使得早期大量非常珍贵的彩画资源就消失了。20 世纪 70 年代后随着南方传统彩画工艺的失传，重绘样式多为北方官式彩画，使得本来数量稀少的南方彩画遭到重大威胁。"补绘"是指部分构图或图案较好的彩画褪色后，直接在原彩画表面将褪色严重的地方进行重新填色。古代也称为"过色见新"，这样可以将彩画保存更长的时间。这两种修补式一直延续到解放后，尤其是彩画重绘，直到 20 世纪 70 年代古建筑维修中仍司空见惯，如曲阜孔庙官式彩画的重绘（图 5.1）。直到今日，北方寺庙彩画重绘仍频频出现。

图 5.1　曲阜孔庙同文门重绘彩画

1　单霁翔. 中国木结构古建筑彩画的保护与实践［M］// 国家文物局. 东亚地区木结构彩画保护国家研讨会论文集 . 北京：国家文物局，2008：105

5.1.2 中国彩画保护理念的转变

随着中西方文化交流的不断深入，在文物保护领域内也引入了西方文保的理念，较早引入国内且具有较大影响力的是20世纪60年代《保护文物建筑及历史地段的国际宪章》[1]，该宪章强调完全保护和再现历史文物建筑的审美和价值，还强调对历史文物建筑的一切保护、修复和发掘工作都要有准确的记录、插图和照片。其中第八项："文物建筑上的绘画、雕刻或装饰只有在非取下便不能保护它们时才可以取下。"按此宪章，建筑表面的装饰不能随意更换，必须将原状完整地保留下来，并且提出了修复前的准确记录。这些对于中国古建彩画的修复有重要的指导价值，使得文物工作者在实践中逐渐了解到不仅要保护建筑构件，构件上的彩画也应属于保护的范畴，此后在进行的国保单位的维修中，逐渐增加了彩画修复前的图片与文字的记录工作，并且尽可能地保存梁架上的彩画。

但真正开始旧彩画的保护还是20世纪80年代末90年代初，据彩画保护专家王效清先生在其文章《浅谈北京木结构旧彩画的保护与研究》中回忆：90年代初对北海快雪堂彩画的保护中首次采用了将旧彩画地仗原位保护，在开裂缺失部位用传统材料随旧补做，完工后此项措施受到国家文物局的肯定和赞赏。而当时北京地区普遍流行的作法仍然是在维修中把旧的彩画砍净重做。这表明至少在80年代末彩画的修复还没有引起足够的重视。

20世纪90年代末到21世纪初，中国古建彩画的保护理念与技术方法已经能在相对充足的时间和资金条件下进行从容的思考，随着中西交流的加深，国际文物修复上通行的"最少干预原则、可再处理原则、建立修复档案的原则"逐渐的应用在彩画修复中。此外，2015年修订后国家文物局公布的《中国文物古迹保护准则》中第31条，油饰彩画保护：必须在科学分析评估其时代、题材、风格、材料、工艺、珍稀性和破坏机理的基础上，根据价值和保存状况采取现状整修或重点修复的保护措施。

5.1.2.1 中西方关于"真实性"的争议

近二十年来，北京故宫博物院在彩画的修复中采取了一套严格的规范程序，通过对现存彩画的前期勘察、文献资料的搜集整理、彩画的残损及病害分析、彩画年代鉴定及价值评估、最后确定彩画的保护方案。[2]这标志着最高等级的古建筑彩画修缮已经走上了科学规范的道路。但在故宫彩画的修复中，部分外檐彩画的去掉重绘，引起教科文组织中一些西方学者的不满。他们认为中国人维修古建筑时违反了"最少干预性原则"，尤其是"真实性原则"，表面的彩画重绘隐藏着"中西方的文化的差异性而导致修复理念的冲突"。在此事件之前，东西方关于修复中的"真实性"的争议就已经存在，为此，日本在1994年与世界遗产公约相关的奈良真实性会议颁布的《奈良真实性文件》中指出：文化遗产的真实性在于下列特征作为信息来源的真实可信，包括"外形与设计、材料与物质、用途与功能、传统与技术、位置与环境、精神与情感，以及其他内在或外在的因素"。就彩画而言，其真实性不仅表现为设计、图案、色彩的真实性，制作材料和工艺的真实性，功能与用途的真实性，还表现为精神与情感以及历史上干预痕迹的真实性等。

---

1 即《威尼斯宪章》1964年。

2 王时伟，陆寿麟. 中国古代建筑彩画的保护修复（故宫为例）［M］// 东亚地区木结构彩画保护国际研讨会论文集. 国家文物局，2008：171-176

江南地区建筑彩画研究

对于北京故宫建筑群轴线上的重要建筑如天安门城楼来说，它的情感与精神价值、政治意义在各种价值评估中占主导地位。在明清时期，即使宫殿不进行大修，一般50年左右的时间里，建筑外檐彩画也要按时翻新地仗、重绘彩画，建筑彩画的社会职能就凸显出来——“金碧辉煌”的和玺彩画代表着整个国家的鼎盛。

在这一点上笔者有切身体会，2010年11月末，笔者在天安门广场看升旗仪式，国旗升起之时，也正是朝阳冉冉升起之时，当第一束阳光照在天安门城楼上，雄伟的天安门城楼、黄色的琉璃屋面、朱红色的柱子，尤其是檐下的和玺彩画，在朝阳的照射下金碧辉煌，雄伟壮观。一种民族自豪感油然而生，暗想天安门城楼的彩画就应该定期按原状重绘，不如此则不足以代表一个国家的尊严。

5.1.2.2　中国《曲阜宣言》与《北京文件》中关于彩画保护修复的观点

为了回应西方学者对中国古建彩画修复的争议，近几年新公布的国内修复文件中均对彩画修复进行了论述，具体如下：

《曲阜宣言》中彩画修复的观点（2005年）

“第七条：油饰彩画是中国古建筑重要的组成部分，油饰彩画的重要作用主要是保护木骨，美化建筑，同时还有彰显建筑等级，昭显建筑功能的作用，古建筑不能没有油饰彩画。当文物古建筑的油饰彩画还具备其基本功能时，应当加以保护令其继续发挥作用；如果残存的油饰彩画已经完全失去原有功能且无保存的艺术价值时，就应当重新修复。修复的方法有多种，应根据不同的情况，采取不同的方法，不应千篇一律。修复要注重‘四原’，不改变原状。”

《北京文件》中彩画修复的观点（2007年）

“任何维修与修复的目的应是保持这些信息来源的真实性完好无损，对所有的油饰彩画表面应首先通过科学分析的方法进行调查研究，以揭示有关原始材料和工艺、历史上的干预、当前状态，以及宏观和微观层面的腐朽机理等方面的信息。在可行的条件下，应对延续不断的传统手法予以应有的尊重，比如在有必要对建筑表面进行油饰彩画时，这些原则与东亚地区的文物古迹息息相关。”这就为以中国为代表的东亚地区的油饰彩画在不能继续进行原位置保存时的合理修复提供了可能。就是说，只要信息来源、材料与原料是可靠的，是有历史依据的，重绘的作法就仍属于传统的东西，就应该承认它具有真实性。

上述两个重要的文件主要针对东亚地区木结构装饰中，油饰彩画的保护与重绘，充分肯定了油饰彩画的重要性，同时也强调了东亚地区判定油饰彩画“真实性”的原则与西方对于“真实性”的保护理论与原则不完全一致。

虽然两个文件的内容存在差异性，但就对彩画修复的观点有共通性，以保护为主，并且都强调个案研究的重要性，试归纳为：

（1）对于时代特征鲜明，式样珍稀，并且还具备其基本功能的彩画，不允许重绘，只能作防护处理；

（2）对于以前绘有、但目前已不存在的彩画部位或完全失去原有功能且无艺术保存价值的彩画进行重绘时，不能追求新鲜华丽，重绘设计应以深入研究为基础，经广泛论证和专业咨询，只要信息来源、材料与原料是可靠的，历史依据是充分的，重绘的作法就仍属于传统的东西，就应该承认它具有真实性，重绘也是予以认可的。

彩画是整个东亚地区特有的木构建筑装饰手法，日本、韩国与中国在彩画修复中有许多共性，我们在借鉴西方修复理念的同时，也逐渐加强与日、韩就东亚地区彩画修复原则的探讨。2008 年 10 月 29 日至 11 月 1 日在北京召开了“东亚地区木结构彩画保护国际研讨会”，针对东亚地区木构建筑彩画保护的特殊性进行了探讨。发表了有东方特色的《关于东亚地区彩画保护和修复的北京备忘录》。这次会议令人深受鼓舞，使得东亚地区的同行们由此开始进一步深入讨论各方面有关木构建筑彩画研究和保护的问题，并最终在会议结束时，基本达成一致：在原则上坚持以彩画科技保护为主，在特殊情况下允许重绘。同时加强彩画传统工艺的研究，争取在彩画保护中应用传统材料。

近百年的历史使我们深刻地认识到，在东西方文化的不断磨合、不断深入理解中，既符合国际通行准则，又具有东亚地区特色的彩画保护理念与方法已经逐渐地被国际接纳与认可。

5.1.3 日本彩画专家窪寺茂对于彩画保护的思考

日本彩画保护起步比中国早，其保护理念在 1950 年代前后发生了巨大变化，在 1950 年之前，彩画被最大限度的原状保护，而之后，更多装饰丰富的建筑被列入保护范围，为强调其极具价值的装饰特色，木构建筑上的彩画常被重绘。由于江南地区无地仗彩画与日本彩画的绘制工艺相近，日本彩画专家窪寺茂先生曾多次来中国考察，笔者曾陪同他在江南地区考察了宜兴的徐大宗祠、常熟的綵衣堂与脉望馆、苏州的城隍庙、杭州的林隐寺等建筑彩画，他曾在苏州市文物局与东南大学进行学术交流。

窪寺茂先生对彩画“真实性”的理解为：“彩画的历史与文化价值不仅包括其设计、工艺方面的价值，也包括有宗教和哲学价值，特别是彩画最大的功能在于对木构件的装饰，这点不能忽视。”基于此，他对彩画保护有独到的见解。首先，他认为古建筑室内木构架彩画应当被最大限度地保留，由于光照是彩画劣化的主要原因，室内彩画的保存情况远好于古建筑外檐部分，故在没有充分理由的情况下要尽量保留室内彩画；其次，为了防止木构表面彩画的持续劣化，可以对彩画面层采取加固措施。如果彩画脱落使木表暴露在外，经过专家的深入讨论后，再决定是否对木构表面进行重绘或补绘；再次，重绘必须采用原工艺、原材料，这样可以确保传统工艺能够延续下去，对于保护地域文化特色非常重要。此外，对于保存较好的彩画要及时绘制记录下来，并进行跟踪调查，一旦发现有病害或劣化情况，要及时处理，以防微杜渐；最后，彩画保护之前必须要对传统工艺有深刻的认识与研究，在保护中要尽量使用传统材料[1]。

5.1.4 中国彩画保护成果

20 世纪 70 年代涉及彩画的修复工程以重绘和补绘为主，而对于保存状况较好的彩画，采用的保护材料主要有熟桐油、胶矾水。祁英涛在《中国古代建筑的保护与维修》一书中就彩画保护指出：“用光油一般俗称罩油，在旧彩绘或新绘制的彩绘上涂刷光油一道，旧彩绘在刷油前，为防止颜色层年久脱胶应先刷矾水 1 ~ 2 道加固。此种做法，对于碎裂地仗，防止颜色脱落、褪色有明显效果。在有些古代建筑上试用 20 多年，彩绘仍基本完好。但使用这种材料后，彩绘颜色变暗，且有光泽[1]”。这种罩油的方式一直沿用到 20 世纪 90 年代初，江

1　窪寺茂先生对彩画保护的观点一部分是他在讲座中提到的，一部分见于：窪寺茂．日本在彩画修复政策形成过程中修复方法与理念的转变［C］// 东亚地区木结构彩画保护国际研讨会论文集．国家文物局，2008：1–10

南地区的明善堂与怡芝堂也采用此方式，彩画表面严重变暗，在外观上对彩画的装饰效果大打折扣。

21 世纪初彩画的保护工程逐渐增多，在修复的思路与方法上，多借鉴国内起步较早的壁画保护，特别是在颜料、胶料的检测，表面清洗、加固剂与封护剂的选用上，与壁画保护所采取的手段基本一致。这一时期参与彩画的保护机构主要有中国文化遗产研究院、西安文物保护中心、故宫博物院与南京博物院，另外还有部分高校参与，如西北大学、陕西师范大学、东南大学、北京科技大学等，同时也有部分保护工程为中外合作项目，以便借鉴国外修复经验，如意大利非洲及东方研究所与美国盖蒂保护研究所。表 5.1 为 21 世纪初较为重要的彩画保护工程，这些工程或从技术方面、或从理论方面对彩画的保护进行了探讨。

表 5.1　国内重要彩画保护修复工程

项目名称	时间	保护工程研究机构	主要成果
福建莆田元妙观三清殿及山门彩绘的保护	1999-2000	中国文化遗产研究院	总结了四种彩画表面清洗方式，选用 PrimalAC-261 水溶液作为加固剂。
广西富川百柱庙建筑彩绘的保护修复	2002	北京科技大学冶金与材料史研究所	探索了彩画层加固材料 3% 的 Paraloid B-72 丙酮溶液的渗透性、均匀性、加固强度都达到了对彩绘文物的修复要求。
颐和园彩画保护及修复设计	2004-2005	颐和园管理处	保护修复技术路线的制定、利用数码技术进行色彩复原；启动彩画跟踪体系。
故宫博物院贞度门彩画保护修复	2005	故宫博物院、西安文物保护修复中心	探索了老化酥粉、空鼓起翘、揭取修复彩画的保护方法。
中－意合作洛阳山陕会馆建筑彩画的保护修复工程	2004	中国文化遗产研究院、河北省文物保护中心、意大利非洲及东方研究所	分析彩画病害原因、开展对彩画保存效果的观察与分析，发现 Paraloid B-72 丙酮溶液适用于室内，对外檐彩画加固效果不佳。
辽宁锦州市广济寺彩绘保护	2005	沈阳建筑大学建筑研究所	现场实验确定用聚醋酸乙烯乳液和 Paraloid B-72 丙酮溶液对彩绘层进行修复．该加固剂强度达到了修复要求，且加固后彩画不变色。
历代帝王庙彩画修复工程	2005	北京市古代建筑设计研究所	原状保护；保留现状，只清除彩画浮土；部分保留现状，部分原样恢复。
天水伏羲庙先天殿外檐古建油饰彩画保护修复	2005	西安文物保护修复中心	地仗和彩绘层的渗透加固选用 2% 的 Paraloid B-72 丙酮溶液，并采用 2% 的 Paraloid B-72 丙酮溶液整体喷涂封护材料。
河北承德殊像寺古建筑彩画保护综合研究	2006	美国盖蒂保护研究所、中国文化遗产研究院	探讨以价值为依据的决策过程，根据价值评估、状况评估作出决定。
蒙古国博格达汗宫门前区彩画保护修复工程	2007-2008	西安文物保护修复中心	古代建筑油饰彩画的病害调查与探测、原彩画制作工艺分析检测，原真保护与局部修复方法进行了示范探索。
西安钟、鼓楼彩画保护修复工程	2008-2009	西安文物保护修复中心	地仗加固材料、保护材料，以及局部彩画修复技术进行了实验和评估工作。
江苏常熟严呐故居彩画保护修复	2009	中国科学技术大学	使用白芨和明胶加固液加固、茶皂素清洗、剥皮移植和纸纱封护等技术，应用传统材料在古建彩绘保护，取得明显效果。

除具体保护修复工程外，围绕工程实践在期刊杂志上发表的有关彩画保护的论文有三十余篇，特别是近年来由国家文物局组织，西安文物保护修复中心承担、陕西师范大学、东南

1　祁英涛．中国古代建筑的保护与维修［M］．北京：文物出版社，1986：32-76.

大学、西北大学、颐和园管理处等单位合作的“十一五”国家科技支撑计划《古代建筑油饰彩画保护技术及传统工艺科学化研究》，该课题深入探讨了彩画保护技术，彩画风化原因与机理，还结合典型地区古代建筑油饰彩画调查中古代工艺和材质分析的需求，开展了对古代建筑油饰彩画制作工艺和材料分析方法的研究，包括古代建筑彩画层的结构、颜料、胶料、砖灰、石灰、面粉、血料、油料、纤维材料等彩画材质检测方法，设计并实现了一套古代建筑油饰彩画信息系统，建立了具有自主知识产权的“典型地区古代建筑油饰彩画基本信息及历史序列数据库”，保留了大量真实可靠、内容丰富的彩画资源。笔者参与了江南地区彩画信息数据库整理与彩画工艺部分。此外，该课题组还编写了“彩画病害规范”与“古建（木结构）彩画保护技术规范”，在“规范”中阐释了一些重要的概念，如：古建（木结构）彩画病害、传统修复、（原状）保护、彩画保护修复技术、日常养护等。规范更加明确了这些术语所包含的内容；另外规范中提出了保护修复的程序，这是第一次从各种具体的保护工程中总结出来的概念，具有开创性与指导性意义。但彩画保护毕竟刚刚起步，这项技术规范才刚问世，难免存在若干问题，笔者根据近年的研究成果对整个技术保护的程序与步骤进行了一些有益的探讨。

5.1.5 彩画保护框架

目前国内关于彩画保护的研究多停留在具体工程项目中，其保护框架的制定多是针对个案的修复技术路线。笔者将彩画保护扩展为全面的“有形遗产与无形遗产”的双重保护，既包括物质层面“有形的”对彩画本体的保护修复，也包括非物质层面“无形的”对彩画匠师以及彩画形式与工艺的保护（图 5.2）。对于有形遗产的保护就是为后代留下真实可信的历史信息。彩画本体的保护具体分为修复前、修复中、修复后三大步骤，在修复前要对彩画进行现场调研、综合研究、价值评估与现状评估，以确定是否对彩画采取保护措施；在修复过程中，依据保护修复的原则与目标进行修复类型的选择，并进行修复模拟试验，根据模拟试验结果确定清理、加固与封护的材料，并在恰当的时间段实施。修复结束后要进行档案记录、效果评估、跟踪研究与日常保养。

对于非物质层面的保护就是保证传统文化的精华部分能够代代相传，所以更为重要与迫切。对于彩画而言，首先要对各地彩画进行系统的调研，并掌握彩画的分布、类型、形式特征等情况，在此基础上绘制线描图与色彩图，作为将来彩画得以传承的画谱。其次，应通过工匠访谈、试验分析总结出各地的彩画制作工艺，并开展传统彩画工艺的科学化研究。最后，也是最重要的就是保护身怀绝技的彩画传承人，使他们能够获得继续从事传统彩画的实践机会，并将他们确立为非物质文化遗产传承人，尽快改善这些老画师被排除资质，没有办法承接到彩画工程的现状，使他们有用武之地，继续通过师徒相承的方式将传统工艺传承下去。

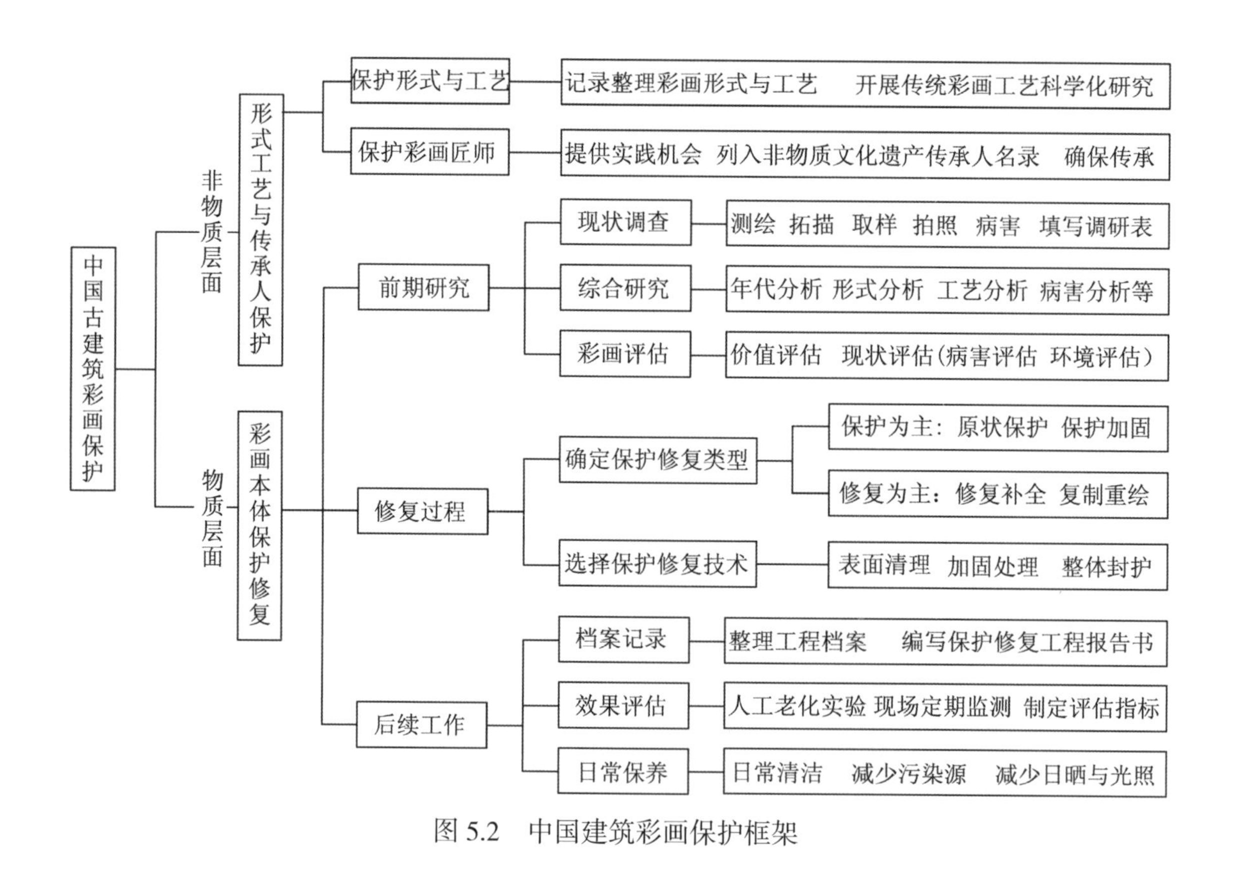

图 5.2 中国建筑彩画保护框架

5.2 江南地区的彩画保护

21 世纪的建筑文化遗产保护，进入了一个对有形、无形文化遗产全面关注的时代。对于江南地区彩画的保护而言，不仅要在物质层面上开展对于彩画本体的保护修复，而且要在非物质层面上开展对彩画传统工艺与传承人的保护。传承人是传承主体，传统彩画工艺一旦“人亡”就会“艺绝”，保护传承人是目前最为迫切的问题。

5.2.1 保护彩画工艺传承人

西晋左思撰写的《吴都赋》中有对吴国宫殿的描述：“雕栾镂楶，青琐丹楹，图以云气，画以仙灵。”[1] 这作为江南彩画记录最早的文献资料，到今天已接近 1800 年的历史，实际上远不止此。在漫长的岁月中，彩画工艺积累了丰富的艺术创作原则与经验。在封建社会中，这项技艺的传承具有浓郁的家族观念，较固定的技艺模式和审美倾向，并且带有较强的地域特征。

在古代，彩画工艺的传承主要依靠“口传心授”的师徒、父子传承。在师徒传承中最重要的是心传，远非书本记录能比拟。《庄子・外篇・天道第十三》上记录的一个故事最能说明这番道理：“桓公读书于堂上，轮扁轮于堂下，释椎凿而上，问桓公曰：‘敢问：公之所

1 《三都赋》由西晋左思所撰写，分别是《魏都赋》、《蜀都赋》、《吴都赋》。是魏晋赋中独有的长篇，写的是魏、蜀、吴三国的国都的建设。今人傅璇琮考证，《三都赋》成于太康元年（280 年）灭吴之前。左思在序中批评前人作赋“侈言无验，虽丽非经”，提出作赋应“贵依其本”、“宜本其实”，故他对吴国宫苑京殿的描写较写实。

读者，何言邪？’公曰：‘圣人之言也。’曰：‘圣人在乎？’公曰：‘已死矣。’曰：‘然则君之所读者，古人之糟粕已夫！’桓公曰：‘寡人读书，轮人安得议乎！有说则可，无说则死！’轮扁曰：‘臣也以臣之事观之。轮，徐则甘而不固，疾则苦而不入，不徐不疾，得之于手而应于心，口不能言，有数存乎其间。臣不能以喻臣之子，臣之子亦不能受之于臣，是以行年七十而老轮。古之人与其不可传也死矣，然则君之所读者，古人之糟粕已夫！’”[1]
在轮扁看来，做车轮最关键的是技巧，只是自己心头明白，如果弟子悟性不高，便没法说给他，一旦死去，最关键的心得便失传了，留下的书，就变成糟粕了。语言说不清楚，文字写不明白，却又正是最关键的东西。所谓妙不可言，说的即为。在师承中最讲悟性，以心传心，口诀与画稿只是匠艺传承的方便法门罢了。

如彩画工艺中颜料的配制就是一个口传心授的过程，各种不同的颜料用胶量不同，胶需何时放也不同，放多了则颜料涂于构件表面会变色，如：佛青中胶放多后会发黑，放少了又挂不住颜料。而且，为了能耐久，个别颜料还需要加入光油，整个过程都需要一个“度”的把握，老画师曾说过“三年出一个秀才，十年出不了一个画匠”。在调研过程中笔者深刻体会到老画师一个示范动作，远胜于书本知识。

近年来国内开展的传统彩画工艺科学化研究有重要的现实意义，但这远不及保护彩画传承人重要，彩画科学化犹如中药科学化，很多研究者依据药典的经方，将草药制成方剂，依据药典所记录的症状给病人服用，结果部分奏效，部分无效，部分还病情加重，原因为何？这就是由于病人吃药时没有辩证，不能因人、因时、因地对方剂中各种草药的量进行调整，也就是说光有中药没有中医是完全不可取的。彩画也一样，即使所有的工艺程序都科学化了，如果没有身怀绝技的画师，仅依据书本上记录也是行不通的。例如，颜料的配比，需要灵活地根据颜料的产地、密度、季节，而采取合适的颜料与胶的比例。只有画师的用心体会才能摸索到最合适的配比关系，非科学化可以比拟。

彩画的传承一方面需要有经验丰富的画师，另一方面还得有愿意学这门手艺的徒弟。这也是目前面临的问题：有技艺面临无人承续。过去子承父业，现在因为现代教育与社会经济的发展，很多子女不愿继承长辈的技艺和职业生活。此外，传统工艺操持的辛苦，需要数年乃至数十年，勤奋练习与用心体悟才能达到一定的高度，对于急于求成的当代人而言，的确视为畏途。

对此，《关于东亚地区彩画保护和修复的北京备忘录》中明确指出：“应加大对彩画制作技艺传承人保护和支持的力度，应对彩画制作技艺进行认定和记录，并将其列入国家或地方非物质文化遗产名录，依法保护。”对于江南地区的彩画传承人的保护，当务之急是将他们列入“非物质文化遗产传承人”的名单，并给予一定的资助，提供发挥能力的工程实践机会，并鼓励他们带徒弟，将自己多年从业的心得体会传承下来。笔者所采访的苏州薛仁元和顾培根两位师傅，他们精通佛像装銮、油漆彩画、匾额装金等工艺，完全具备列入“非物质文化遗产传承人”名单，但实际上他们根本不为人知，没有得到社会的重视，如果他们的技艺得不到传承，日后对于江南彩画只能照搬书本，盲人摸象了。

1 蒋剑书．老子·庄子［M］．武汉：武汉出版社，2009：256.

5.2.2 彩画工艺的传承方式

无论何种传承方式，都必须围绕“人”来开展。目前在江南地区传统建筑彩画师徒间的传承基本中断。

在传统工艺传承方面，台湾彩画传承方式可以借鉴，由于当地宗教信仰一直保持，庙宇的建筑与装饰工艺得以延续，虽然为了适应社会需求，传统工艺已经部分改良，装饰构件变得商品化，但从总体看，台湾地区还是保留了较为完整的传统建筑工艺，彩画工艺得以延续，并且有多种传承渠道。

其一是传统的师徒传承，最古老也是最重要的方式。笔者采访的台北市淡水彩画大师庄武男老先生，16岁时拜泉州来台画师洪宝真[1]学习彩绘，学徒期满后独立承业，庄老现在是“淡水文化基金会”的董事长，自己带有几个徒弟，曾主持修缮淡水龙山寺。他是一位既掌握传统工艺又有社会责任感的老先生，最让人敬佩的是他并不仅仅把彩画当作自己的工作，更重要的是他有自己的信仰，按他自己的话来讲“我秉持自己的信念及对佛、菩萨敬仰的心，终归将龙山寺整修完成”。正是这种对佛教的虔诚使得台湾地区的装饰工艺能做得如此的精细，在匠师的心中，做好的装饰都是为佛和菩萨欣赏的，这种心境下，就会有技艺精湛的作品产生。在目前经济发达的江南地区，大多从业的匠师对宗教的信仰已经淡漠，所以他们的作品很难追求完美。

其二是高校的传承，台湾“国立艺术学院”的“创意系”开设古建筑工艺的课程，培养学生在大学期间学习各项传统工艺，如木雕、彩画，毕业后参与工程实践。

其三是民间的社团、基金会面向社会人士、在校的学生进行传统工艺培训。上文提及的庄武男先生就积极推进传统工艺的传承，他名下的“淡水文化基金会”就有不少学员对传统工艺感兴趣，并在他的指导下学习彩画，这是笔者对台湾工艺传承感受最深的一点。在大陆则基本上都是由政府推动遗产的保护，事实上传承的动力更广泛地来源于全社会自下而上民间力量的推动，才能使传统工艺真正地焕发生机。

5.2.3 彩画本体保护的特点

关于彩画本体的保护，在保护理念方面，在遵循以保留现状为主的前提下，对待北方官式彩画与南方彩画略有不同。北方官式彩画工艺传承仍在延续，彩画数量多，图案设计程式化，所承担的社会与精神价值也较为突出。如果彩画脱落严重，已经起不到装饰功能，在适当的情况下，只要彩画图样存在、材料与原料可靠，历史依据充分，保持传统工艺，重绘是予以认可的。相比较而言，江南地区彩画具有时代特征鲜明、式样珍稀、数量稀少的特征，虽然绝大多数彩画残损严重，出现大面积褪色、脱落，已经不具备对建筑的装饰功能，在修复中应强调绝大彩画不允许重绘，只能作防护处理。此外，还要注意到彩画的保护要与所在文物建筑等文物本体的保护统筹考虑，科学安排保护工作程序，通过文物载体的保护，解决漏雨、渗水、不稳定等问题。

在保护技术方面，由于江南地区彩画基本在木表打底后直接绘制，不存在因地仗材料残损而导致的彩画空鼓、起甲现象，具体的保护措施要比官式彩画简单。由于江南地区气候高

1　洪宝真：台湾著名彩画大师，泉州人，主要作品留于台湾“万华龙山寺”、“清水庵”。

温高湿，在对彩画的保护技术中，如加固剂与封护剂的选取，要具备其防紫外线、防湿的功能。在彩画的日常保养中，也建议在阳光强烈时间段不应开窗，建筑室内光线不应过亮，尽量避免或减小强光照射、二氧化硫等不利因素的影响。

5.2.4 江南彩画的科技保护成果

江南彩画的保护成果主要包括东南大学建筑学院建筑历史专业一贯以来对于江南地区彩画资源的搜集整理，以及对彩画工艺与形式的研究。在科技保护方面主要由南京博物院文保所承担，主要梯队研究人员在21世纪初有龚德才、何伟俊、徐飞、张金萍、万俐等。在十年多时间里，他们参与了南京太平天国木板彩画和壁画保护、苏州常熟无地仗綵衣堂彩绘保护（彩绘不仅包括木构彩画还包括雕刻上面的色彩装饰）、江阴文庙大成殿彩绘保护、无锡曹家祠堂彩绘保护、宜兴太平天国壁画化学加固、常熟赵用贤故居彩绘保护、常熟严讷故居彩画保护、杭州文庙大成殿等十余项彩画保护工程，积累了大量实际经验，基本每项工程结束后都有与该工程中彩画保护相关论文发表，据这些文章可知，随着工程完成的时间先后，江南地区彩画保护的技术手段与保护理念在不断进步，这些工程项目的技术难点与重点就在于加固与封护材料的选择。因为加固材料与封护材料的选用会直接影响彩画的外观与保存寿命，其他保护程序中如颜料的取样分析与彩画的表面清洗对彩画本体影响相对较小。

在2000年进行的綵衣堂彩画保护修复中，加固材料选用了联合国教科文组织在60年代后推广的文物保护材料Paraloid B–72，这种加固材料会导致彩绘表面变黑的不良影响，为此他们改进了Paraloid B–72的配方（加入了紫外线吸收剂，木材中油溶性成分固定剂PM–1，抗静电剂，防污剂SL等）进行无地仗建筑彩绘化学加固处理，较好地克服了上述技术难点[1]。经过十年多的考验，该项加固技术基本可行。在2010年对綵衣堂的调研中，据管理人员讲经保护后的彩画有局部析出白渍的现象，加固技术仍需要继续改进。

2006年常熟赵用贤故居彩画保护修复时，加固技术不再使用文物保护中普遍使用的Paraloid B–72加固剂，而是在强调修复中利用传统材料的理念指引下，加固剂的筛选主要是从彩画的传统粘结材料着手。由于赵用贤宅彩画主要由骨胶调配的颜料而绘，所以加固材料应倾向于选择骨胶或与之性质相近的动物胶，最终确定以脱色高分子明胶材料为主，辅以水溶性壳聚糖，加入紫外线吸收剂BP–4、杀菌防霉剂PTA、自配的抗静电剂（防污剂SL）等的改性加固材料[2]，首次将这种加固材料用于江南无地仗彩画的保护中。

关于封护剂的选用，一般认为加固剂与封护剂为同一材料，以保持保护材料的一致性。在赵用贤故居彩画的修复中，他们借鉴传统的表面微机械系统中“牺牲层”的概念，只要表面封护材料不介入文物本体，其表面能和附着力明显低于文物本体使用的传统保护材料，加固和表面封护不必使用同种材料。这样既可以保留不同材料的优点，又克服了可能对文物造成不可预期后期损害的局限性[3]。此次修复中选用了改性溶剂型有机硅材料，防止进一步风化

1 龚德才，奚三彩，张金萍，等. 常熟綵衣堂彩绘保护研究［J］. 东南文化，2001（10）：80–83

2 何伟俊，杨啸秋，蒋凤瑞，等. 常熟赵用贤宅无地仗层彩绘的保护研究［J］. 文物保护与考古科学，2008（1）：55–60

3 何伟俊，杨啸秋，蒋凤瑞等. 常熟赵用贤宅无地仗层彩绘的保护研究［J］. 文物保护与考古科学，2008（1）：59

江南地区建筑彩画研究

与污染物的侵蚀，在保护加固后的彩画本体外，还不影响彩画的透气性。在2010年底的调研中，未发现不良影响。

在2007-2008年浙江杭州文庙彩画的保护修复中，引入“可再处理”的修复原则，主要探索了对彩画表面清漆的去除、封护材料的选取以及隔离膜分离修复层与彩绘本体。所用的封护剂为有机氟橡胶材料具有极强的耐候性，表面活化能低，有效期长，可逆性强，无明显光泽、阻燃。隔离膜本质上就是封护剂，即在彩画颜料层表面作封护剂后，再进行补画，由于含氟橡胶比其他封护剂易于去除，且着色容易，在修复中作为隔离膜使用[1]。目前观察文庙彩画修复后的效果，比较理想。

2008年常熟严讷故居彩画修复，是在对苏南传统彩画制作工艺充分了解的基础上开展的，加固剂选用了白芨和明胶组成的水溶液，避免了有机溶剂配制的加固液使彩绘层发黑的问题，此外，白芨和明胶亦是彩绘制作传统材料，加固后彩绘颜料无触摸掉色现象[2]。这两种传统材料来自天然动植物，在古代绘画中已使用了上千年，在实践中已知这些材料的使用对彩画修复没有副作用，其使用是安全可靠的，实际考察后效果也令人满意。

从上述保护修复实际案例可见，在近十年内江南地区的彩画保护无论从保护理念的“可逆性原则”、“最大兼容原则、最小干预原则”的应用，还是在实践中摸索出彩画表面清洁油漆、涂料技术，以及加固材料与封护剂的选取，都走在国内彩画保护的前列，成果突出。但我们还必须注意到江南地区彩画的保护修复还处于探索阶段，各项工程中使用的保护技术很不相同，如加固试剂的选用就经历了由Paraloid B-72的普遍应用，到脱色高分子明胶与水溶性壳聚糖混合物的使用，再到白芨和明胶组成的水溶液的尝试。但总的趋势是在逐渐的回归传统，特别在修复中已经深刻认识到工艺的研究是保护材料选取的基础。除江南彩画本体保护外，对彩画产生劣化的原因也进行了研究，南京博物院文保所何伟俊的博士论文《江苏无地仗建筑彩绘颜料层褪变色及保护对策研究》就是基于对江南地区古建筑彩画病害状况及影响因素调研，通过模拟试验进行分析得出颜料褪变色原因，并提出保护策略：“红黄系颜料褪变色的主要条件是高温湿环境下光照的持续作用，实际褪变色程度较小；而蓝绿系颜料除在高温高湿环境下受二氧化硫影响发生褪变色外，二氧化硫与光照的结合作用也会加剧蓝绿系颜料层内颜料的褪变色和胶料的破坏，从而使蓝绿系颜料褪变色的现象相对明显。在彩画修复中以脱色明胶和壳聚糖为主体复配的保护材料，经实际应用和科学分析检测证明，可以在不改变文物原貌的前提下，延缓无地仗彩绘颜料层的褪变色，实现有效保护。[3]”

5.3 彩画保护修复的前期研究

彩画修复的前期研究是对具体案例制定修复方案之前所进行的最基础也是最重要的工作。目前国内各类彩画保护工程往往侧重于实践操作环节，对前期研究呈现零散化的特征，缺乏逻辑性，导致对所保护修复的彩画信息把握不全，直接影响到对后面的评估与保护修复

1 徐飞，万俐，王勉，等. 杭州文庙彩绘现场保护研究［J］. 文博，2009（6）
2 龚德才，王鸣军. 传统材料及方法在江苏古建筑彩绘保护中的应用——漫谈江苏常熟严呐宅明代彩绘的保护研究［J］. 文博，2009（6）：422-425
3 何伟俊. 江苏无地仗建筑彩绘颜料层褪变色及保护对策研究［D］. 北京：北京科技大学，2010：136

方案的制订，故本章节在参照《中国文物古迹保护准则》中“文物调查”内容的基础上，总结不同工程前期研究的经验，将保护修复的前期研究分为现状调查与本体研究两大部分，进行深入探讨。

5.3.1 现状调查

彩画保护修复的每一个程序，都必须建立完整的档案，作为文物价值的载体，真实、详细的档案记录在传递历史信息方面与实物遗存具有同等重要的地位[1]。现状调查是修复前最重要的档案记录之一，彩画的调查属于建筑本体调查中专项调查，主要包括彩画测绘、拓样、拓描、临摹、色彩记录、彩画取样、工艺调查、病害调查、调研表的填写等基本工作。

5.3.1.1 彩画测绘

建筑彩画测绘从理论上属于古建筑测绘中的精密测绘[2]，需要在建筑室内搭好脚手架，近距离测绘记录。但在传统的古建筑测绘中很少涉及彩画测绘，毕竟这是一项繁重的工作，尤其对于一座构架遍施彩绘的古建筑而言，彩画在建筑构件上的不同侧面如果都测绘记录的话，其工作量往往不亚于整座建筑测绘，故多数情况下，建筑测绘一般很少作彩画测绘的内容，最多在测绘成果中附上几张照片以示说明。而单项的彩画保护工程就需要彩画的详细测绘，因为其成果将直接应用于彩画的本体研究、价值评估、保护修复以及作为档案记录将永久保留[3]，故彩画测绘是整个修复前期工作的重心，要求严谨求实、耐心仔细。

彩画测绘所包含的信息量非常大，故在测绘前需制定详细的工作计划、掌握测绘技术、对测绘对象的相关形式、背景知识、艺术特色有所了解，在测绘过程中按计划有步骤地进行，才能保证对彩画信息的全面把握。关于建筑测绘的成果部分，传统意识上，主要是指测绘图，但随着测绘技术的进步和遗产保护工作的发展，测绘成果已经超出测绘图纸的范畴，向多媒体形式发展。主要包括：测绘图、照片、数据图表、文字报告、录像、表现图、点云数据、计算机模型、数据库以及地理信息系统[4]。对于彩画测绘在建筑测绘的范围内有所侧重，主要有勾画草图、构件彩画现场测绘、影像资料的记录、后期彩画图样的绘制以及彩画布局图的绘制。下面依据测绘内容的先后程序逐一说明。

（1）勾画草图

凡是需要保护修复的彩画，必定有独特之处。江南地区精美的彩画，多是由有着佛教信仰的画师绘制的，不但形态俱佳而且颇有神韵。测绘过程中能够近距离接触这些彩画，实在是人生的一件幸事。故在正式测绘前要用心欣赏这些在历史的浸润中已经饱经沧桑的彩画，用心体会匠师在彩画设计的构思。这些出自无名画师之手的彩画作品，具有强烈的生命脉搏，

---

1 国际古迹遗址理事会中国国家委员会《中国文物古迹保护准则》2000年10月，承德

2 古建筑测绘的两种基本类型：精密测绘和法式测绘。精密测绘对精度的要求非常高，其测量时需要搭“满堂架”，构件需要编组编号。而法式是为建立科学记录档案所进行的测绘，这种测绘较简单易行，可借助辅助测量工具而不需搭架就可以进行，构件不需要逐一编号，测量时也不需要全测，只测重点构件即可。

3 由于物质形态消亡从根本上的不可逆转性，因此研究和记录本身更是作为原有相关信息的新载体构成了真正意义上的延续性主体。详见：丁垚，陈莜，永昕群．装饰大雄宝殿—奉国寺大殿建筑彩画研究［C］// 国家文物局．东亚地区木结构彩画保护国家研讨会论文集．北京：国家文物局，2008：251

4 王其亨，吴聪，白成军．古建筑测绘［M］．北京：中国建筑工业出版社，2006：56

纵然隔着数百年，仍旧能够感受到它的魅力。在观察之后，通过勾画布局图，以及局部重要纹样的草图来理解彩画在空间中的布局关系，体会彩画所营造的或神秘、或庄严、或喜庆的空间气氛，一方面让身心进入最佳工作状态，另一方面对彩画的构图、纹样、设色有整体的把握（图 5.3、5.4）。

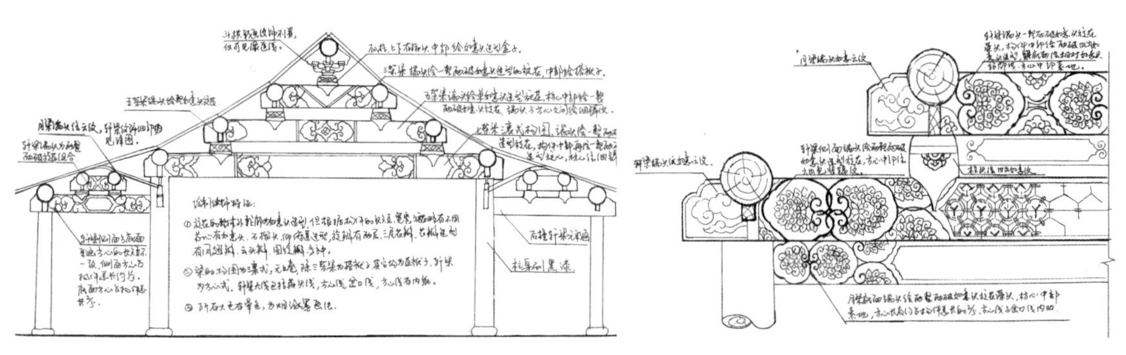

图 5.3　绍兴吕府明间梁架横剖面彩画分布示意图　　图 5.4　绍兴吕府外檐轩梁彩画线描图

（2）构件彩画测绘与摄影记录

相比北方官式建筑檐外、室内构件遍饰彩绘而言，江南地区建筑彩画仅集中在古建筑檐内梁、枋、檩条上绘彩画，等级较低的建筑屋内只有脊檩部分绘彩画，不同的测绘地点，彩画的工作量相差极大。

在彩画测绘首先中要重视彩画在空间上的构图关系，一般彩画在空间中以明间为中心呈轴对称关系，左右次间彩画完全一样，在相同开间内又以脊檩为中心呈前后对称关系。在以往的测绘中，部分测绘者只选择其中的一部分彩画进行测绘记录，其他部位就参照此处的测绘结果，而不再详细记录。这种做法在一般的彩画调研中或许可行，但对于一项重要的彩画保护修复工程是不可取的，在不同位置的彩画虽然在图案上是一致的，但其保存现状往往差异很大。故一定要对每一幅彩画都认真负责的测绘记录，这样才能保证彩画评估的准确性。

关于单幅彩画的记录，由于单幅彩画的构图与尺寸直接取决于所依附的构件的尺寸与形状，故单幅彩画的记录实际上相当于在每个构件记录的基础上再多出彩画一项内容，在空间中需要对每个构件都进行编号，见表 5.2（注：仅为样表），以作为彩画定位的重要环节。这是基于建筑测绘图已经全部完成的基础上，如果建筑彩画仅饰于檩条与梁架上，编号相对简单，对于遍饰彩画的构件而言，构件编号要慎重对待。关于彩画构件编号问题，苏州大学卢朗在綵衣堂彩画测绘中作了深入探讨，详见其硕士论文《綵衣堂建筑彩画记录方法探析》[1]，这里就不展开篇幅讨论。构件编号之后，要求在测量时一般按照或从左到右、从上到下的测量顺序对编号的建筑构件进行数据记录与细节拍照，拍照时，需要将彩画的正面、侧面、仰视都要拍摄。完成此项工作，一般需要两个人共同配合，一个作记录、拍照；一个负责测绘，根据构件编号记录表格，每天在现场测绘完之后当天晚上就需要核对表格与整理照片。此外，彩画数据的记录需要把握住几个关键的大线尺寸，如：箍头线、盒子线、枋心线、包袱边线等。

1　卢朗．綵衣堂建筑彩画记录方法探析［D］．苏州：苏州大学，2007：16-18

表 5.2　构件彩画测绘数据记录样表

编号	名称	尺寸	彩画位置	构图尺寸	纹样	图片编号	备注
			西（北）侧				
			东（南）侧				
			仰视				

（3）彩画摄影：

彩画数字摄影技术记录主要是指对建筑室内彩画进行摄像与拍照，以拍照为主，其成果直接用于线描图的绘制、彩画复原研究中。拍照中重点解决在影像中消除镜面变形，普通照相机在拍摄较大构件的彩画时往往会发生画面变形现象，建议摄影器材应选用移轴相机。这种相机在镜头中设置了一个特殊装置，能使镜头移动或倾斜，在拍摄时可以用来校正画面透视变形的问题。对较大构件的彩画，由于距离近不能拍摄完整照片，则采用分段拍摄的方式，要注意拍摄时保持与构件距离一致，拍摄后将图像中未变形部分进行拼接，使用 Photoshop 软件处理完成，并做到色彩的真实与多次拍摄的色彩一致。

此外，还有一种红外照相技术，为当今世界公认的修复彩绘、书画最好的辅助工具。杭州孔庙的彩画保护修复中就采用了日本产 SONY 的 V3 照相机对彩绘进行红外摄拍摄，该型号相机具有红外透视功能，可以将位于调和漆下层彩绘的主要大线尺寸和轮廓清晰显示出来。在修复时，通过红外相机拍摄，不仅记录了彩绘的残损状况，而且许多肉眼看不到的线条，在红外照片中都能显现出来，为彩绘的修复提供直接而准确的依据[1]。

（4）彩画线描图：

彩画的线描图是彩画测绘的重要成果之一，应该尽可能对图样较为清晰的彩画利用 CAD 软件绘制成线描稿，作为彩画本体研究的重要依据。描绘的过程不是被动的描摹，是一个需要思考和提炼的过程，关于纹样描画的详细内容可参见《古建筑测绘》中计算机辅助制图部分[2]。笔者在实际工作中绘制了不少线描图，总结两点最主要的注意事项：

① 要意在笔先，把握整体造型的走势。选择相对清晰的图样仔细观察，寻找其中的构图规律，切不可盲目动手，没有理解图案就去绘制，往往将图形全部拆散，不但不能够真实地反映图案所蕴含的历史信息，而且会歪曲历史信息，当然也不能为了达到美观的效果对匠师的绘画进行修改，要做到真实准确的描画。

② 把处理好的彩画正面的数码照片用插入光栅图像的命令导入绘图界面，在描绘时线条

图 5.5　绍兴吕府梁架如意头造型旋花 CAD 线图

1　杨鸣. 杭州孔庙大成殿彩绘保护性修复［J］. 东方博物，2001（10）：69

2　王其亨，吴聪，白成军. 古建筑测绘［M］. 北京：中国建筑工业出版社，2006：157-170

要分出层次，木构件上的白色线条一般为铅白，它的化学性质较稳定，不易褪变色。白色也往往是彩画纹样的外轮廓线。描绘时可按着白线的走势去绘制，再注意分色区域及其他细节（图 5.5），并且要注意线条的概括与结构的转折，保证对彩画描摹的写实与传神。

（5）彩画布局图的绘制

在建筑与彩画测绘、拍照、编号定位等一系列工作完成之后，开始绘制布局图，根据彩画具体绘制的位置，主要是将单幅彩画的正面照片依据编号将其附在古建筑的剖面、仰视与立面图上。通过布局图可以对彩画有一个整体直观的认识，获取彩画目前的保存状况、建筑的整体色调、画师对于空间营造所采取的方式等信息。这些宏观信息是单幅彩画所不能够包含的，如：浙江绍兴大禹陵剖面彩画布局（图 5.6）

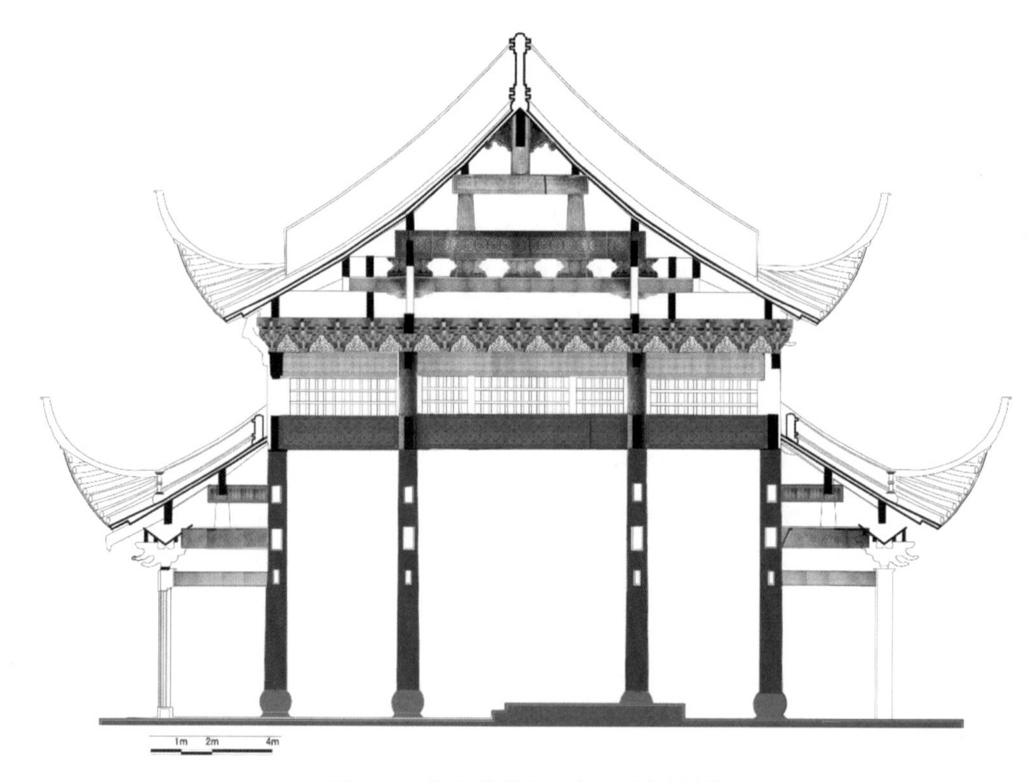

图 5.6　大禹陵横剖面彩画布局图

5.3.1.2　彩画拓描

彩画拓样与拓描是彩画学术研究的重要资料，也是重绘彩画的基础，在实际操作中拓样仅适合于沥粉的彩画，由于江南地区彩画极少沥粉，只能对彩画进行拓描。

① 拓样：首先，将有一定的拉力的拓纸，多用桑皮纸覆盖在绘有沥粉贴金纹饰的彩画表面，然后用轻质布包反复轻轻拍打，将纸卧实，但又不能太用力，否则容易损坏宣纸，这样彩画的沥粉线条就会凸出纸面，然后用含有颜色（一般为黑烟子 [1]）的色包拍打，显现凸出的线条；其次，在现场要将所拓底稿看不清晰的地方再描清楚，整理成稿（图 5.7、图 5.8）。

1　垂拓用色，在黑烟子中适量调入胶液、水，为缓干一般还需要加入少量蜂蜜。

图 5.7　故宫斋宫内檐额枋彩画拓样

图 5.8　故宫彩画拓样整理

② 拓描：首先，将拓描用的材料卷尺、铅笔或油性笔、图钉与透明纸准备好。其次，选择有代表性的，且较为清晰的构件纹样作为描摹对象，将透明纸固定在彩画的表面，用铅笔轻轻地沿着彩画的纹样的墨线或白粉线描摹下来，尽量将纹样的颜色记录在拓描的图纸上。这种方式对有一定弧度的构件表面（如檩条、圆作月梁）获取彩绘线图时，优点更加突出，但对那些颜料层即将就要剥落的彩画来说极易造成损伤，故要慎重对待，图 5.9、图 5.10 是笔者在圣母殿重檐栱垫板彩画采用拓描方法记录。此外，在拓描中一定要尊重画师的成果，排除自己的主观思维，排除“有的线条画的不规矩，是否需要修正”之类的思维。在实际描摹中要客观地把图案拓下来，否则就没有生动活泼之气了。

图 5.9　圣母殿重檐栱垫板彩画

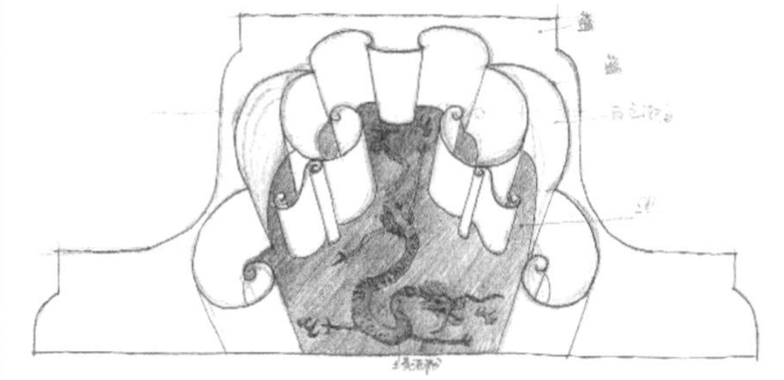

图 5.10　拓描成果

5.3.1.3　彩画临摹

虽然现在建筑测绘的手段越来越先进，但代替不了现场临摹的方式，一方面，可以锻炼测绘者对彩画色彩、工艺、颜料、构图以及彩画特征的认识，以提高彩画鉴别力。另一方面，对残损较严重的彩画，不便于拓描，也应采取临摹的方式记录（图 5.11）。

5.3.1.4　彩画取样

取样主要是为了测定彩画的地仗材料、颜料与胶，以及木材基层的树种及年代。江南地区彩画的取样主要是颜料与胶。在具体保护修复工作中首先要确定取样的位置，再根据可能采用的分析方法来确定取样量。因为取样毕竟会对彩画造成损坏，具体取样是宜选取色彩较清晰、灰尘少、彩画破损或不显眼的位置来取样，并且根据研究目标来决定取样的方法，可

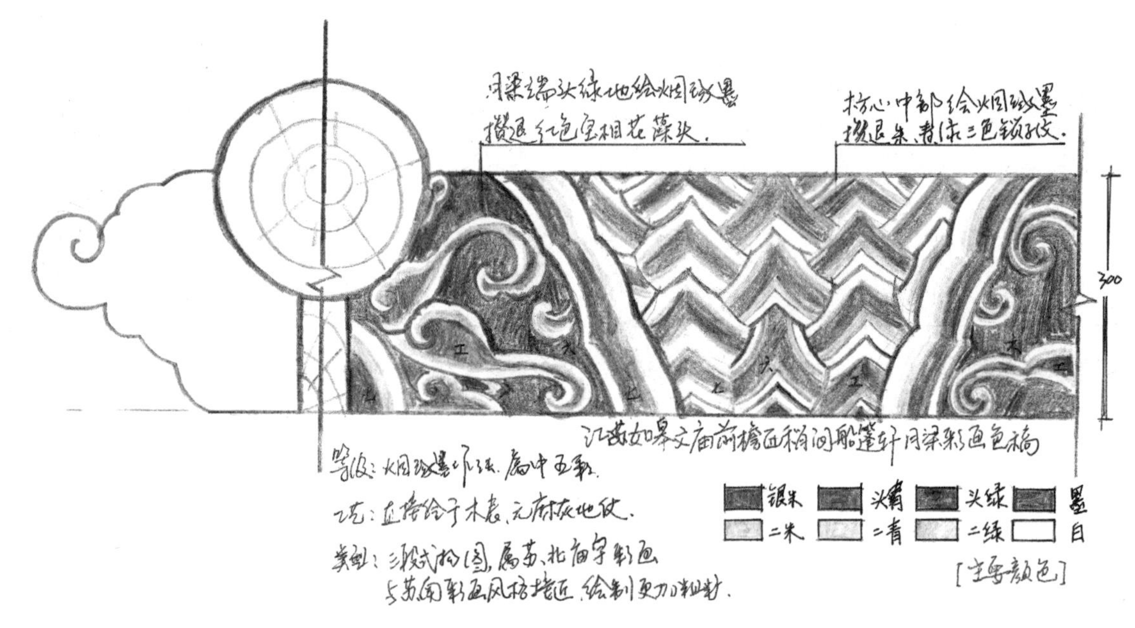

图 5.11　日本学者的彩画临摹方式

取块状、粉末状样品。具体的取样记录与取样表的填写参见《古建彩画保护技术规范》[1]。

5.3.1.5　病害调查

彩画的病害情况主要从基底层、地仗层、彩画层三部分来分析。与北方彩画相比，江南彩画基本属于无地仗，损坏主要集中在木材基层与颜料层两部分。木材基底层由于木材的缩胀产生张力而导致的裂缝、糟朽以及木材遭受白蚁和霉菌的侵蚀。彩画层的破坏则主要是，由于长时间不清理导致在颜料层表面附着灰尘与油污、水渍，以及颜料在空气中的变质氧化、褪色、脱落。由于厚地仗层而导致的彩画层起甲与龟裂在南方彩画中较为少见，表 5.3 是江南彩画中常见的损坏状况参照表。

表 5.3　江南彩画常见的损坏状况参照表

（表中的图例参照《彩画病害规范》中的病害图示表）

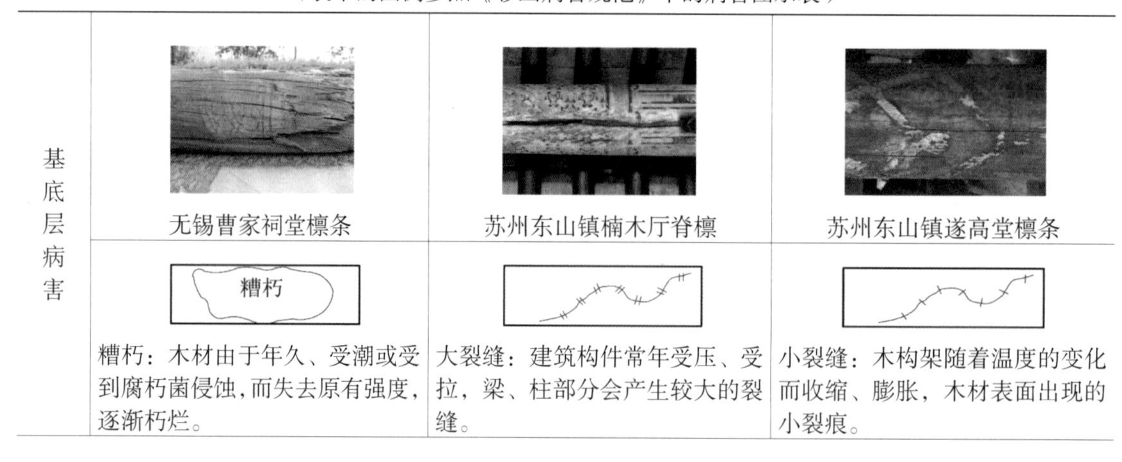

基底层病害	无锡曹家祠堂檩条	苏州东山镇楠木厅脊檩	苏州东山镇遂高堂檩条
	糟朽		
	糟朽：木材由于年久、受潮或受到腐朽菌侵蚀，而失去原有强度，逐渐朽烂。	大裂缝：建筑构件常年受压、受拉，梁、柱部分会产生较大的裂缝。	小裂缝：木构架随着温度的变化而收缩、膨胀，木材表面出现的小裂痕。

1　西安文物保护修复中心，南京博物院．古建彩画保护技术规范［S］．国家文物局发布，2010

江南地区建筑彩画研究

续表

 颜料层病害	 苏州市安徽会馆乳栿	 东阳怡燕堂檩条	 绍兴何家台门额枋
	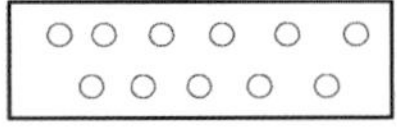 积尘：彩画表面沿积浮尘，部分积尘与胶结材料结合形成灰壳，粘附在彩画层。	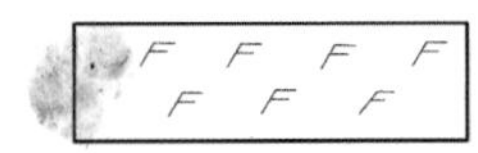 褪色：由于长期的紫外线等因素的影响，使得颜料风化、脱落导致的彩画色度降低现象。	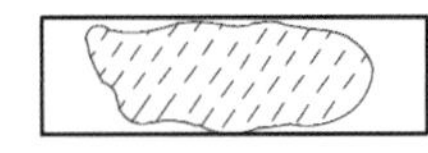 水渍：雨水或潮气在彩画表面留下痕迹，加速彩画损坏。
	 苏州白沙湾耕心堂檩条	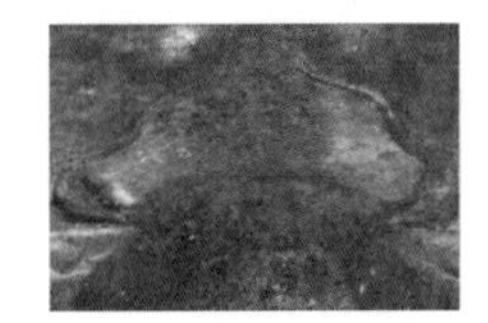 苏州市城隍庙驼峰	 无锡曹家祠堂檩条
	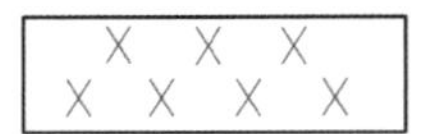 霉变：彩画表层由于受潮，存在不同程度的霉菌生长，逐渐使颜料层受腐蚀而发黑。	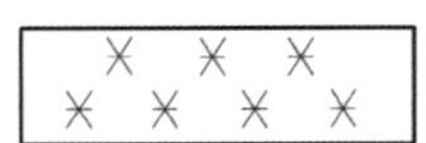 油渍：住宅室内彩画由于室内作厨房使用而受到油烟的熏染，同样寺庙彩画长时间受到室内香烛侵蚀。	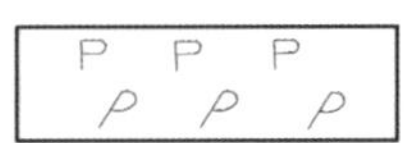 颜料层脱落：胶结材料的老化导致颜料层鳞片状、大片状剥落的现象。
	 宝纶阁包袱彩画	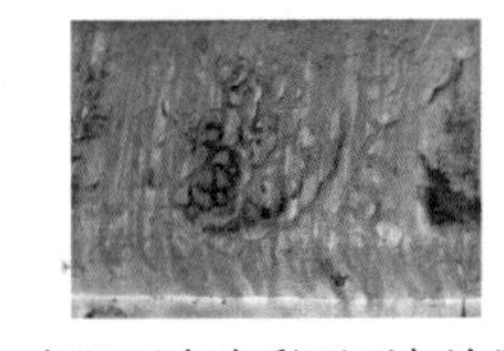 东阳开泰堂彩画石灰涂刷	 宝纶阁插梁贴金脱落
	变色：颜料层的成分和结构发生变化，导致的颜料 / 贴金层颜色改变的现象。	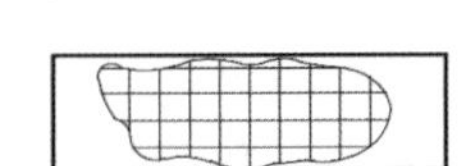 覆盖：彩画表面被其他材料（如石灰等）所涂刷、遮盖。	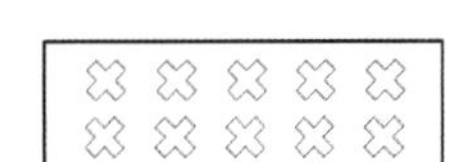 贴金脱落：贴金层与依附层脱离缺失的现象。

对于单体建筑的彩画病害调研，可参照《古建（木结构）彩画病害与图示规范》[1] 给出的图示，在具体工程中，首先，查清彩画的各种病害，并将每种病害的部位记录在测绘图上，并对病害部位拍照。反映彩画病害特征的图片应配有色卡的标尺。其次，在彩画测绘线描图上，在病害部位标出图例，得到病害现状图。这样可以一目了然地看出病害的类型与范围，为后面的保护修复提供依据。图 5.12 为古建木构件彩画病害草图。

1 西安文物保护修复中心，南京博物院. 古建（木结构）彩画病害与图示规范［S］. 国家文物局发布，2010

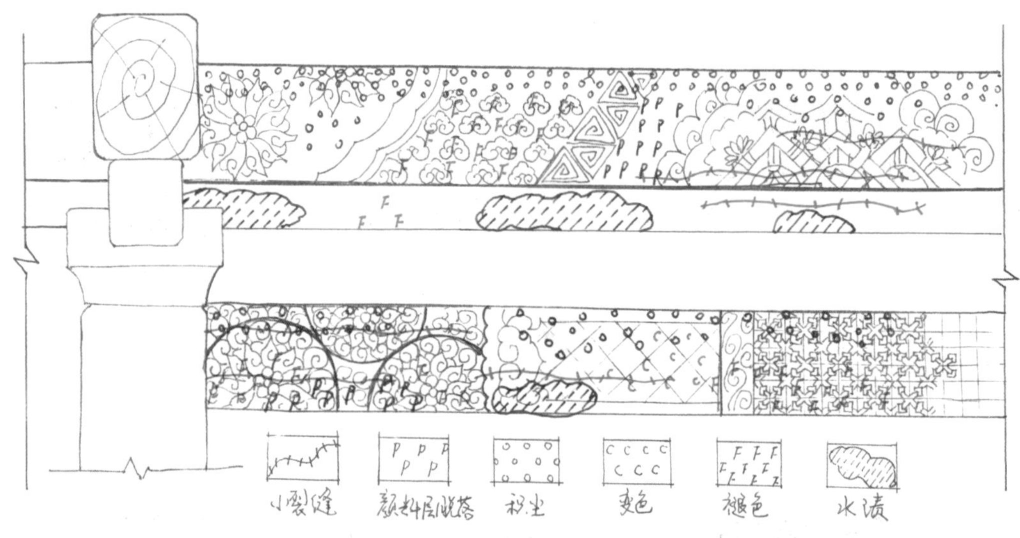

图 5.12　金坛戴王府金步彩画病害草图

5.3.1.6　调查表的填写

在彩画测绘项目中，详细的建筑彩画调查表是根据江南地区彩画的特点，在《古建彩画保护技术规范》所提供的“彩画信息表”的基础上形成的，是彩画调查记录和深入研究的基础。“江南彩画信息表”依据由整体到细节原则，争取将建筑彩画信息都翔实记录在案，主要从以下四个方面进行详细的记录：

（1）彩画所属建筑的基本信息。彩画是附属于建筑的一种装饰艺术，两者的关系就如同“毛”与“皮”，建筑的等级与构架特征制约着彩画的形式，所以研究彩画就必须先了解彩画所属建筑的基本情况。

（2）彩画本体的相关信息。该部分主要由彩画的总体信息与具体单幅彩画的详细信息构成，这也是南北方彩画的差异，北方官式彩画数量众多，程式化较大，不可能也没有必要在彩画本体的信息描述中将众多的彩画信息全部都作翔实的记述，只需要选取建筑中典型的彩画进行详述。而江南彩画则不然，不但彩画建筑的总体数量较少，单体建筑中彩画的数量也比较少，并且每幅彩画都不尽相同。例如，部分苏州东山建筑，仅在大厅明间的脊檩处有一幅彩画，彩画数量较多的建筑在江南也不过二十余处，所以在信息搜集中尽量将调研的每幅有代表性的彩画都编号记录。彩画本体信息包括彩画的等级、类型、色调、布局、图案等内容。

（3）彩画周边环境与病害信息。环境对彩画的老化起到加速或延缓的重要作用，目前建筑彩画面临的环境威胁主要为自然环境威胁和游客参观带来的人为威胁。以自然环境的威胁为主，主要包括大环境与小环境两个方面：大环境为当地的气候条件，包括光照、温度、湿度及风向等；小环境则包括彩画所在建筑的卫生状况、通风状况、采光与保存状况。

（4）消失彩画建筑信息。建筑构架上若干幅彩画因构件替换或彩画损坏特别严重而无法确认导致的彩画消失，应该单独列表将其记录下来，并且说明消失原因。

下面以无锡硕放曹家祠堂举例说明（表 5.4–1~5.4–4）：

表 5.4–1 江南地区彩画调研表

A01	建筑名称	昭嗣堂（曹家祠堂）	A02	建筑位置	无锡硕放镇
A03	建筑年代	嘉靖七年（1528）	A04	建筑类型	祠堂
A05	建筑特征	面阔五间、进深十一架，楠木厅、硬山顶，屋顶独特。	A06	产权归属	国家
A07	保护级别	全国重点文物保护单位	A08	使用者	开放景点
A09	外观照片与内部结构照片	 昭嗣堂入口		 昭嗣堂扁作月梁抬梁体系	

表 5.4–2 彩画本体的相关信息

彩画调查编号								
B01	建筑名称	曹家祠堂大厅昭嗣堂						
B02	彩画年代	不祥，推测为明代末期						
B03	彩画类型	1 包袱彩画 □√ 2 旋子彩画 □ 3 天花彩画 4 其他彩画						
B04	彩画等级	1 上五彩 □ 2 中五彩 □√ 3 下五彩 □						
B05	彩画部位	Ⅰ梁	Ⅱ梁枋	Ⅲ檩	Ⅳ檩枋	Ⅴ斗栱	Ⅵ柱头	Ⅶ其他
	彩画数量			5				
B06	彩画题材	1 华纹 □√ 2 锦纹 □ √ 3 写生山水花鸟 □ 4 人物 □						
B07	色彩基调	1 暖色调 □ 2 冷色调 □ 3 不详□ √						
B08	彩画基层	材种	树种		种属			
			楠木					
B09	地仗层	1 有地仗层 □ 2 无地仗层 □ √						
B10	建筑颜料层	胶结质成分	红色系	黄色系	绿色系	蓝色系	白色系	黑色系	其他
							√	√	贴金
B11	保护等级	1 级 □ √ 2 级 □ 3 级 □						
彩画影像编号								
B12	彩画外观照片							
B13	建筑彩画布局图	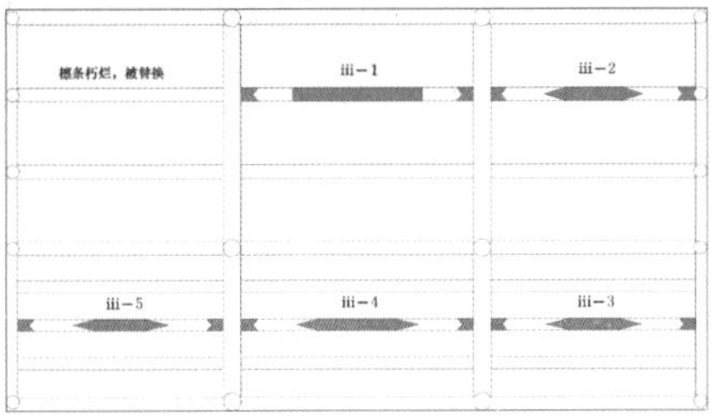						

续表

彩画调查编号		
B14	简要说明	1. 彩画风格及历史艺术价值： 构图简洁，仅在部分重要檩条处绘有包袱锦彩画，均为系袱子与直袱子，包袱为四出、六出锦纹，并在枋心中部平贴金。由于檩条粗大，所以包袱构图非常适合檩径，在整体建筑中起到画龙点睛的装饰作用。
		2. 彩画保存状态评估： 彩画的锦纹图案还能识别，但是除白色、黑色与金色外，其他颜色均已剥落，很难推断彩画的色彩及颜料成分。
		3. 既往修复史：在 1999 做过彩画保护。
单幅彩画编号		
B15	彩画位置	明间脊檩
B16	彩画构图	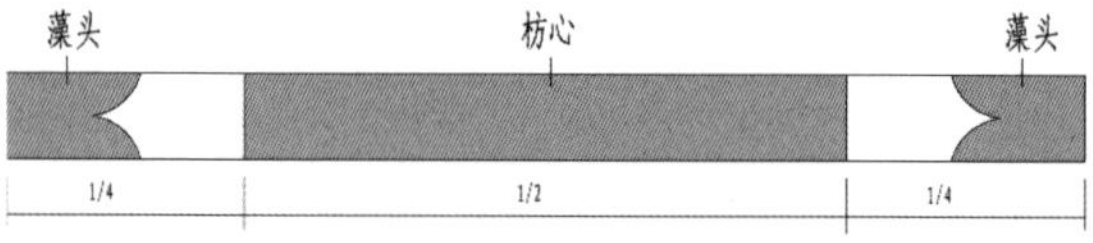 藻头 枋心 藻头 1/4 1/2 1/4
B17	枋心贴金图案	
B18	枋心锦纹展开图	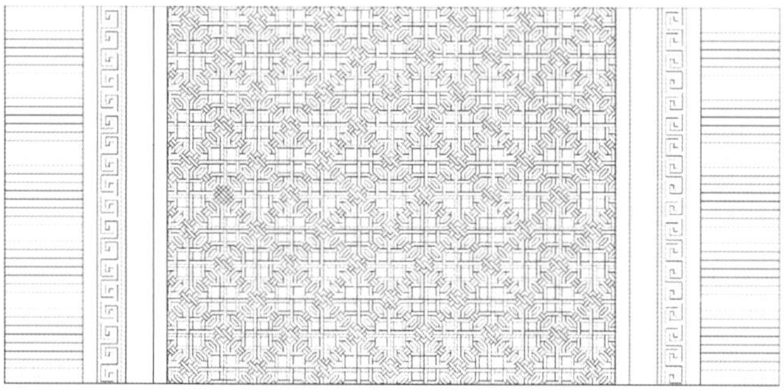
B19	檩条彩画仰视图	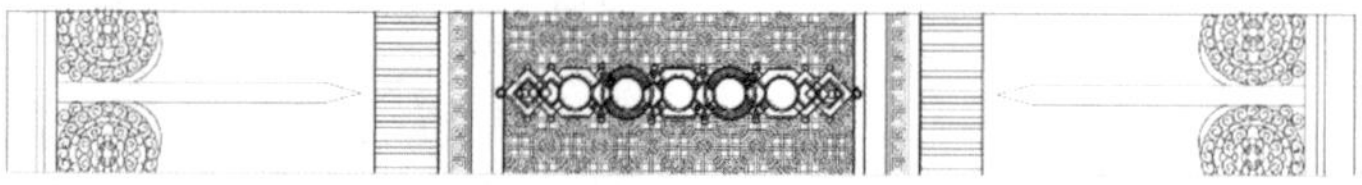
B20	彩画色彩	色彩剥落，只能看清勾黑线与拉白线。
B21	彩画尺寸	枋心部分展开长 × 宽约为（2.5m × 1.2m）
B22	彩画照片	
B23	调查人	纪立芳
B24	调查时间	2007-10-26

表 5.4–3　彩画周边环境与病害信息

C01	环境类型	1 露天 □　2 檐廊 □　3 室内 □√	
C02	大环境	区域环境类型	受季风环流影响，四季分明，气候温和，雨水充沛，日照充足，无霜期长。气温，1 月平均气温在 2.8℃左右；7 月平均气温在 28℃左右。全年无霜期 220 天左右。无锡市区年平均降水量在 1048 毫米。雨季较长，主要集中在夏季。全年降水量大于蒸发量，属湿润地区。
C03	简要说明	1. 保存小环境状况评估	昭嗣堂在 1999 年经过维修以后，室内清洁干净、通风较好。彩画层也没有积灰。
		2. 彩画病害状况描述	目前檩条彩画的最大问题就是颜料层脱落，仅余下黑色与白色。部分图案很难辨识。次间下金檩檩条端头朽烂。
C04	病害图片		

表 5.4–4　消失彩画信息表

消失彩画编号		
D1	彩画部位	西次间脊檩
D2	彩画特征	檩条部位绘有明式包袱锦彩画，具体特征不详。
D3	现场照片	
D4	消失原因	木材朽烂，放置于室外。

5.3.2　综合研究

彩画本体的研究是在现状调研的基础上，通过对已有相关历史文献资料、文物档案的搜集，以及该处文物保护单位的管理人员进行咨询的情况下展开的更为深层次、更多细节的探讨，这部分研究结合现状调研，体现了研究者以及整个研究机构在该领域的实力，对于正确的判断彩画的价值、历史定位以及具体保护修复措施的制定都必不可少。综合研究的基本内容包括：彩画概述、特征分析、文献整理、年代分析、材料分析、病变原因分析等，并根据个案的特性有所侧重，下面以笔者所参与的《常熟綵衣堂保护规划》中綵衣堂彩画的研究为例说明。

（1）彩画概述

綵衣堂位于翁同龢故居建筑群的主轴线第进院落上，坐北朝南，硬山青瓦屋顶，面阔三间，前有檐廊，后做双步廊，总建筑面积约 240 平方米，是典型的明代江南厅堂式建筑。整座大厅无论从构架到细部都做工考究，其中建筑彩画更是这座大厅装饰的精华所在，梁、檩、柱、枋无不遍施彩绘，仅内檐部分就有上百幅彩画，总面积约 150 平方米，数量之多在江南民居中罕见。

（2）形式特征

大厅建筑构件雕、彩、塑并重，从平面到立体运用多种装饰手段；构图上主次分明，綵衣堂的彩画空间等级主要以明间高于次间，梁高于檩、脊檩高于金檩来分布的（图 5.13）。具体而言，首先，明间等级高于次间：明间三界梁与四界梁内作三段式构图，枋心为包袱锦，四界梁其上有一对贴金狮滚绣球，袱边青地上作片金寿桃、荔枝，袱子底叠加片金作方胜纹“十字杵”套环锦，形成锦上加锦的画面，属于上五彩。次间山面虽然也是锦纹彩画，但用金少，纹饰相对简单，属于中五彩。其次，内檐梁架高于轩梁：明间三界梁与四界梁朝内侧构图与形式一样，都是沿梁面刻线部分作缘道，内作三段式构图，藻头—枋心—藻头，藻头与枋心之间为素地，不作彩画，包袱内外侧彩画为云龙与双狮滚绣球，而轩梁部分则以麒麟与仙鹤为主。再次，四界梁高于脊檩，脊檩高于金檩。四界梁的梁底为“十字杵”十一环方胜相扣贴金锦纹，脊檩彩画则为九环方胜相扣贴金锦纹，方胜部分贴金，金檩则绘有四环相扣连环贴金锦纹十字杵。

纹样上，织锦的精美与种类繁多也在江南彩画中首屈一指，有十字别、方格、四出、六出、八出、套环、万字、回纹、四方星夜、梭式、宝相、祥云、如意、团盒、卷草、鱼鳞、锁子、龟背纹、团科、十字圈头等。画师技巧高超，堪称民间彩画大师，所绘彩画锦中有锦、锦上添花，不仅耐看，并且模仿出丝绸柔软飘逸的质感。

色彩上，五彩并重，多用复合色与间色。不同于官式彩画，较多的继承了宋代《法式》彩画的特征，是江南彩画的代表作，正如马瑞田先生总结：綵衣堂彩画是“传统规范、精工到位、精雕细彩、锦纹多变、色调明快、线纹清晰、灵活自如、工艺求精的江南彩画集大成者。”

（3）相关文献资料整理

关于綵衣堂彩画研究已经有不少专家学者的研究成果问世，尤其是在周立人馆长的主持下《綵衣堂建筑彩画艺术》一书的出版，更加全面地展示了彩画的艺术价值，对进一步的研究奠定了扎实的基础，下面为綵衣堂彩画研究文献的整理（表 5.5）

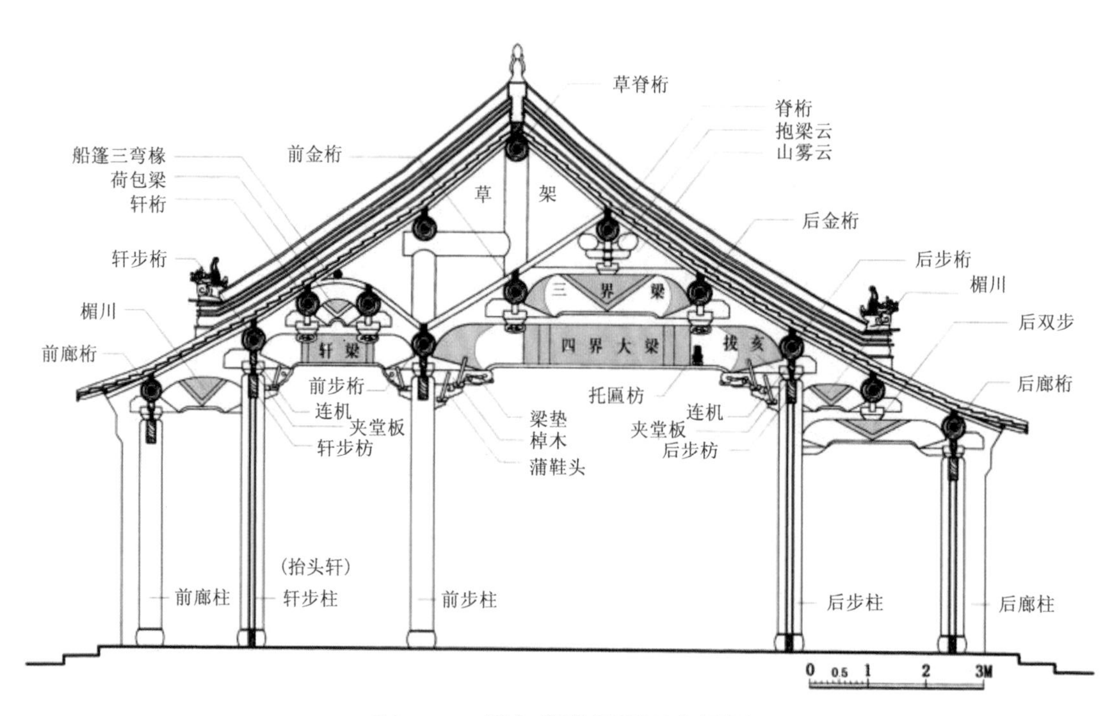

图 5.13 綵衣堂明间彩画布局图

表 5.5　綵衣堂彩画研究文献

名称	作者	备注	主要研究内容
綵衣堂建筑彩画艺术	周立人 诸葛铠	翁同龢纪念馆馆长、苏州大学艺术设计学院	该书的文字部分集中了众多专家对綵衣堂彩画的解读，后半部分配以大量精美的照片与测绘图，从文字、影像、线描图、彩色复原图、拓片五方面进行记录展示。
綵衣堂建筑彩画记录方法探析	卢朗	苏州大学艺术设计学院	该硕士论文将綵衣堂彩画记录分为三个部分，即綵衣堂建筑测绘记录、彩画图案测绘记录和彩画的定位和空间构图记录，通过制定记录方案使各个环节有机结合，使工作程序和记录内容更加系统和科学。
锦绣被堂—綵衣堂的彩绘艺术	马瑞田	中国彩画研究学会会长	该文章论述綵衣堂彩画价值与艺术，且认为綵衣堂彩画的始作时间“当为隆、万年间所绘（1567~1620）”；论述江南彩画与苏式彩画、与宋《营造法式》彩画的关系的异同。
中国古代建筑史元明卷彩画部分	陈薇	东南大学教授	该章节对江南明式彩画的特征进行总结，在例证部分选取綵衣堂为重点案例进行介绍。
綵衣堂彩绘保护修复研究	龚德才 何伟俊	中国科技大学、南京博物院文物保护研究所研究人员	该工程对綵衣堂彩画颜料取样，并分析颜料成分；确定工艺上为无地仗彩画；对彩绘进行清洗加固，先封堵木材中的纤维孔隙，后进行封护；并对木构进行白蚁防治。

（4）彩画绘制年代分析

綵衣堂彩画绘制年代最有争议，这对綵衣堂的价值判断极为重要，目前研究者大多认为綵衣堂彩画始绘制于明朝隆庆（1567—1572）、万历（1573—1599）年间，至今已历四百余年，后代只是对彩画进行过部分补绘而已，笔者对此有自己的一些思考，且作一家之言，以供探讨。

綵衣堂建筑彩画属于苏南彩画中等级较高彩画，与苏州“凝德堂”、“怡芝堂”、“明善堂”以及常熟的“脉望馆”彩画类似。这几处古民居多为明代建筑，以往研究者多将其建筑彩画定位成明式彩画。事实上由于彩画不易保存及房主的更迭，大部分彩画应该都是绘于清代，只是由于苏南一带沿袭较多明代的彩画风格，没有在彩画的构图与图案方面有较大的变化而已，綵衣堂彩画始绘于明代的原因如下：明代彩画大都是直接绘制在刨光的木材上，木构件事先只作“填补”和“钻生”的处理，綵衣堂亦是如此，彩画制作时未做厚地仗，因而得以留存数百年，彩画的图案以种类繁多的织锦纹为主，这也是江南明式彩画的特征。

綵衣堂彩画绘于清代的原因如下：

① 从彩画保存的年限来看，一般彩画的重绘周期为五十年到一百年，由于彩画的颜料、胶料以及地仗的保存都有一定年限，几十年后则会褪色脱落。相对而言，将彩画直接绘于木表保存更久些，即便如此，经过上百年彩画的颜料层也会褪色，对建筑构架的装饰效果也大为减弱，甚至会适得其反，使得构件表面变暗发黑，影响室内美观。所以彩画经历百年后重绘的可能性极大，尤其以翁氏一族的身份和地位，购得旧屋，必先重新装饰。

② 从用金方面来分析，明代早中期对于用金有严格的规定，綵衣堂最早的主人为明弘治、正德年间本邑大族桑氏的住宅，桑氏的官位首先值得研究。綵衣堂彩画用金较多，且有沥粉贴金、点金、窝金、片金等多种手法，这在笔者调研中是孤例。一般在明代彩画中以“中五彩、下五彩”应用较多，即使是无锡宜兴徐大宗祠[1]的彩画也仅在花心中部贴金。尤其是沥粉贴

1　该祠堂始建于明弘治五年（1492），是明代景泰、天顺、成化、弘治四朝元老徐溥的家族祠堂，徐溥（1428—1499），字时用，号谦斋，明景泰五年进士，素有“四朝大学士”之称，弘治五年（1492）任首辅，为朝廷一品大员。其祠堂构件遍施彩画。

金的作法更值得怀疑，根据南京博物院何伟俊博士 2008 年对綵衣堂沥粉的化学分析可得其为大白粉，在江南一带明代沥粉多用豆面粉，清代多用大白粉。

③ 大量龙纹的应用，在整个江南民居彩画中也是罕见，明代同样对龙纹的使用也有严格的限制，而綵衣堂包袱彩画有行龙、降龙、盘龙等多种龙纹，与清代中期以龙纹为主题的官式彩画有相似之处。綵衣堂多次易其主，根据几个主人的身份来推测，以翁氏的身份为最高，翁氏一门双状元、父子宰相、同为帝师、三子公卿、四世翰苑，是其他几位房主无法企及的，也只有翁心存有这个资格和实力绘制如此高等级的彩画。

④ 从“綵衣堂”匾额与大厅彩画的关系来看，翁氏住宅在江南明式建筑中最突出的特点就是其大厅内精美的彩画，而“綵衣堂”匾额恰恰点了这座大厅的精彩之处，是有意为之，还是不谋而合，是翁心存所题还是翁氏之前的主人所题，令人深思。先从大厅匾额即堂名的更迭讲起：綵衣堂建筑始建于明代中晚期，为明弘治、正德间的本邑大族桑氏的住宅，桑瑾（1439–1515）为处州通判，官阶正六品，取堂名为“森桂”，后改名“丛桂”，后多次易其主，清代嘉庆年间，藏书家张金吾移居于此，堂名“爱日精庐”，后又为常熟仲式所有，直到清代道光十三年（1833）归得翁心存。“綵衣堂”其名最早也归仲氏所有之后所题。对于仲氏的情况不甚了解，但其匾额为仲氏所题的可能性极小。

大厅正中悬挂的“綵衣堂”匾额为当年原物，有陈銮题跋：“道光乙未小春（公元 1835 年农历十月），二铭（翁心存字）年大人奉命典试浙江，还过吴中，拜太夫人于里第。时值圣母六旬万寿，百僚彩服旬有五日，因述其新居有綵衣堂额，属予书之，以识国恩家庆，为德门盛世云。年愚弟陈銮题跋。”此匾额无疑为 1835 年所作，然而“綵衣堂”三字的由来值得深思。

1 綵衣堂搭袱子降龙

2 綵衣堂搭袱子边行龙

3 綵衣堂系袱子坐龙

4 清代中期官式彩画行龙

5 清代中期降龙盒子

图 5.14 綵衣堂龙纹与清代中期官式彩画龙纹比较

江南地区建筑彩画研究

1 罗尔纲《太平天国艺术》一书载：1861 年，忠王李秀成集中数千工匠“终年不辍”将拙政园及其东邻的潘宅、汪宅等府第及园林扩建成忠王府，当年李秀成请苏州画工到府，在梁枋、檩条上绘制了许多精美的彩画。

推测一：大厅原有匾额亦为“綵衣堂”，或是翁心存已有意将大厅题为“綵衣堂”，此推断可从陈銮题跋看出：“……因述其新居有綵衣堂额……”，其中“新居”二字点出此座宅第在1833年归翁氏所有后，可能对大厅重新做过装修，面貌已焕然一新，可谓“新居”。那么大厅梁架上的彩画极有可能在这次装修中重新绘制。故而翁心存见梁架皆为彩衣所覆盖，因为历史上历来就有在木构上覆盖丝绸织物的传统，将祠堂题为“綵衣堂”非常恰当了。至少从“……因述其新居有綵衣堂额……”这句话中此堂名已确定，并非陈銮的提议。

推测二：綵衣堂取名从题跋也解读为翁心存奉命典试浙江乡试，放榜后请旨回籍庆祝母亲七十五岁寿辰，恰巧在苏州赶上百官身穿彩衣，效仿“老莱子娱亲”，为道光皇帝的母亲祝六十大寿，翁心存有感国恩家庆，请陈銮作宅第大厅匾额题跋。“老莱子娱亲”源于二十四孝之一的典故：“周老莱子，至孝，奉二亲，先意承志，行年七十，言不称老。常著五色斑斓之衣，为婴儿戏于亲侧。又尝取水上堂，诈跌卧地，作婴儿啼，以娱亲意。”老莱子，春秋时期楚国隐士，为躲避世乱，自耕于蒙山南麓。他孝顺父母，尽拣美味供奉双亲，70岁尚不言老，常穿着五色彩衣，手持拨浪鼓如小孩子般戏耍，以博父母开怀。一次为双亲送水，进屋时跌了一跤，他怕父母伤心，索性躺在地上学小孩子哭，二老大笑。由此推断“綵衣堂”有可能为翁心存为了取“老莱子娱亲”孝敬母亲之意而提。

将两者结合来考虑，可以理解为翁心存于1833购得此宅后，对整座宅子重新装修，包括请当地的知名画师对大厅重新油漆彩画，并且在1835年，当装修工作全部结束，正值母亲寿辰之时，翁心存取“老莱子娱亲”典故，将新装修的大厅取名为“綵衣堂”，其名一语双关，意在势高富贵，永享洪福。

⑤ 与赵用贤故居（即脉望馆）彩画的比较：脉望馆主人赵用贤（1535 — 1596）为明代礼部侍郎，官阶正三品。脉望馆与綵衣堂两处彩画均，直接在木表作画，且彩画风格、图案、色彩极为相似，有专家认为是一人所绘。通过观察发现两座大厅檩条箍头彩画的图案、明间四界梁彩画基本相同（图5.15），其余织锦纹、龙纹也多相似之处，故不排除为一人所绘，但脉望馆的彩画较为简洁。比如：赵用贤故居的山墙川枋只作箍头不绘枋心；前后檩枋仅作箍头部分，枋心部位作素地。

综上，脉望馆彩画整体保存较差，颜料层脱落严重，两处彩画不排除在明末为一人绘制，綵衣堂彩画由于年久颜料脱落，翁心存购买之后大部分过色见新，局部重绘，但他对原彩画比较满意，请附近最为著名的画师，在重新绘制的时候尽量选用木构架以前的彩画图案，因为已经脱落的彩画就像在木构上打了底稿，类似于已经拍好了谱子，这是无地仗彩画的优势所在。并同时运用多种彩画技巧，结合当时流行的纹样绘制，以期精益求精，才有了今天这处江南地区最为精美的彩画实物。所以保守一点的推测为綵衣堂构架翁氏购买前亦有彩画，不排除为明代所绘的可能，但可能性更大则为清末，翁氏购买后又过色见新，见新时参考了原作之精华。事实上綵衣堂彩画无论何时所作，都堪称装饰艺术的精品，所取得的成就凝聚了画师与主人的艺术修养，正如李允鉌先生在《华夏意匠》一书中所写：“典型的、成功的建筑室内环境艺术的意境和当代的绘画思想、艺术风格是一致的，当中注入了不少士大夫阶级的思想情操，建筑所追求的正是诗画所追求的意境。”[1]

1 李允鉌. 华夏意匠［M］. 天津. 天津大学出版社，2005:10

1. 綵衣堂四界大梁内侧面六方连续锦纹彩画，枋心中部堆塑狮子滚绣球

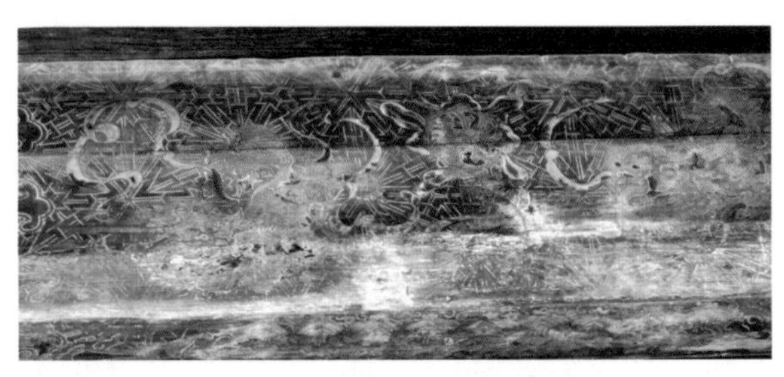

2. 脉望馆四界大梁内侧面六方连续锦纹彩画，枋心中部沥粉贴金狮子滚绣球

3. 綵衣堂檩条藻头海墁式西番莲卷草纹

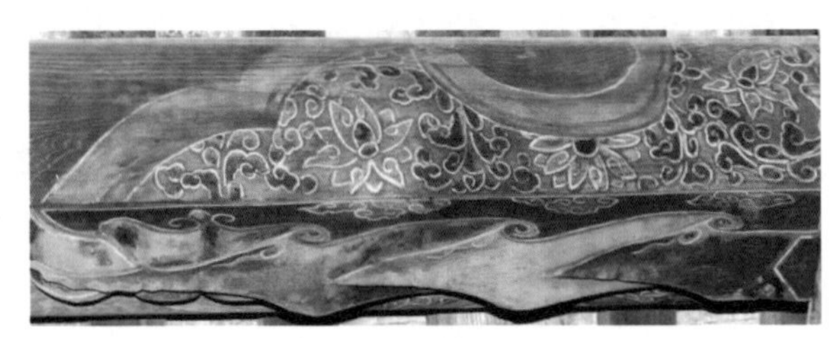

4. 脉望馆檩条藻头海墁式西番莲卷草纹

图 5.15　綵衣堂与脉望馆彩画比较

（5）材料分析

綵衣堂彩画，直接在木表作画，颜料经偏光显微镜与拉曼分析，共使用了 7 种颜料：红色的主要成分是铅丹，并伴有少量朱砂的混合物；黄色的主要成分为雌黄；蓝色的主要成分为含钴的玻璃质；白色的主要成分为铅白；深红色的主要成分为铅丹；金彩为金粉；黑色是墨汁[1]（图 5.16，图 5.17）。

（6）病害原因分析

常熟市位于苏南地区，全年气候温度与湿度变化相对较大，在这种环境下，木材基层容易受潮、发霉，间接导致彩画的发污，并且由于彩画绘制年代久远，随着胶料的分解，使得部分彩绘脱落、手触掉粉现象严重，除此以外，綵衣堂作为开放参观景点，白天室内的光照也造成彩画的褪色。

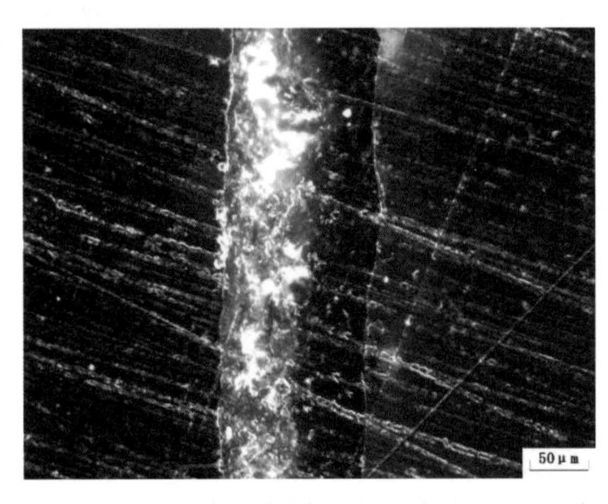

图 5.16　綵衣堂金色样显微照片（200×，暗场）

图 5.17　綵衣堂蓝色样显微照片（200×，暗场）

1　龚德才，奚三彩，张金萍，等．常熟綵衣堂彩绘保护研究［J］．东南文化，2001（10）：81

（7）彩画复原

在前期彩画测绘图与颜料分析检测完成的基础上，该文保单位聘请北方彩画匠师绘制了一部分重要彩画的色彩小样，虽然复原作品在色彩与纹样上不及原作精致，但仍具有档案价值（图 5.18）。

图 5.18　步桁端头西番莲卷草纹彩画及祥云水波纹替木彩画

5.3.3　彩画评估

评估是文物古迹保护工作不可或缺的重要环节，其主要内容是对文物古迹的价值、保存状态和管理条件的评估[1]。对于彩画而言，价值评估与保存状况评估是重点，管理条件的评估与文保单位基本一致，故文本不另设篇幅探讨。关于目前彩画评估的研究主要有：《古建（木结构）彩画保护技术规范》与东南大学朱穗敏在硕士学位论文[2]中《徽州传统建筑彩绘整体评估》等内容。

评估必须以保护修复前期的现状调查与本体研究为依据。彩画评估的对象是彩画的实物遗存和与彩画相关的周边环境。对已不存在的彩画和有关文献记载的考据，应当与现存实物紧密联系。

5.3.3.1　价值评估

彩画不仅仅是一种装饰艺术，更是传统建筑文化的重要组成部分。它的价值评估主要围绕历史价值、艺术价值、科学价值三方面展开，在《古建（木结构）彩画保护技术规范》中对彩画的价值进行较为翔实的阐述，具体内容见表 5.6。关于具体保护工程中彩画价值的定级，在《规范》中没有涉及。笔者根据文物古迹的价值评估方法，根据彩画绘制年代、工艺、特征，暂将彩画价值等级分为 A、B、C、D 四级。其中：A. 极高，彩画绘制工艺精湛、特征鲜明，可作为某一类型彩画的代表。B. 较高，绘制年代较早、地域特征明显、工艺较为精湛。

1　中国古迹遗址保护协会 .《中国文物古迹保护准则》2015 修订版 . 第 18 条评估：包括对文物古迹的价值、保存状态、管理条件和威胁文物古迹安全因素评估，也包括对文物古迹研究和展示、利用状况的评估。

2　朱穗敏．徽州传统建筑彩绘工艺与保护技术研究［D］．南京：东南大学建筑学院，2008：38—39

C.一般，年代较晚，绘制较为精致，有一定的地域特色。D.差、年代较晚、工艺粗糙、没有地方特色。

表5.6　建筑彩画三大价值

历史价值		艺术价值		科学价值	
1	年代和类型独特珍稀，可以证实、订正、补充古建彩画文献的史实，或在同一类型中具有代表性。	1	绘画风格独特，具有鲜明的地域性、阶段性、民族性等个性特征，或在同一类型中具有代表性。	1	彩画结构、材料、工艺，以及它们所代表的当时科学技术水平。
2	反映了某一历史时期的彩画工艺，能够反映出彩画历史的发展变化。	2	在年代、类型、题材、形式、工艺等方面具有创意的构思和表现手法。	2	不同地域、时期的彩画工艺，所反映的科学技术发展过程中的重要环节，以及所蕴含的科学内容。
3	因某种重要历史原因而绘制，并真实地反映了这种历史实际。	3	具有被当前或以往，或是部分区域内民众的审美要求所认可的审美效果。	3	

本节结合江南地区彩画的基本情况，对江南地区彩画进行了整体评估。

（1）历史价值

首先，现存江南地区彩画以明代中期以后到清代末期的包袱锦与堂子画为主体，数量上仅有两百处左右，相较于江南地区大量的古建筑而言，绘有彩画的建筑所占的比例极少，故能保留到今天的这部分彩画就非常珍贵，具有稀缺性。其次，江南彩画创作灵活、形式多样，是整个南方彩画体系中重要的一支，与以青绿为主色调的北方官式彩画形成鲜明对比，对官式苏式彩画的形成有重要影响。同时，江南彩画的整体研究对于完善中国古建筑彩画谱系以及区域间彩画的比较研究意义重大。再次，江南彩画保留了大量明代以前的彩画做法，尤其对比《法式》“彩画作”，无论从等级、工艺、图案都能看到其对《法式》彩画的延续，在等级上分为“上五彩、中五彩、下五彩”的分类方式继承法式彩画分类；在纹样上以几何为特征的锦纹与以植物纹为特征的华纹作主体，并且部分构件端头部分的彩画就是《法式》所记载的如意头角叶的简化形式或者其变体；在色彩上以五彩为主，同时也有青绿彩画与解绿彩画；在工艺上也是直接在木表作画，与《法式》一脉相承。所以没有对江南彩画的认识，就很难理解中国建筑彩画的发展脉络，也很难看到《法式》彩画作的深远影响力与其丰富的表达力。

（2）艺术价值

明代中期以后精美的包袱锦彩画展现出江南地区彩画最高的艺术价值。对规则性强的锦纹的模仿加工，既符合匠画的特点，也便于绘制。不仅给人以形式上的美感，而且反映了当地的大众审美。清代以后彩画的图案不仅在绘画题材上使用文人画题材，而且在绘画手法上也多有使用文人画的手法，如没骨法、落墨法等，体现了高超的绘画技艺，具有较高的艺术价值。

（3）科学价值

江南彩画的科学价值体现在多方面。首先，在原材料的利用上，绘制彩画使用当地产的黄鱼胶，当地产的颜料，不仅适应当地特点，减少中间环节，而且可以降低成本。这对于颜料加工漂洗的技艺、颜料漂洗后的合理开发利用，都具有十分重要的意义。其次，画师自己加工彩画颜料与自制画笔，一方面节约了成本，另一方面也方便施工。再次，在施工的组织上江南彩画并非一个独立的工种，便于灵活施工，这也是科学化的体现。最后，直接木表作画工艺的选择非常适应江南气候，便于彩画保存。

5.3.3.2 现状评估

彩画的保存现状评估主要包括：本体的保存现状评估和环境的保存现状评估。其中本体的保存现状评估是对彩画病害的评估，而病害的评估中分为两层含义，其一是指彩画所遭受的病害种类，其二是指病害的面积，或者是彩画留存面积的完整程度；环境的保存现状，在中国古迹遗址保护准则的阐释中提到“包括自然和社会的环境，重点是当前环境的主要问题和对文物古迹的影响”，对彩画影响最大的是彩画所处环境的大气质量、温湿度。

（1）病害评估

彩画的病害分为基底层、地仗层、彩画层三部分，江南地区彩画，病害主要集中在基底层与彩画层中，其中基底层以裂缝、虫害居多，彩画层以灰尘、污染、脱胶、褪变色为主。在所有的病变中，颜料层的褪变色是江南建筑彩画中最严重的病害，极大地影响了图案的清晰度，从外观上破坏了江南彩画的艺术价值。褪变色的实质就是颜色物质的变质和丧失，这种变化属于稳定的病害，其他病害属于不稳定状态。褪变色会逐渐发展，并直接影响到整个彩绘层的长期安全保存[1]。关于彩画病害的评估综合考虑病害的类型、程度、面积和对彩画安全保存的影响程度，参照《古建筑彩画保护技术规范》，按“基本完好、微损、中度、严重、濒危”[2]五个级别进行评估。

（2）环境评估

环境对彩画的老化起到加速或延缓的重要作用，目前建筑彩画面临的环境威胁主要为自然环境威胁与游客参观带来的人为威胁，且自然环境的威胁为主。自然环境威胁主要包括大环境与小环境两个方面：大环境为当地的气候条件，包括温度、湿度、风向及大气质量等，江南地区总体上属于亚热带季风气候，气温高、湿度大，在这种自然环境中，木构架包括彩画层面临的最大威胁是因受潮而导致各类微生物以及白蚁的滋生，最终致使木材基层的糟朽、发黑，特别是彩画中骨胶的黏性由于氧化、光照和微生物作用，最终老化变性，使衬地以及颜料之间的胶粘性的消失，导致颜料粉化、脱落。

小环境则包括彩画所在建筑周围的卫生状况、通风状况与保存状况。比如：寺庙建筑中的彩画极易受到香火烟熏，如庙宇建筑室内彩画价值极高，可以考虑将香火放置于室外。室内如果是开发旅游景点，在灯光的照射下，则加重彩画的褪变色进程。对于具体案例的环境评估参见附录 B 表三。

5.4 彩画保护修复的原则与目标

5.4.1 彩画保护原则

彩画保护原则必须建立在遵循《中国文物古迹保护准则》2015 修订版第二章“保护原则”

---

1 西安文物保护修复中心，南京博物院．古建彩画保护技术规范［S］．国家文物局发布，2010：5

2 基本完好：古建筑彩画的受病害影响可忽略；微损：古建筑彩画的受病害影响在 10%以下；中度：古建筑彩画的受病害影响在 10%以上， 50%以下；重度：古建筑彩画的受病害影响在 50%以上，80%以下；濒危：古建筑彩画的受病害影响在 80%以上，详细的计算方法见《古建筑彩画保护技术规范》中附录部分的彩画病害综合评估方法。

的基础上，再根据自身的特点而制定。

（1）最低限度干预原则

应尽量保留彩画的原状，对彩画病害不严重的，除清洁工作与日常保养外不应进行更多的干预。如必须干预时，施加的手段只能作用于最必要部分，并减少到最低限度，只有在所有原位保护手段均无法实现的情况下，才可考虑将彩画揭取，移入博物馆内保存。

（2）可再处理原则

若彩画必须进行保护修复，所采取的一切技术措施应当不妨碍再次对原物进行保护处理，不应对彩画产生永久性损伤。经过处理的部分与原物或前一次处理的部分既保持协调，又可识别。

（3）定期保养原则

日常保养是最基本和最重要的保护手段，要制定日常保养制度，并对保护修复效果进行定期监测和评估，遇到问题及时处理，尽可能地延长彩画的寿命。

（4）使用恰当的保护技术原则

在深入了解彩画传统工艺的基础上，根据原有工艺的特点、结合当时的气候环境特点制定合理的保护技术，并且所有的新材料和新工艺都必须经过前期试验和研究，证明是最有效的，对彩画是无害的，才可以使用，并要注意保护技术的兼容性。

（5）把握审美原则

彩画的审美价值主要表现为它的历史真实性，不允许为了追求完整、华丽、达到装饰效果而改变彩画原状，对其进行重绘或补绘。

（6）减少重绘原则

在依据充分，且经过专家论证后，可对彩画进行重绘与局部补画，但一定要按照原材料、原工艺进行，重绘不得改变彩画的等级、纹饰图案和色彩原状。

5.4.2 彩画保护目标

《关于东亚地区彩画保护和修复的北京备忘录》明确指出：彩画保护的目的是最大限度地保留其真实性和完整性。

关于真实性。《奈良真实性文件》中指出文化遗产的真实性在于下列特征作为信息来源的真实可信："外形与设计、材料与物质、用途与功能、传统与技术、位置与环境、精神与情感，以及其他内在或外在的因素"。就彩画而言，其真实性表现为设计、图案、色彩的真实性，制作材料和工艺的真实性，功能与用途的真实性，精神与情感以及历史上干预痕迹的真实性等，对于宗教建筑与含有一定政治意义的古代官式建筑，其精神功能上的真实性更为凸显，如：西藏布达拉宫与北京故宫个别建筑的外檐彩画在失去应有功能的前提下，可以考虑重绘。

关于完整性。对一座文物建筑，它的完整性应定义为其结构、油饰彩画、屋顶、地面等内在要素之间的关系，及其与人为环境和自然环境的关系。文物建筑的完整性包含了"油饰彩画"的完整性。对于彩画而言，其完整性则包括物质遗存和特征属性保存的完好程度，也包括其自身及所依附的古建筑价值的完整性。

5.5 江南地区彩画保护修复类型

彩画保护修复类型的确定需要以下团体共同讨论决定，主要包括：行政主管部门、具体修复点的管理者、建筑历史学家、保护技术人员、传统彩画匠师等成员。并且根据个案的情况差异而有所不同，保护策略由组成成员在对彩画现状调研、个案研究、综合评估的基础上，拟定出保护修复类型，据此来确定所要采取的措施以执行实际工程。

在实际工程中，修复类型的选择直接关系到彩画的修复成果，需要对症下药。这里要注意的是，彩画个案的保护修复，实际上包括“保护”和“修复”两层意思。保护是指最大程度的保留彩画的原状，在彩画表面进行除尘清理或保护加固，最大限度地保留了彩画真实性与完整性。修复则包含“修整与复原”两层含义，即在保护加固的基础上，对局部残损或残缺的彩画部位，按照原形制、原工艺进行的补全、补色处理；对于严重损坏或完全缺失的部位进行重绘。依据彩画保护“最小干预的原则”来看，修复在干预程度上大于保护。

由于江南地区彩画在制作工艺上一般无麻灰地仗，基本不存在因地仗损坏而造成的龟裂、空鼓等病害，在保护修复中也不需要考虑地仗的加固与重做。相比北方官式彩画修复程序相对简单些。笔者在分析江南地区具体案例的基础上，根据江南地区无地仗彩画的病害程度总结出四种常见的保护修复类型：“原状保护、保护加固、保护修复、复制重绘”（表 5.7），其中前两种以“保护”为主，后两种侧重“修复”。

在四种修复类型的选择中，对待北方官式彩画与南方彩画略有不同，鉴于北方官式彩画工艺传承仍在延续，图案设计程式化，所承担的社会与精神价值也较为突出，根据病害的严重程度，四种保护修复类型根据实际情况均可选用。相比较，南方地区彩画工艺基本没有传承，保留下的彩画都具有时代特征鲜明、式样珍稀的特征，故现存江南地区彩画，应以保护为主，在实际工程中选择前两种保护类型“原状保护”与“保护加固”，即使对于彩画病害中度“颜料脱落与局部残损”的个案也应以保护加固为主。不宜在彩画保护过程中进行“补画”、“补色”、“重绘”等过多的干预。

表 5.7 彩画保护修复类型

病害程度	病害特征	保护修复类型	对应措施
基本完好	颜料褪色、积灰	原状保护	表面清理
微损	颜料褪变色、胶粉化	保护加固	清理、加固、封护
中度	颜料脱落、局部残损	修复补全	清理、加固、封护、补绘、补色
重度与濒危	严重损坏或完全缺失	复制重绘	复制于木构上、按传统工艺重绘

5.5.1 原状保护

从古代流传至今的彩画以原状保护为最高目标。关于原状保护的重要意义，原国家文物局单霁翔局长在《中国木结构古建筑彩画的保护与实践》一文中提到：“我们认为，能将那些具有较高价值的古代建筑彩画原状保存下来，是文化遗产保护的最高追求，因为任何原始的彩画都代表了当时的建筑艺术、绘画传统和工艺特征，它携带着更加珍贵的信息。因此，当彩画具有原始状态、且能起到保护和装饰木结构古建筑的时候，我们的原状保护完全符合《威尼斯宪章》保存遗产真实性和完整性的要求”[1]。

1 单霁翔．中国木结构古建筑彩画的保护与实践［C］// 国家文物局．东亚地区木结构彩画保护国家研讨会论文集．北京：国家文物局，2008：105

江南地区建筑彩画研究

清末以来江南地区所绘制的一批彩画基本保存完好，应原状保护，如：苏州西园寺、苏州忠王府、黟县关麓八大家彩画、永嘉藻井。虽然部分彩画有褪色积灰现象，只需要对其表面进行清理工作，达到对彩画干预最少，不必急于采取加固措施。因为目前国内的彩画保护不过 20 年左右的历史，技术还不完善，特别是彩画保护中常用的物理及化学技术手段对彩画的负面影响以及不同试剂的优劣还未认识清楚。如果贸然进行保存以外的修复，常会导致彩画遭受不可逆的永久损害。《装潢志》中写道："不遇良工，宁存故物。[1]"这对今天的彩画保护也具有指导意义，在彩画基本完好的情况下仅作表面清理与日常维护工作即可。

5.5.2 保护加固

江南地区清代中期以前的大部分彩画由于年久自然风化，普遍出现彩画表面积灰积垢、颜料层褪变色与局部脱落的情况，对待这部分彩画应坚持在以保护为主的基础上对彩画表面进行加固，防止其脱落与继续劣化，这种保护措施对原有彩画有一定的干预。如苏州的怡芝堂、楠木厅、乐志堂，东阳的怡燕堂、徽州程梦周宅、唐模高阳桥等（图 5.19，图 5.20）。在实际中大部分建筑彩画得不到有效的保护，主要由于保护的费用太高，甚至超出了木结构建筑本身的保护经费，政府并没有能力支付这笔可观的费用。

图 5.19　徽州唐模高阳桥梁架彩画

图 5.20　东阳紫薇山开泰堂

目前江南地区能够作科技保护的彩画地点仅局限于一些国家级与省级文物保护单位，如：常熟綵衣堂、江阴文庙大成殿、无锡曹家祠堂、常熟赵用贤故居、常熟严讷故居等近十余处建筑彩画。通过回访，笔者认为大部分保护工程是成功的，但也有个别采取保护加固后，建筑彩画的保存状况依然不容乐观。这主要由于保护加固过程涉及加固剂与封护剂筛选，这两种材料选择的成功与否一方面关系到彩画的保护成果，另一方面关系到保护措施是否具有可逆性的问题。故保护技术需不断改进，特别要注重保护试剂应与传统材料性能接近，下面以常熟赵用贤故居保护加固为例进行说明。

赵用贤故居也称脉望馆，是明代隆庆、万历间著名藏书家赵用贤及其后代居住的宅第，该宅大厅为江南地区典型的厅堂式建筑，梁架遍绘彩画，与綵衣堂彩画风格接近，是明式彩画的精品，但由于作为民居使用，彩画表面污染严重、颜料剥落，模糊难辨，其保存状况远不及綵衣堂。

1　周嘉胄 . 装潢志图说［M］. 田君，注释 . 济南：山东画报出版社，2003：11

南京博物院文保所在对赵用贤故居彩画的保护加固中，首先对彩画表面的油污、灰尘进行了清理。其次，对彩画表层进行加固。加固技术不再采用文物保护中普遍使用的 Paraloid B-72 加固剂，在强调修复中利用传统材料的理念指引下，加固剂的筛选主要是从彩画的传统粘结材料着手，由于赵用贤宅彩画主要由骨胶调配的颜料所绘，所以加固材料应倾向于选择骨胶或与之性质相近的动物胶，最终确定以脱色高分子明胶材料为主，辅以天然水溶性壳聚糖的加固材料，采用雾化喷涂的方式进行加固（图 5.21，图 5.22）。再次，为了防止进一步风化与污染物的侵蚀，对彩画表面采用“有机硅”进行封护。该“有机硅”老化的最终产物为 SiO_2，对彩绘层无影响，不影响再次保护处理，符合可再处理原则[1]。

图 5.21　赵用贤故居山墙彩画保护加固前

图 5.22　赵用贤故居山墙彩画保护加固后

在彩画的保护加固中还会遇到下面个案。个别彩画表面颜料脱落后，暴露出底层彩画的情况。对底层与面层彩画需同时保留，不能采取补绘方法，应坚持彩画保护的目的是最大限度地保留其真实性。不能为了追求完整、达到装饰效果而改变彩画原状，对其进行补绘。在保护中仅需采取加固措施即可，以杭州凤凰寺为例说明。

杭州凤凰寺[2]是中国古代四大清真寺之一，因其形似凤凰，故名。寺内主要建筑物为门厅、礼堂、大殿。寺内大殿是全寺的主体建筑，为元代所建。殿顶上起攒尖顶三座是宋代遗物，大殿由三个穹隆顶相连成长方形砖结构无梁殿顶，外观做成三个攒尖顶，中间为重檐八角，两边为单檐六角。穹顶彩画是明代遗物，在彩画在修复时，发现面层彩画下面还有一层彩画。经讨论决定，不对面层彩画进行补全，只做清理、加固与封护，修复后保留了不同时代的特征的彩画图案，考虑了不同时代物质层的叠加，尊重不同的时代特征，充分体现了修复不应该为追求画面完整而放弃时代信息的原则（图 5.23）。

图5.23　凤凰寺穹顶彩画(红线内底层彩画)

1　何伟俊、杨啸秋、蒋凤瑞等. 常熟赵用贤宅无地仗层彩绘的保护研究[J]. 文物保护与考古科学，2008(1)：59

2　杭州凤凰寺位于浙江省杭州市中山中路，是我国伊斯兰教四大古寺（另三处为：扬州的仙鹤寺、泉州的清净寺和广州的怀圣寺）之一，在阿拉伯国家中也享有盛誉。

5.5.3 修复补全

江南地区部分彩画病害程度属于中度，主要特征是：彩画颜料大面积脱落、局部残损严重、彩画难以辨识。如：浙江绍兴吕府与何家台门、徽州西溪南绿绕亭、苏州锦绣堂、翠绣堂等建筑都面临这样的难题。这部分彩画的装饰功能丧失殆尽，也不能对木表起到保护作用，是目前彩画保护中最难解决的问题之一。一般情况下，文物保护单位不愿意对其进行保护加固，因为保护加固不仅费用高，而且加固后的彩画与加固前没有明显变化，在外观上不能焕然一新。实际上这种情况在国内外很多彩画工程中都有所遭遇，在此情况下，修复补全成为目前多采取的保护修复方式。

首先，对所有病害部位清理后进行保护加固。其次，对缺损的部位按传统工艺进行补绘，并对新绘的彩画在视觉上与旧的彩画有所区分，在形式、外貌、材料上尽量与原有彩画保持兼容性，在整体上完整，局部又有所差别。这种局部修复补全的优点在于，原有的彩画见证着历史的痕迹，修复的部分则增强了彩画的整体艺术效果，并延长了彩画的寿命。缺点在于，有损于彩画的真实性，并且对原有彩画的干预程度较大。这种修复补全的方法对较为程式化的北方官式彩画比较适合，在北方应用较多，但不宜大量用于江南地区彩画的保护修复中。即便采用，也不宜在所有构件彩画上都使用，只宜在个别构件上修复补全，其余构件原状保护或保护加固。在实际案例中江南地区目前只有杭州文庙与个别民国时期建筑彩画采用修复补全方式，并且杭州文庙大殿的彩画补绘不直接绘于原彩画上，而是在原有彩画表面作了一层具有"可逆性"的隔离膜，在隔离膜上补绘，下面具体说明。

杭州文庙大殿彩画原绘于清末，大殿内檐天花彩画保存较好，入口处的梁枋彩画基本脱落，南京博物院文保所在彩画专项保护工程中采取的措施是：基于任何原始彩画都携带了时代的信息，特别是当时的社会普遍接受的审美观念与工艺特征，大殿的所有彩画先进行清洗后保护加固，对部分缺失彩画进行了补绘，但补绘的方式没有采取将原有彩画颜料层全部去掉的作法，而是在对其进行保护加固的前提下，在旧彩画表面作一具有"可逆性"的隔离膜氟橡胶，并通过红外照相机技术将残损彩画中不易脱落的墨线显现出来，从而获取了原有彩画的图案，据此按原工艺进行补绘。在实际工程中聘请中国美院的师生参与绘制，补绘作品在笔法与风格上接近原作，并进行色彩平衡，达到整个画面的色彩统一与完整（图 5.24，图 5.25）[1]。此种修复补全的方法突破了过去修复中将原有残损彩画全部去掉损失彩画信息的作法。既满足了建筑遗产的"真实性"要求，又突出了彩画的文化与艺术价值，对于过去难以解决的外檐彩画的重绘有指导作用。

宋美龄别墅位于南京东郊中山陵景区，始建于1931年，是国民党第一夫人宋美龄的故居。

图 5.24 杭州文庙大殿木枋彩画修复补全前

图 5.25 杭州文庙彩画修复补全后

1 徐飞，万俐，王勉，等. 杭州文庙彩绘现场保护研究［J］. 文博，2001（10）：285-291

该建筑为民国时期典型的“折中主义”建筑风格，建筑外檐部分采用北方官式旋子彩画装饰。由于彩画历经近80年的风吹日晒，部分彩画褪色。笔者有幸参与了宋美龄宫的彩画保护修复项目，经过详细调查研究、综合评估发现整个美龄宫建筑在外檐、入口门厅与观凤台前厅的仿木构梁架官式旋子彩画，基本保存完好，只需要作表面清理即可，而观凤台前厅的天花彩画由于屋面漏水的原因导致60%~70%的天花彩画残损严重，有的彩画表面层颜料脱落殆尽，鉴于此处天花彩画系清末北方天花彩画中常见样式，其构图、色彩与纹样非常程式化，便于模仿，同时也考虑到宋美龄别墅在中国历史上特殊的历史地位，在此彩画保护工程中对观凤台前厅的天花彩画，先解决屋面漏水问题，再对轻度与中度损坏的彩画在保护加固的基础上按原样、原工艺补绘，对于几乎完全残损的天花去掉，在新作的天花上按原样复制重绘（图5.26）。

东次间共有天花彩画20块，轻度损坏：6块，中度破损：6块，几乎完全破损：8块。

明间共有天花彩画24块，轻度损坏：4块，中度破损：15块，几乎完全破损：5块。

西次间共有天花彩画20块，轻度损坏：7块，中度破损：6块，几乎完全破损：7块。

图5.26 南京宋美龄别墅观凤台前厅天花彩画现状图

5.5.4 复制重绘

复制重绘主要针对重度残损与濒危彩画，这部分彩画完全失去原有功能，且经价值评估无保存价值，经深入研究后决定对其复制重绘。重绘不能追求新鲜华丽，应具有一个科学化的过程，要以深入研究为基础，经广泛论证和专业咨询，寻找确凿的文献依据、对彩画的残损及病害分析、彩画年代鉴定及价值评估，只要信息来源真实、材料与原料可靠、历史依据充分、工艺是传统的，重绘的作法就仍属于传统的东西，就应该承认它具有真实性，重绘也是能予以认可的。实际上，重绘的确有一定现实意义，“经过谨慎研究而复原的彩画，起到对木构建筑的保护与装饰作用，其间继承的彩画制作技艺与绘制过程，更是对珍贵的非物质文化遗产的传承和延续”。[1]

目前江南地区除个别民国仿官式建筑彩画有重绘做法外，清代以前的彩画还没有复制重绘的情况出现。但江南地区的确有部分建筑彩画已经处于濒危状况，如苏州东山的遂高堂（图5.27）。这些彩画由于木材基层的朽烂，其表面颜料几乎丧失殆尽，犹如病入骨髓，司命之所属，几乎无法采取保护加固措施，更不能在其表面进行复制重绘。在此情况下，笔者认为有两种

1 单霁祥. 中国木结构古建筑彩画的保护与实践［C］// 国家文物局. 东亚地区木结构彩画保护国际研讨会论文集. 北京：国家文物局，2008：110

图 5.27　苏州东山遂高堂次间脊檩彩画

保留彩画信息的措施，其一，使用红外照相机（该相机具有红外透视功能）将位于木构表面的彩画的主要线条和轮廓显示出来，分析其残留的少量彩画颜料，将彩画的图样绘制出来，并制作成彩画小样作为标本保留下来。其二，将绘制出来的彩画图样按照原有彩画的比例与尺寸，按照传统工艺重绘到新的木构件上，将彩画信息传递下去。毕竟无论何种保护修复措施的采取都无法保证彩画永久存在，在保护的同时，也要尊重自然轮回，如能将原有彩画的基因传递下去，则具有更加重要的现实意义。

总之，上述保护修复类型根据彩画病害的轻重程度确定，对于江南地区的彩画个案而言，如果在同一座建筑中，彩画的保存情况基本一致，应用其中的一种修复类型即可。更多的情况是在同一座建筑不同部位彩画的病害状况不相同，这就需要采取多种保护修复类型。保存尚好的彩画坚持作为标本原状保留，仅作清理；局部褪变色，胶粘剂老化变性而导致粉化的彩画则需要渗透加固与封护；中度与重度残损的彩画大部分依然坚持保护为主，不赞成补绘；对于几乎完全残损的彩画不应在原木构件上重绘，而将其图样复制到新的木构上绘制。

需要注意的是，目前江南地区彩画保护工程中，一般都将整座建筑彩画统一作保护加固，笔者不赞同这种做法，由于目前科技保护手段还不尽完善，应在建筑中保留部分彩画原状，不采取保护修复措施，以防止因保护技术失误而导致整座建筑彩画信息的全部消失。

5.6　彩画保护的技术手段

彩画保护的科技手段主要针对彩画不同的病害情况而采取。如医生治病一样，需要对症下药，切忌过犹不及。目前普遍采用的三种方式为“表面清理技术、渗透加固技术、表面封护技术”。在具体保护工程进行前，均应该进行“模拟试验”并建立“彩画保护标准区”，建立规范的现场保护修复技术流程和方法，统一质量要求，确保保护修复工作的科学有效。由于具体保护技术的探讨不属于笔者的研究范围，下面笔者仅根据目前彩画的各类病害情况简略地总结目前国内所采取的技术措施，并对部分技术手段提出个人的思考，以供将来的彩画保护工程借鉴。

5.6.1　表面清理

江南地区所有清末以前的彩画都存在表面污浊情况，需要采取表面清理措施。据调查，污染的类型主要有：浮尘、积垢、蜘蛛网、油污、石灰、油漆等。根据污染的类型与严重程度需要制定不同的物理或化学措施。清理工作是保护工作的第一步，相对耗时较长，需要耐心、细致。整个清理过程需要有步骤有计划地进行。首先，应将整座建筑室内清扫一遍，将没有彩画的梁架部位除去灰尘，避免彩画部位在清理时发生二次污染。其次，针对彩画的保存情况采用适当的方式，如在彩画基本完好的情况下，可以采用物理或化学方法直接清理，如局部彩画快要脱落的情况下，还需要对彩画进行预加固，最好选用传统粘合剂骨胶，以保证不对原有彩画造成伤害。

表面清理以物理清洁为主，一般要使用到毛笔、画笔、毛刷、吸尘器进行除尘，对于油漆、石灰或顽固的污渍会用到一些有机与无机溶剂。下面主要参考福建莆田元妙观三清殿及山门彩画[1]、锦州市广济寺彩画[2]、山陕会馆彩画[3]、常熟严讷故居彩画[4]、杭州文庙彩画[5]、故宫东华门内檐彩画（图 5.28）的清理方式，作列表比较，以供参考（表 5.8）。

表 5.8　国内彩画修复工程常用的清理措施

<table>
<tr><th>污染物</th><th colspan="2">根据彩画的完残程度选用清理措施</th></tr>
<tr><td rowspan="3">灰尘与蜘蛛网</td><td rowspan="2">福建莆田元妙观三清殿及山门彩画</td><td>彩画保存基本完好的情况下，对彩画表面的灰尘和蜘蛛网可以用毛笔和软毛刷轻轻扫除。</td></tr>
<tr><td>画面严重粉化，而表面又密布蜘蛛网和灰尘的情况，用极细的毛笔逐丝挑除蜘蛛网，然后一点一点清除表面的灰尘，采用此方式需要戴口罩，避免呼吸的气流吹走粉化的彩绘。</td></tr>
<tr><td>山陕会馆彩画</td><td>以棉签蘸取 2A（乙醇、蒸馏水 1 ∶ 1 的混合物）清洗剂在画面上轻轻的滚擦为主，配合使用软羊毛刷刷洗，清理一遍后要待溶液适当挥发，再进行第二遍。</td></tr>
<tr><td rowspan="2">油污</td><td>严讷故居彩画</td><td>利用天然植物清洗材料——茶皂素热水溶液，采用传统书画装裱常用的毛巾热敷清洗书画的方法，使用 pH7. 5 清洗液进行清洗。</td></tr>
<tr><td>山陕会馆彩画</td><td>用 5% 的碳酸铵水溶液进行清洗，然后以棉签蘸取 2A（乙醇、蒸馏水 1 ∶ 1 的混合物）清洗剂在画面上轻轻的滚擦为主。</td></tr>
<tr><td rowspan="2">鸟粪</td><td>锦州市广济寺</td><td>遇到坚硬鸟粪，不能用手术刀硬行刮掉，用 50% 乙醇水溶液软化清除。</td></tr>
<tr><td>故宫东华门</td><td>先用棉球蘸蒸馏水轻轻擦洗，难以去除的部位则用 EDTA 溶液擦洗，然后再用蒸馏水清洗干净。（EDTA 二钠盐全称为乙二胺四乙酸二钠，络合剂，属于弱酸类溶液，使用在彩画清除鸟粪、污渍中，要加入一定量的去离子水。）</td></tr>
<tr><td rowspan="3">涂料或者石灰</td><td rowspan="2">福建莆田元妙观三清殿及山门彩画</td><td>对于画层或线条与木材结合紧密，保存状况较好的彩画被表面的白粉层覆盖的情况，用手术刀轻轻刮削彩绘表面的白粉层。</td></tr>
<tr><td>对于画层已经严重粉化，而表面白粉层强度较大的情况，先用 8% 的 PrimalAC-261 水溶液加固表面，干燥后，画层与表面白粉层强度基本相同时再用手术刀将表面白粉层清除掉。</td></tr>
<tr><td>常熟严讷居彩画</td><td>使用碳酸铵、碳酸氢铵加入中性表面活性剂，缓慢溶解石灰并将其去除。根据涂料的涂覆情况，现场制作专用的角质工具，以蒸汽法处理涂料涂层后，缓慢小心地进行剥离、剔除。在重复多次蒸汽法处理后，最终在不影响其彩画的前提下，使涂料去除。</td></tr>
<tr><td>油漆</td><td>杭州文庙彩画</td><td>采用高分子溶胀材料，溶胀材料中除了复合溶剂以外，还增加了高分子发泡、渗透、阻燃添加剂，有效的去掉彩画表面的油漆覆盖物。</td></tr>
</table>

从上表可见，同样的污染类型，因彩画的地点、工艺及残损程度不同，不同的科研单位采用的物理与化学方式都不一样，孰优孰劣，很难说清，说明目前国内彩画清理技术还不成熟、规范，应需加强对比研究，制定合理的清洁方式，确保对彩画干预最小。

1　郑军. 福建莆田元妙观三清殿及山门彩绘的保护［J］. 文物保护与考古科学，2001（2）：54-57

2　赵兵兵，陈伯超，蔡葳蕤. 锦州市广济寺彩绘保护技术的应用研究［J］. 沈阳建筑大学学报（自然科学版），2006（5）：754-758

3　杨蔚青，肖东. 洛阳山陕会馆古建筑彩画的保护技术与成效［J］. 古建园林技术，2011（4）

4　龚德才，王鸣军. 传统材料及方法在江苏古建筑彩绘保护中的应用——漫谈江苏常熟严讷宅明代彩绘的保护研究［J］. 文博，2009（6）：422-425

5　徐飞，万俐，王勉，等. 杭州文庙彩绘现场保护研究［J］. 文博，2009（6）

江南地区建筑彩画研究

图 5.28 故宫东华门内檐额枋彩画清理前后对比

5.6.2 渗透加固

中度及中度以上残损的彩画在有条件的情况下，个别建筑构件彩画应适当进行加固。当前国内最常见的加固剂为 Paraloid B-72，该试剂在 20 世纪 60 年代，经联合国教科文组织推荐作为文物保护材料，在全世界范围内使用 [1]。Paraloid B-72 是一种丙烯酸树脂，除了石质物它也应用到壁画、彩绘类文物的保护，具有光泽度低、防水性能、耐老化性能和可再处理较好的特点。在近二十年内，大多数彩画保护工程都以此作为加固剂的首选，如：西安长乐门城楼内檐彩画、故宫贞度门彩画、山陕会馆彩画、天水伏羲庙彩画、锦州广济寺彩画、常熟綵衣堂彩画等，根据现场模拟试验都采用的浓度在 2%~8% 的 Paraloid B-72 进行加固，其强度达到了保护要求，加固后彩画的颜色不发生改变。现在来看绝大部分彩画加固效果尚好，但也有个别经加固而产生的问题，尤其不太适合外檐彩画加固。

除 Paraloid B-72 加固剂外，也有采用其他化学试剂的做法，如，福建莆田元妙观三清殿及山门彩绘的保护中采用 8% 的 Primal AC-261 水溶液喷涂加固，此试剂避免了使用大量易燃易爆的有机溶液，对操作人员、施工场地相对安全，且造价低 [2]。在近几年内国内外逐步提倡在彩画保护中采用与传统材料接近的技术手段，以确保加固剂与原材料兼容。德国的 Volker Schaible 教授等指出：在木材上彩绘的加固措施中，应沿用原来的粘合剂系统。此外，加固使用过高浓度的胶日后会造成新的张力以及显著的后期损害 [3]。日本的窪寺茂教授也指出：加固材料的选取应选用接近传统工艺的材料。对此方面开展研究的有中国科技大学龚德才教授与南京博物院何伟俊博士。他们先在常熟赵用贤故居采用了以脱色高分子明胶材料为主，辅以天然水溶性壳聚糖的加固材料，采用雾化喷涂的方式进行加固，取得良好效果，后又在严讷故居彩画的保护继续改进加固剂，最终采用了传统材料白芨和明胶 [4] 作为加固剂。达到

1 龚德才，奚三彩，张金萍，等. 常熟綵衣堂彩绘保护研究［J］. 东南文化，2001（10）：80-83

2 郑军. 福建莆田元妙观三清殿及山门彩绘的保护［J］. 文物保护与考古科学，2001（11）：54-57

3 Volker Schaible. A Shot Introduction to the Examination, Conservalion and Restoration of Polychromatic Wooden Sculptures［J］. Munchen, 1992（4）：22-26.

4 白芨是兰科白友属植物，又称小白友、莲及草、雪如末等，为多年生草本植物，白岌鳞茎组织中含大量粘胶类物质，俗称白薈胶，白岌胶具有特殊的粘度特性，其理化性能与阿拉伯胶和黄薈胶类似。明胶以动物皮加工而成，淡黄至白色，透明带光泽的粉粒，无臭无肉眼可见的杂质。明胶可溶于热水，形成热可逆性凝胶，它具有极其优良的物理性质。详见：龚德才，王鸣军. 传统材料及方法在江苏古建筑彩绘保护中的应用——漫谈江苏常熟严呐宅明代彩绘的保护研究［J］. 文博，2009（6）：422-425

既加固原有彩画又对其干预性最小的效果，为整个东亚地区彩画的保护修复作出开拓性的贡献。

5.6.3 表面封护

彩画的表面封护，主要用来防止彩画的进一步风化与污染物的侵蚀，有效延长加固材料的寿命，目前一般选择具有耐老化性强、防水、防油、防污等综合功效的 B-72（3%丙酮溶液）、有机氟材料、有机硅材料（派力克）、硅丙乳液（20%水溶液）。四种措施在不同的工程中均有应用，一般考虑到保护材料的一致性，加固剂和封护剂都使用同种材料，以 B-72 丙酮溶液居多，并且该溶液作为封护剂使用时，其浓度要低于加固剂，以 1% ~3%之间较为合适。伴随着加固剂中传统材料的使用，封护及也应逐步开展此方面的研究，在以后的彩画保护工程中尽可能采用对原有彩画介入最小的保护手段。

综上，从“真实性”的角度来讲，传统建筑彩画的保护修复应该采用原有的材料与工艺，但目前彩画保护中通行的加固剂与封护剂的选取基本上都是化学试剂，从某种角度而言，有悖于“真实性”的目标。故在以后的保护修复工程中，应在总结传统及现代保护材料性能的基础上，首先考虑采用与原有工艺接近的传统材料，避免因采用现代的化学试剂可能对彩画造成的不可预期的危害。

5.7 彩画保护修复的后续工作

5.7.1 保护修复的档案记录

档案记录是保护修复的重要工作，主要形式是文字、照片和录像资料。在《古迹、建筑群和遗址记录工作原则》中指出：“记录是赋予文化遗产意义、理解、界定和价值认知的主要有效方法之一……在任何维修、变动或其他干预开始前、进行期间和结束以后，以及在期间发现其历史物证时都应当记录在案。”在实施彩画保护修复工作时，做好彩画保护修复工作的档案记录，其中包括保护修复前的调查研究评估记录、随着工程的实施同步进行的修复施工中的记录[1]、修复后的工程报告总结、专题论文以及工程报告书[2]，目前江南地区的彩画保护修复工程由南京博物院文保所承担，他们在每项彩画工程结束后基本都会有关于此项彩画工程专题论文公开发表，并且每项工程都有报告书，2014 年出版的由南京博物院编写的《古建彩画保护与修复[3]》一书就是南博文保所承担的江南地区彩画保护工程的总结与思考。

1 施工记录主要包括施工日期、天气、施工项目、工匠人数、工时、使用工具、使用材料等必要事项，多为直观的文字描述，可配以图样和照片辅助说明。

2 报告书的框架主要是“研究篇 + 维修篇 + 图版”三部分展开，研究篇概括陈述文物建筑的历史沿革、现状分析、价值评估等，属于文物建筑前期调查报告；维修篇是对实际修缮保护工程的总结，介绍工程设计方案、组织机构及相关施工大事记，是检验论证的工程报告。前者以文字描述为主，图版包括实测图和设计图，以及施工过程图片。详见：龚伶俐. 法古修今——南京陶林二公祠迁建修复工程研究［D］. 南京：东南大学，2009：53

3 南京博物院 . 古建彩画保护与修复［M］. 南京：译林出版社，2014

5.7.2 保护修复的效果评估

彩画的效果评估主要分为两部分，首先是对彩画所采取的保护修复措施进行人工老化试验，对彩画保护所采取的科技手段，如加固剂与封护剂的评估采取“综合耐候、紫外线老化、飘层老化”等试验比较其性能。而对于采取了“补绘”与“重绘”手段的彩画修复，就需要评估其绘制过程是否按照“原型制、原结构、原材料、原工艺”的原则进行，并且要观察其补画部位是否做到“远看一致、近观有别”的效果。

其次更为重要的评估过程是后期的跟踪监测，这主要基于目前国内彩画保护技术的发展二十多年的历史，很多技术都处于试验性阶段，后期效果如何都要依靠跟踪研究，如果没有后期跟踪，就无法了解保护技术是否得当，是否能够加以推广应用。具体采用的跟踪研究方式可以参考颐和园长廊彩画保护修复后所采取的方式。他们在彩画保护工程结束后，选取若干有代表性的观察点，这些观察点位于不同构件，不同朝向使得分析的结果有代表性。并对这些观察点进行跟踪对比，对比的内容包括：定期拍照、定期对颜料褪色情况进行研究、每年定期对彩画情况进行对比[1]。通过跟踪可以判断彩画所采取的科技保护方法是否正确，为将来的彩画保护积累经验。

通过后期跟踪，发现由于古建筑彩画处于开放或者半开放的环境中，同样的试剂由于彩画绘制的位置与工艺不同，保护的效果差距较大。例如，在中意合作洛阳山陕会馆建筑彩画的跟踪研究中，中国文化遗产研究院肖东先生发现“山陕会馆外檐彩画由于采用了B-72丙酮溶液加固后，当时效果不错，但在两年后的回访中发现，B-72丙酮溶液加固剂的使用会造成彩画内外强度不一，张力不一，彩画表面强度大，而地仗层与下层木构件结合逐步变得酥松，产生脱落趋势，说明B-72丙酮溶液在外檐潮湿环境中加固效果不好，故对于彩画加固材料的选择上B-72丙酮溶液比较适合干燥的室内环境，而对于外檐彩画，应寻找更具柔韧性的加固材料，否则会对彩画造成损失”[2]。

5.7.3 保护修复后的保养维护及监测

对彩画而言，保养维护可以做到“防微杜渐”，对延长彩画的保存年限非常重要。基于江南地区气候高温高湿、日照充分的特点，特别是空气中的二氧化硫的存在是彩画褪变色的主要原因。为此，可以通过以下手段对彩画进行日常保养。①保持室内环境的清洁；②建议适度增加古建筑周边的绿化，以吸收空气中的多余二氧化硫；③在室内不宜对彩画部分使用强光照射；④在中午阳光强烈时，不宜将建筑物门窗都打开；⑤在有条件的情况下，配置控制设备保持建筑内温湿度的恒定，减小湿热对彩画表面及木构造成的损害。

定期的环境监测主要包括：空气温湿度、降水、主要的污染物。其中监测仪器的选择、布点位置、读数间隔视情况而定。

1 颐和园管理处. 颐和园排云殿、佛香阁、长廊大修实录［M］: 天津：天津大学出版社，2006.
2 杨蔚青，肖东. 洛阳山陕会馆建筑彩画的保护技术与成效［J］. 古建园林技术，2011（4）

5.8 小结

彩画保护既是建筑遗产保护的新领域，也是保护工程中的难点。本章节首先梳理近百年中国传统建筑彩画保护理念的转变，指出传统的彩画修补方式“补绘”与“重绘”一直沿用到20世纪60年代末期，此后，随着西方文物建筑保护修复理念的引入，在中国彩画修复中逐渐借鉴西方壁画修复理念与经验，逐步采用科技保护的方式，极大地提高了彩画修复的科学性。与此同时，随着对本土文化理解的深入，彩画的“真实性”问题不断地引起探讨，2008年在北京通过的具有东方特色的《关于东亚地区彩画保护和修复的北京备忘录》，明确提出了彩画保护的目的是最大限度地保留其真实性和完整性，并在彩画保护修复中确立了以彩画科技保护为主，在特殊情况下允许重绘的理念。

新的保护理念的确立对于中国彩画保护意义深远。在此基础上笔者总结了中国近二十年来彩画保护的成果，并完成了“有形遗产与无形遗产”双重保护的彩画保护框架，即“非物质层面上彩画形式、工艺与传承人的保护，与物质层面上彩画本体的保护修复同样重要”。在完整的保护框架下，笔者就江南地区的彩画工艺传承人的保护、彩画本体的保护特点以及目前江南地区彩画保护修复的成果进行了整理与分析。

本章的后半部分主要针对彩画具体保护工程中三大程序保护前、保护中与保护后具体展开。其中保护前需要对所要保护修复的对象进行详细的现状调查与综合研究，在现状调查中主要包括测绘、拍照、取样、拓描及病害调查，并完成彩画调研表的填写；在获得一手资料后，对彩画的形式特征、年代风格、工艺材料、颜料检测等进行综合研究，据此成果，再对彩画进行价值评估、病害评估与环境评估。在前期研究的基础上，根据彩画保护修复的原则与目标，结合江南地区彩画的病害情况，总结了四种由浅入深的保护修复类型“原状保护、保护加固、修复补全、复制重绘”，建筑彩画可根据病害情况选择适合的保护修复类型，并选择对应的保护修复手段。目前常用的“表面清理”、“渗透加固”与“表面封护”技术都会或多或少使用各类化学试剂，而且不同的保护工程选择的试剂差距很大，笔者认为，此后一定要加强对彩画保护技术的研究，否则，技术的不当会对本已经残损的彩画造成难以弥补的损坏，特别要尽量选择与传统材料性能相近的保护材料，以达到对彩画最小干预。此外，在保护修复结束后应及时编写工程报告书，并对保护修复效果进行跟踪监测，特别要重视对彩画的日常保养，个别简单的日常保护只要持续下来，比一时的保护修复更为有效。最后，彩画的整个保护修复过程都是由专业技术人员完成，故在完善保护程序与技术的同时，还需要不断地提高专业人员的水平，在彩画保护修复中丰富的经验、知识和专业素养不可或缺。

目前南方彩画修复工作无论从理论层面还是技术层面都属于刚刚起步阶段，还无法观察到这些保护工程最后是否能达到预期的保护效果。但可喜的是，目前江南地区的彩画已经开始回归传统，逐步研究传统工艺，以此为保护的根基，并利用与传统材料的性质相近的材料与技术来进行保护修复，最大限度地保留了彩画真实性与完整性。

总之，江南彩画保护，任重而道远，需要在实践中不断地探索和完善。

第六章　结论

本书完成之际，笔者体会到“传统工艺是测定民族文化水平的标准，在这里艺术和生活是密切结合着的”[1]这句话的分量。江南彩画所取得的成就正是扎根于文人辈出、经济富庶的江南地区。这些出自无名画师之手的作品，具有强烈的生命脉搏，纵然隔着数百年，都能触及心灵深处，虽然写作过程时有坎坷，却也乐此不疲。

历经了近五年时断时续的现场调研、实地测绘与工匠访谈，笔者强烈地意识到江南地区传统建筑彩画已经到了危急存亡之秋，其原因是：一方面由于传统彩画工艺传承已经断裂，后继无人；另一方面现存彩画数量稀少且日渐凋敝。既需对其本体进行保护修复，又需对其形式特征进行记录，否则，不逮数年，这些精美的彩画就会模糊难辨，并最终消失。江南地区彩画的现存状况，决定需要尽快对其开展研究并提出有效的保护手段，这即为本书的研究宗旨。

本书围绕“发展、形式、工艺、保护”四个主题层层深入地展开论述。纵向上以江南地区彩画的发展，横向上以该区域苏南、徽州、浙江三地彩画特点的比较，形式上以构图、纹样、色彩三方面艺术构思的分析为基础研究，着重记录了江南地区传统彩画工艺并进行了模拟试验研究。最后，在梳理国内修复案例与保护理念的基础上提出了彩画保护框架与符合江南地区的彩画保护类型。希望能为江南地区彩画研究尽个人微薄之力。书中的主要研究成果分述如下：

1. 对江南地区彩画进行了系统分类

以往学术界往往认为江南彩画就是包袱锦，实际上包袱锦作为江南明式彩画的主体及最精华的部分当之无愧，但整个区域的彩画类型远不止此，在分析大量实例的基础上，笔者发现，江南地区的彩画主要集中于大木构架的内檐部分，小木作只有天花部分有绘彩画的习俗[2]。故江南彩画在类型上主要分为大木构架彩画与天花彩画两部分，其中大木构架彩画根据时代特征，主要有“明式包袱锦”与“清式堂子画”两种类型，并且“清式堂子画”中的花锦堂子与包袱锦彩画有明显的承接关系。现存小木作天花彩画基本为清代绘制，根据彩画的底纹特征分为“素地画”与“锦地画”两类，“锦地画”再根据纹样特征特点分为“素地锦”、“锦上添花”、“锦地开光”三类。

2. 证实江南地区明代官式的存在

一般认为“旋子彩画”作为官式彩画的重要类型主要在北方官式建筑中存在，通过分析明代中晚期吴门四大画家之一“仇英”的《汉宫春晓图》明显可以看出木构建筑梁栿上绘有青绿彩画，且具有明代官式彩画特征。此外，在浙江绍兴建于明代晚期的吕府与何家台门的

1　沈从文．中国古代服饰研究［M］．北京：中国纺织出版社，2001：5

2　木雕彩绘不在本论文研究范围。

木构梁架上同样依稀能辨出青绿彩画的痕迹，并且从花纹的构成特点及构图特征均与同时期官式彩画非常接近。通过这三处案例证实在明代中晚期，官式彩画在各地重要的府衙建筑以及高等级的官员住宅中作为一种等级制度的象征符号在建筑装饰中同样存在。

3. 指出明中期到清末江南地区“彩画作”并非一独立工种

无论是宋代《营造法式》还是清代《工程工部做法》中有关“彩画作”的记载，充分说明在中国古代彩画是为封建社会等级制度服务的。而在明中期以后的江南地区，由于远离政治中心，民间彩画并没有固定的服务对象，特别是在尚“雅”的社会环境下，彩绘栋宇并不盛行，往往不能单独立业，在这种情况下为了便于生计，“彩画作”通常与营业范围较广、工艺接近的“油漆作”、“装銮作”合并。笔者通过与江南画师的访谈，可以印证在一般情况下，他们主要的工作是佛像装銮，彩画仅为副业。故在明中期后到清末期间在江南地区基本不存在以“彩画作”单独营业的工种。

4. 记录整理了江南地区彩画工艺

为了深入了解江南地区彩画工艺与宋代彩画工艺以及与清代官式彩画工艺之间的关系，笔者在彩画材料、工具、工序的记述中均注重对比研究，以突出其自身的特点。并概括总结了江南地区彩画绘制时七大工艺环节：打底、打样、贴金、设色、描边、罩面、找补。为了具体了解工艺过程，在传统画师顾培根师傅的协助下，进行了工艺模拟试验，对明代晚期的包袱锦、清代的堂子画以及徽州地区清代的天花彩画进行绘制，试图还原明清时期江南地区彩画工艺。

5. 提出了彩画保护框架

目前国内关于彩画保护的研究多停留在具体工程项目中，其保护框架的制定多是针对个案的修复技术路线。笔者将彩画保护扩展为全面的“有形遗产与无形遗产”的双重保护，既包括物质层面对“有形的”彩画本体的保护修复，也包括非物质层面对“无形的”彩画匠师以及彩画工艺的保护。并且，对于彩画本体的保护分为修复前、修复中、修复后三大步骤，在修复前要对彩画进行现场调研、综合研究、价值评估与现状评估，以确定是否对彩画采取保护措施；在修复过程中，依据保护修复的原则与目标进行修复类型的选择，对需要进行修复的彩画进行模拟试验，根据模拟试验结果确定清理、加固与封护的材料，并在恰当的时间段实施。修复结束后要进行档案记录、效果评估、跟踪研究与日常保养。在制定完整修复框架的基础上，对保护的每个环节进行了逐一解读。

6. 提出了江南地区的彩画保护修复类型

古建筑修缮中涉及彩画修复时，在遵循绝大部分彩画不允许重绘，只能作防护处理的前提下，对待北方官式彩画与南方彩画略有不同。北方官式彩画工艺传承仍在延续，图案设计程式化，所承担的社会与精神价值也较为突出。相比较而言，南方地区彩画工艺基本没有传承，保留下的彩画都具有时代特征鲜明、式样珍稀的特征，所以，对待这些彩画的修复更要采取审慎的态度，其中修复类型的探讨显得尤为重要，因为修复类型的正确与否决定着具体的修复措施以及最终的修复成果。针对南方彩画的实际情况，笔者根据现存彩画的完残程度总结出四种保护修复类型“原状保护、保护加固、保护修复、复制重绘”四类，并提出江南地区彩画应以保护为主，在实际工程中应以选择前两种保护类型“原状保护”与“保护加固”为主，不宜在彩画保护过程中对原有彩画进行“补画”、“补色”、“重绘”等过多的干预。但是，如果建筑彩画基本丧失殆尽，病入膏肓，无法采取补救措施，可将其图样绘于新的木构上，使得其形式能传承下去。从某种角度讲，有形的物质总有消亡的时候，对其所采取的任何措施只是延缓这一过程而已。而记录其形式，研究其工艺，将其复制到新的木构中才能将原有彩画的基因传递下去，这与人类子子孙孙的繁衍并无本质区别，所以笔者认为彩画的保护修复属于静态的物质保护，仅仅是保护的一个方面，保护更重要的方面是将一些已经濒危的重要彩画的形式，有效地复制到新的木构上，只有此法才能将传统彩画的形式与工艺传承下去，这也是彩画保护的最终目标。

综上所述，开展对江南地区彩画工艺与保护的研究，不仅是对中国南方彩画体系研究成果的完善，也是对于现存江南彩画保护修复的迫切需要，具有理论与实践的双重意义，希望能够对此后江南地区的彩画研究与保护有借鉴之用，但此仅代表笔者近几年的思考，必然存在诸多的缺陷与不足，笔者更愿意将本书的完成看作是今后完善江南彩画研究的新起点。

参考文献

［1］马瑞田．中国古建彩画［M］．北京：文物出版社，1996.

［2］潘谷西，何建中．《营造法式》解读［M］．南京：东南大学出版社，2005.

［3］朱启钤．中国营造学社开会演词［J］．中国营造学社汇刊，1930（1）.

［4］朱兴亚，胡石，纪立芳．东南地区若干濒危传统建筑工艺及其传承［J］．中国科技论文，2007（9）：635.

［5］李砚祖．物质与非物质：传统工艺美术的保护与发展［J］．文艺研究，2006（12）：106.

［6］周振鹤．随无涯之旅［M］．北京：生活・读书・新知三联书店，1996.

［7］李路珂．《营造法式》彩画研究［M］．南京：东南大学出版社，2011.

［8］陈国灿．略论南宋时期江南市镇的社会形态［J］．学术月刊，2001（2）：65–72.

［9］李伯重．简论“江南地区”的界定［J］．中国社会经济史研究，1991（1）：100–107.

［10］［日］柳宗悦．工艺文化［M］．徐艺乙，译．北京：中国轻工业出版社，1991.

［11］包铭新．中国染织服饰史图像导读［M］．上海：东华大学出版社，2010.

［12］［宋］李诫．营造法式［M］．北京：中国建筑工业出版社，2006.

［13］姚承祖．营造法原［M］．张至刚，增编；刘敦桢，校．北京：中国建筑工业出版社，1986.

［14］苏州市文管会．苏州彩画［M］．薛仁生，临摹．上海：上海人民美术出版社，1959.

［15］孙大章．中国古代建筑彩画［M］．北京：中国建筑工业出版社，2006.

［16］张仲一．皖南明代彩画［G］// 建筑理论及历史研究室南京分室．建筑历史讨论会文件：第 2 集．南京：东南大学资料室，1958.

［17］陈薇．江南明式彩画［D］．南京：东南大学建筑学院，1986.

［18］潘谷西．中国古代建筑史（第四卷：元明建筑）［M］．北京：中国建筑工业出版社，2001.

［19］何伟俊．江苏无地仗建筑彩绘颜料层褪变色及保护对策研究［D］．北京：北京科技大学，2010.

［20］纪立芳．彩画信息资源库体系的探讨——以太湖流域明清彩画研究为基础［D］．南京：东南大学建筑学院，2008.

［21］朱穗敏．徽州传统建筑彩绘工艺与保护技术研究［D］．南京：东南大学建筑学院，2008.

［22］蒋广全．中国清代官式建筑彩画技术［M］．北京：中国建筑工业出版社，2005.

［23］杨春风，郭汉图．中国现代建筑彩画［M］．天津：天津大学出版社，2006.

［24］何俊寿．中国建筑彩画图集［M］．天津：天津大学出版社，2006.

［25］边精一．中国古建筑油漆彩画［M］．北京：中国建材工业出版社，2007.

［26］中国科学院自然科学史研究所．中国古代建筑技术史［M］．北京：科学出版社，1985.

［27］王璞子．工程做法注释［M］．北京：中国建筑工业出版社，1995.

[28] 王世襄 . 清代匠作则例汇编 [M]. 北京：中国书店出版社，2008.
[29] 北京园林局修建处 . 北京公园古建筑油漆彩画工艺木工瓦工修缮手册 [M]. 北京：北京园林局修建处，1973.
[30] 王效清 . 油饰彩画作工艺 [M]. 北京：北京燕山出版社，2004.
[31] 吴梅 .《营造法式》彩画作制度研究和北宋建筑彩画考察 [D]. 南京：东南大学，2003.
[32] 张昕 . 山西风土建筑彩画研究 [D]. 上海：同济大学，2007.
[33] 高晓黎 . 传统建筑彩作中的榆林式 [D]. 西安：西安美术学院，2010.
[34] 祁英涛 . 中国古代建筑的保护与维修 [M]. 北京：文物出版社，1986.
[35] [清] 顾震涛 . 吴门表隐 [M]. 南京：江苏古籍出版社，1986.
[36] [清] 张廷玉，明史 [M]. 北京：中华书局，1974.
[37] 洪焕椿 . 浙江方志考 [M]. 杭州：浙江人民出版社，1984.
[38] 段文杰，李恺 . 敦煌藻井临摹品选集 [M]. 西安：陕西旅游出版社，1997.
[39] 南京博物馆 . 南唐二陵发掘报告 [M]. 北京：文物出版社，1957.
[40] 张玉兰 . 浙江临安五代吴越国康陵发掘简报 [J]. 文物，2000（2）.
[41] 江苏省地方志编纂委员会 . 江苏省志・文物志 [M]. 南京：江苏古籍出版社，1998.
[42] 崔晋余 . 苏州香山帮建筑 [M]. 北京：中国建筑工业出版社，2004.
[43] 杭间，张丽娉 . 清华艺术讲堂 [M]. 北京：中央编译出版社，2007.
[44] 唐家路，潘鲁生 . 中国民间美术学导论 [M]. 哈尔滨：黑龙江美术出版社，2000.
[45] 黄文华 . 陕北民间匠作彩画与相关传统建筑的协调保护研究 [D]. 西安：西安建筑科技大学，2009.
[46] 王仲傑 . 四十年来古建彩画维修工作的发展和进步 [J]. 古建园林技术，1994（3）：59–61.
[47] 张道一 . 中国图案大系（一）[M]. 济南：山东美术出版社，1993.
[48] 马时雍 . 杭州的古建筑 [M]. 杭州：杭州出版社，2004.
[49] 宿白 . 白沙宋墓 [M]. 北京：文物出版社，1957.
[50] 汉宝德 . 中国建筑文化讲座 [M]. 北京：生活・读书・新知三联书店，2006.
[51] 过汉泉，陈家俊 . 古建筑装折 [M]. 北京：中国建筑工业出版社，2006.
[52] 张怡庄，蓝素明编 . 纤维艺术史 [M]. 北京：清华大学出版社，2006.
[53] 中里寿克 . 京都寺院障壁画彩色の現状 [J]. 保存科学，1974，12：39–48.
[54] 見城敏子 . にかわの劣化と顔料の变褪色 [J]. 保存科学，1974，12：83–94.
[55] 杨建果，杨晓阳 . 中国古建筑彩画源流初探 [J]. 古建园林技术，1992（3）：26.
[56]《十三经注疏》整理委员会十三经注疏 . 论语注疏 [M]. 北京：北京大学出版社，1999.
[57] 杨红 . 建筑彩画的韵味——中国建筑彩画文化内涵 [J]. 北京文博，2004（1）：47.
[58] 钟晓青 . 魏晋南北朝建筑装饰研究 [M] // 杨永生，王莉惠 . 建筑史解码人 . 北京：中国建筑工业出版社，2006：330 — 332.
[59] [南朝宋] 范晔 . 后汉书 [M]. 北京：中华书局，2005.
[60] 罗世平 . 埋藏的绘画史——中国墓室壁画的发现和研究综述 [J]. 美术研究，2004（4）：69.
[61] 秦岭云 . 民间画工史料 [M]. 北京：中国古典艺术出版社，1958.

[62] [唐] 李延寿 . 南史 [M]. 北京：中华书局，1975 .
[63] [南齐梁] 萧子显 . 南齐书 [M]. 北京：中华书局，1972.
[64] 周振鹤 . 释江南 [M] // 钱伯城 . 中华文史论丛 . 第四十九辑 . 上海：上海古籍出版社，1992.
[65] 陈元甫，伊世同 . 浙江临安晚唐钱宽墓出土天文图及“官”字款白瓷[J]. 文物，1979(12): 18–22.
[66] 明堂山考古队 . 临安县唐水邱氏墓发掘简报 [M] // 浙江省文物考古所学刊 . 北京：文物出版社，1981：94–104.
[67] 李星明 . 唐代墓室壁画研究 [M]. 西安：陕西人民美术出版社，2005.
[68] 郑以墨 . 五代墓葬美术研究 [D]. 北京：中央美术学院，2009.
[69] 傅熹年 . 试论唐至明代官式建筑发展的脉络及其与地方传统的关系[J]. 文物，1999(10): 81–93.
[70] [宋] 吴自牧 . 梦粱录 [M]. 杭州：浙江人民出版社，1980.
[71] 王世襄 . 髹饰录解说 [M]. 北京：文物出版社，1983.
[72] 张十庆 . 五山十刹图与南宋江南禅寺 [M]. 南京：东南大学出版社，2000.
[73] [宋] 周必大 . 思陵录 [M] // 古今图书集成 . 第十九册：349–403.
[74] 林家治，卢寿荣 . 仇英画传 [M]. 济南：山东画报出版社，2004.
[75] 刘兴林，范金民 . 论古代长江流域丝绸业的历史地位 [J]. 古今农业，2003（4）：56.
[76] 毛心一 . 苏州建筑彩画艺术[M]// 建筑史专辑编辑委员会主编 . 科技史文集: 第 11 集 . 上海：科学技术出版社，1980：97–103.
[77] 江洛一，钱玉成 . 吴门画派 [M]. 苏州：苏州大学出版社，2004.
[78] 陈薇 . 江南包袱彩画考 [J]. 建筑理论与创作，1988（1）.
[79] [清] 李渔 . 闲情偶记 [M]. 沈勇，译注 . 北京：中国社会出版社，2005.
[80] 刘伯山 . 徽州文化的基本概念及历史地位 [J]. 安徽大学学报，2002（6）：28.
[81] 薛翔 . 新安画派 [M]. 长春：吉林美术出版社，2003.
[82] 孙大章 . 民居建筑的插梁架浅议 [J]. 小城镇建设，2001（9）：26–29.
[83] 吴山 . 中国纹样全集（宋・元・明・清卷）[M]. 济南：山东美术出版社，2009.
[84] 诸葛铠 . 雷圭元教学思想初探 [J]. 苏州丝绸工学院学报（社会科学版），1995（6）：65.
[85] 张家骥 . 中国建筑论 [M]. 太原：山西人民出版社，2003.
[86] 石红超 . 苏南浙南传统建筑小木作匠艺研究 [D]. 南京：东南大学，2005.
[87] [清] 李斗 . 扬州画舫录 [M]. 陈文和，点校 . 扬州：广陵书社，2010.
[88] 尚刚 . 天工开物：古代工艺美术 [M]. 北京：生活・读书・新知三联书店，2007.
[89] 吴山 . 几何形图案的构成和应用 [M]. 北京：人民美术出版社，1985.
[90] 陈娟娟 . 明清宋锦 [J]. 故宫博物院院刊，1984（4）：51
[91] 聂鑫森 . 中国老画题之谜 [M]. 北京：新华出版社，2007.
[92] 王树村 . 中国民间美术史 [M]. 广州：岭南美术出版社，2004.
[93] 梁思成 . 中国建筑史 [M]. 天津：百花文艺出版社，2005.
[94] 沈从文 . 中国古代服饰研究 [M]. 上海：上海书店出版社，2002.
[95] 王伯敏 . 中国绘画史 [M]. 上海：上海人民美术出版社，1982.
[96] [清] 邹一桂 . 小山画谱 [M]. 济南：山东画报出版社，2009.

［97］尹继才．矿物颜料［J］．中国地质，2000（5）：45.
［98］潘天寿．听天阁画谈随笔［M］．上海：上海人民美术出版社，1980.
［99］［明］宋应星．天工开物译注［M］．上海：上海古籍出版社，1993.
［100］杨慧．匠心探原——苏南传统建筑屋面与筑脊及油漆工艺研究［D］．南京：东南大学，2004.
［101］柴泽俊．明代建筑油饰彩画要点［J］．文物世界，2005（1）：9–11.
［102］沙武田．敦煌画稿研究［M］．北京：中央编译出版社，2007.
［103］曾国爱．动物胶简史［J］．明胶科学与技术，1995（2）：97.
［104］［唐］张彦远．历代名画记［M］．北京：中华书局，1985.
［105］蒋广全．古建彩画实用技术（二）［J］．古建园林技术，1985（4）.
［106］庞坤玮．鱼鳔及其鱼鳔胶粘剂（二）鱼鳔胶粘剂［J］．中国胶粘剂，2002（2）：16.
［107］赵立德，赵梦文．清代古建筑油漆作工艺［M］．北京：中国建筑工业出版社，1999.
［108］于安澜．画论丛刊［M］．北京：人民美术出版社，1957.
［109］［唐］许嵩．建康实录［M］．北京：中华书局，1986.
［110］楼庆西．中国传统建筑装饰［M］．北京：中国建筑工业出版社，1999.
［111］蒋广全．苏式彩画白活的两种绘制技法［J］．古建园林技术，1997（4）：23.
［112］周嘉胄．装潢志图说［M］．田君，注释．济南：山东画报出版社，2003.
［113］钱钰．大理州白族传统建筑彩绘及灰塑工艺研究［D］．南京：东南大学建筑学院，2009.
［114］张喆．大理喜洲白族民居彩绘研究［D］．南京：东南大学建筑学院，2009.
［115］翁同龢纪念馆．綵衣堂建筑彩画艺术［M］．上海：上海科学技术出版社，2007.
［116］莫雪瑾．苏州忠王府建筑彩画艺术研究［D］．苏州：苏州大学，2008.
［117］黄成．明清徽州古建筑彩画艺术研究［D］．苏州：苏州大学，2009.
［118］卢朗．綵衣堂建筑彩画记录方法探析［D］．苏州：苏州大学，2007.
［119］张书珩，傅新阳．明四家绘画艺术［M］．呼和浩特：远方出版社，2006.
［120］关于中国特色的文物古建筑保护维修理论与实践的共识——曲阜宣言［J］．古建园林技术，2006（1）.
［121］北京文件——关于东亚地区文物建筑保护与修复［N］．中国文物报，2007-06-15.
［122］关于东亚地区彩画保护和修复的北京备忘录［Z］，2008.
［123］国际古迹遗址理事会中国国家委员会．中国文物古迹保护准则［S］，2002.
［124］西安文物保护修复中心，南京博物院．古建彩画保护技术规范［S］，2010.
［125］西安文物保护修复中心，南京博物院．彩画病害规范［S］，2010.
［126］Mazzeo R，Cam D，Chiavari G，等．中国明代木质古建西安鼓楼彩绘的分析研究［J］．文物保护与考古科学，2005（2）：9–14.
［127］赵兵兵，陈伯超，蔡葳蕤．锦州市广济寺彩绘保护技术的应用研究［J］．沈阳建筑大学学报（自然科学版），2006（5）：754–758.
［128］郑军．福建莆田元妙观三清殿及山门彩绘的保护［J］．文物保护与考古科学，2001（2）：54–57.
［129］杨蔚青，肖东．洛阳山陕会馆古建筑彩画的保护与成效［J］．古建园林技术，2011（4）：26–28.

[130] 齐扬.中国传统古建彩画的保护修复研究进展[J].文物保护与考古科学，2008(12)：109-113.
[131] 胡道道，李玉虎，李娟，等.古代建筑油饰彩绘传统工艺的科学化研究[J].文博，2009(6).
[132] 马涛，白崇斌，齐扬.中国古建油饰彩画保护技术及传统工艺科学化研究[J].文博，2009(6)：412-421.
[133] 何秋菊，王丽琴，严静.湿度对古建油饰彩画的影响[J].西北大学学报(自然科学版)，2009(5)：770-772.
[134] 龚德才，何伟俊，张金萍，等.无地仗彩绘保护技术研究[J].文物保护与考古科学，2004(1)：29-32.
[135] 何伟俊，杨啸秋，蒋凤瑞，等.常熟赵用贤宅无地仗层彩绘的保护研究[J].文物保护与考古科学，2008(1)：55-60.
[136] 龚德才，奚三彩，张金萍，等.常熟綵衣堂彩绘保护研究[J].东南文化，2001(10)：80-83.
[137] 龚德才，王鸣军.传统材料及方法在江苏古建筑彩绘保护中的应用——漫谈江苏常熟严呐宅明代彩绘的保护研究[J].文博，2009(6)：422-425.
[138] 徐飞，万俐，王勉，等.杭州文庙彩绘现场保护研究[J].文博，2009(6).
[139] 窪寺茂.日本在彩画修复政策形成过程中修复方法与理念的转变[C]//东亚地区木结构彩画保护国际研讨会论文集.国家文物局，2008：1-10.
[140] 张玉瑜.福建传统大木匠师技艺研究[M].南京：东南大学出版社，2010.

附录 A　引用图版说明

说明：

1. 本书所采用的图片，引自各类出版物，或由个人及研究机构提供者均在本附录中注明。
2. 其他未经注明的图片，均为本书作者拍摄或绘制。

图 2.3，图 4.33　钱钰摄影

图 2.5：5　引自：南京博物馆 . 南唐二陵发掘报告 [M]. 北京 : 文物出版社，1957.

图 2.5:1、4，图 4.40
引自：杭州市文物考古所，临安市博物馆 . 浙江临安五代吴越国康陵发掘简报 [J]. 文物，2000（02）.

图 2.8　引自：张十庆 . 五山十刹图与南宋江南禅寺 [M]. 南京 : 东南大学出版社，2000.

图 2.10　引自：徐光冀 . 中国出土壁画全集 2（山西）. 北京：科学技术出版社，2012.

图 2.12　顾效摄影

图 2.14（3、4）　引自：故宫博物院官网

图 2.14（1、2），图 3.3
引自：明代绘画大师仇英作品选 [M]. 天津 : 天津美术出版社，2004.

图 2.17，图 3.1，图 4.6
引自：孙大章 . 中国古代建筑彩画 [M]. 北京 : 中国建筑工业出版社，2005.

图 3.14　曹振伟摄影

图 3.15，图 3.18，图 5.19，图 5.20
胡石摄影

图 3.2　引自：张仲一 . 皖南明代彩画 [G]// 建筑理论及历史研究室南京分室 . 建筑历史讨论会文件 : 第 2 集 . 南京 : 东南大学资料室，1958.

图 3.7，图 3.37，图 4.41，图 5.13，图 5.18
引自：翁同龢纪念馆 . 綵衣堂建筑彩画艺术 [M]. 上海 : 上海科学技术出版社，2007.

图 3.9，图 4.11　张天钧绘制 .

图 3.38　张玉瑜提供

图 3.51: 1、2、3、4、5
引自：张昕 . 山西风土建筑彩画研究 [D]. 上海 : 同济大学，2007.

图 3.54　引自：范崇德 . 历史印痕 . 全国重点文物保护单位（浙江篇）[M]. 上海 : 文汇出版社，2009.

图 3.55　　引自：陈志华 . 李秋香 . 楠溪江中游 [M]. 北京 : 清华大学出版社，2010.

图 3.56: 7、8、9， 图 4.3: 4 ，图 4.47: 3

　　引自：苏州市文管会 . 苏州彩画 [M]. 薛仁生，临摹 . 上海 : 上海人民美术出版社，1959.

图 3.58: 1、2、3、4，图 3.60: 1，图 3.67: 1、6

　　引自：沈从文 . 王家树 . 中国丝绸图案 [M]. 北京 : 中国古典艺术出版社，1957.

图 3.61: 4，图 3.62: 1，图 3.63: 1

　　引自：高春明 . 中华元素图案 [M]. 上海 : 上海锦绣文章出版社，2009.

图 4.3: 1、2

　　引自：［宋］李诫 . 营造法式 [M] . 北京 : 中国建筑工业出版社，2006.

表 4.2，表 4.3，表 4.4，图 5.16，图 5.17，图 5.21，图 5.22

　　引自：何伟俊. 江苏无地仗建筑彩绘颜料层褪变色及保护对策研究 [D]. 北京：北京科技大学，2010.

图 4.7　　钱紫微绘制

图 4.10　　梅雪群绘制

图 4.44:1、2　　引自：李路珂. 《营造法式》彩画研究 [M] . 南京 : 东南大学出版社，2011.

图 5.24，图 5.25

　　引自：徐飞，万俐，王勉，等 . 杭州文庙彩绘现场保护研究 [J]. 文博，2009（6）.

图 5.28　　杨红摄影

附录B　江南地区彩画信息调查表

此表在“古建(木结构)彩画保护技术规范”附录部分古建（木结构）彩画调查信息表基础上，结合江南地区建筑彩画的特点编写而成，供调查参考，具体保护修复项目可根据实际情况另补充其他子项

表1　彩画所属古建筑基本信息记录表

	建筑调查编号	
A01	建筑名称	
A02	建筑年代	
A03	构架特征	
A04	管理机构	
A05	建筑保护级别 / 批次	
A06	使用人	
A07	建筑影像编号	
A08	外观照片	
A09	结构照片	
A10	古建平 / 剖面图	
A11	简要说明	1. 建筑风格及历史艺术价值:
		2. 保存环境简介:
		3. 保存状况简介:
		4. 既往修复史:
A12	调查人	
A13	调查时间	

表 2 彩绘调查基本信息记录表

<table>
<tr><td colspan="2"></td><td colspan="8"></td></tr>
<tr><td>B01</td><td>建筑名称</td><td colspan="8"></td></tr>
<tr><td>B02</td><td>彩画年代</td><td colspan="8"></td></tr>
<tr><td>B03</td><td>彩画类型</td><td colspan="8">1 包袱彩画 □ 2 旋子彩画 □ 3 天花彩画 4 堂子彩画 5 其他</td></tr>
<tr><td>B04</td><td>彩画等级</td><td colspan="8">1 上五彩 □ 2 中五彩 □ 3 下五彩 □</td></tr>
<tr><td rowspan="2">B05</td><td>彩画部位</td><td>梁</td><td>梁枋</td><td>檩</td><td>檩枋</td><td>斗栱</td><td>柱头</td><td>天花</td><td>其他</td></tr>
<tr><td>彩画数量（幅 / 组）</td><td></td><td></td><td></td><td></td><td></td><td></td><td></td><td></td></tr>
<tr><td>B06</td><td>彩画题材</td><td colspan="8">1 华纹 □ 2 锦纹 □ 3 写生山水□ 4 人物 □ 5 飞禽走兽 □ 6 其它 □</td></tr>
<tr><td>B07</td><td>彩画色彩基调</td><td colspan="8">1 暖色调 □ 2 冷色调 □</td></tr>
<tr><td rowspan="2">B08</td><td rowspan="2">彩画基层</td><td colspan="2">材种</td><td colspan="3">树种</td><td colspan="3">种属</td></tr>
<tr><td colspan="2"></td><td colspan="3"></td><td colspan="3"></td></tr>
<tr><td>B09</td><td>彩画地仗层</td><td colspan="8">1 单披灰地仗层 □ 2 直接绘于木表 □</td></tr>
<tr><td rowspan="2">B10</td><td rowspan="2">建筑颜料层</td><td>胶结质
成分</td><td>红色系</td><td>黄色系</td><td>绿色系</td><td>蓝色系</td><td>白色系</td><td>黑色系</td><td>其他</td></tr>
<tr><td></td><td></td><td></td><td></td><td></td><td></td><td></td><td></td></tr>
<tr><td>B11</td><td>保护优先等级</td><td colspan="8">1 级 □ 2 级 □ 3 级 □</td></tr>
<tr><td>B12</td><td>彩画影像编号</td><td colspan="8"></td></tr>
<tr><td>B13</td><td>彩画外观照片</td><td colspan="8"></td></tr>
<tr><td>B14</td><td>建筑彩画布局图</td><td colspan="8"></td></tr>
<tr><td rowspan="3">B15</td><td rowspan="3">简要说明：</td><td colspan="8">1 彩画风格及历史艺术价值：</td></tr>
<tr><td colspan="8">2 彩画保存状态评估：</td></tr>
<tr><td colspan="8">3 既往修复史：</td></tr>
<tr><td colspan="2">典型单幅彩画调查编号</td><td colspan="8"></td></tr>
<tr><td>B16</td><td>彩画位置</td><td colspan="8"></td></tr>
<tr><td>B17</td><td>彩画构图</td><td colspan="8"></td></tr>
<tr><td rowspan="2">B18</td><td rowspan="2">彩画图案</td><td colspan="4">照片</td><td colspan="4">线描图</td></tr>
<tr><td colspan="4"></td><td colspan="4"></td></tr>
<tr><td>B19</td><td>彩画色彩</td><td colspan="8"></td></tr>
<tr><td>B20</td><td>彩画尺寸</td><td colspan="8"></td></tr>
<tr><td>B21</td><td>彩画照片</td><td colspan="8"></td></tr>
<tr><td>B22</td><td>调查人</td><td colspan="8"></td></tr>
<tr><td>B23</td><td>调查时间</td><td colspan="8"></td></tr>
</table>

表3　彩画保存环境信息记录表

保存环境调查编号				
C01	彩画保存环境类型	1 露天 □　2 檐廊 □　3 室内 □		
C02	大环境	区域环境类型		
		气候特点	1 温度（年平均、最高、最低）	
			2 湿度（年平均、最高、最低）	
			3 降雨量	
			4 有霜期	
			5 露点温度	
			6 降尘	
			7 空气污染（有无酸雨）	
			8 风（有风、无风）	
C03	小环境	1 光线（日照、日光灯、钨丝灯）		
		2 生物（动物、植物、微生物）		
		3 水源（雨水、水管）		
C04	简要说明	1 保存环境状况评估：		
		2 保存环境与彩画病害病因简要分析：		
C05	调查人			
C06	调查时间			

表4　彩画制作工艺研究采样记录表

保存环境调查编号				
D01	所在建筑名称			
D02	彩画调查编号			
D03	彩画位置			
D04	采样位置		采样位置照片编号	
D05	样品类型	1 基底□ 2 地仗□ 3 彩画颜料□ 4 结构层次□ 5 胶料□		
D06	拟进行分析检测项目			
D07	采样描述			
D08	采样人			
D09	采样时间			

表 5　彩画病害调查现场记录表

彩画病害调查编号						
E01	所在建筑名称					
E02	损坏状况		病害名称	病害程度描述	病害位置	病害特征照片编号
		基底层	裂缝 □			
			细裂缝 □			
			菌藻类寄生□			
			腐朽 □			
			物理破损 □			
			其他 □			
		地仗层	裂缝 □			
			细裂缝 □			
			菌藻类寄生 □			
			物理破损 □			
			其他 □			
		彩画层	水渍 □			
			污染 □			
			褪色 □			
			彩画层脱落□			
			粉化 □			
			变色氧化 □			
			彩画层起甲□			
			龟裂 □			
			菌藻类寄生 □			
			其他 □			
E03	前人修复措施	具体分项		处理情况（处理时间、处理工艺）	目前现状（保护效果及问题）	
		清理除尘				
		过色见新				
		补绘、重绘				
		加固修复				
		其他				
E04	具体病害分布图编号					
E05	调查人					
E06	调查时间					

表6　彩画制作工艺走访记录表

记录编号		
F01	走访人姓名	
F02	性别	
F03	住址	
F04	联系方式（电话）	
F05	从事工作	
F06	影音资料编号	
F07	走访工艺分类	1 基底制作 □ 2 地仗制作 □ 3 绘制工艺 □ 4 胶料 □ 5 颜料配制 □
F08	拟解决问题	习艺简历、派系传承、从事工程等
F09	采访记录	
F10	采访人	
F11	采访时间	

表7　消失彩画建筑信息表

记录编号					
G1	名称		G2	年代	
G3	地址		G4	级别	
G5	彩画特征				
G6	现场照片				
G7	消失原因				
G8	调查人				
G9	调查时间				

附录C　江南地区明清建筑彩画分布表

（彩画类型主要为包袱锦、堂子画与天花彩画三类、独特类型单独标明）

1. 苏南地区

分布城市	序号	建筑名称	建筑年代	彩画类别
无锡市	1	宜兴徐大宗祠	明弘治五年 (1492)	五彩遍装
	2	硕放曹家祠堂	明嘉靖七年 (1528)	包袱锦
	3	江阴文庙	清同治六年重修	堂子画
	4	无锡惠山公园钱武肃王祠	民国年间 (1928)	堂子画
常州市	5	金坛戴王府	太平天国	堂子画
	6	常州藤花旧馆	明代	包袱锦
苏州市	7	苏州市戒幢律寺	清代重建	堂子画
	8	苏州市平江区长洲县学大成殿	清代	包袱锦
	9	苏州市桃花钨费仲深故居	清代	包袱锦
	10	苏州市狮子林巷古宅	清代	包袱锦
	11	苏州市园林路张氏义庄	清代	包袱锦
	12	苏州市文衙弄 5 号艺圃乳鱼亭	明嘉靖	海墁夔（kúi）龙纹
	13	苏州市北寺塔	清代	堂子画
	14	苏州太平天国忠王府	清末 (1861)	堂子画
	15	苏州市安徽会馆	清乾隆 (1751) 重修	包袱锦
	16	苏州市城隍庙大殿	清代	堂子画
	17	苏州市木渎云岩寺大雄宝殿	清末	天花彩画
	18	苏州市陕西会馆	清末	堂子画
	19	苏州市春申君庙戏台	清代	天花彩画
	20	东山镇慎德堂	明	包袱锦
	21	东山镇雕花楼	民国	包袱锦
	22	东山镇状元府第	明代	包袱锦
	23	东山镇楠木厅	明代	包袱锦
	24	东山镇殿新村瑞蔼堂	建于明代，晚清大修	包袱锦
	25	东山镇翁巷凝德堂	明代晚期	包袱锦
	26	东山镇东街敦裕堂	明代	包袱锦
	27	东山镇怡芝堂	明末清初	包袱锦
	28	东山镇乐志堂	明末清初	包袱锦
	29	东山镇延庆堂	清代	包袱锦
	30	东山镇翁巷树德堂	清代	包袱锦
	31	东山镇恒德堂	清代	包袱锦

续表

分布城市	序号	建筑名称	建筑年代	彩画类别
苏州市	32	东山镇紫金庵	清代	包袱锦
	33	东山镇陆巷村遂高堂	明代正德嘉靖年间	包袱锦
	34	东山镇陆巷村双桂楼	明末清初翻建	包袱锦
	35	东山镇陆巷村晬和堂	明末清初	包袱锦
	36	东山镇上湾村久大堂	明末清初	包袱锦
	37	东山镇上湾村遂祖堂	清乾隆三十八年（1773）	包袱锦
	38	东山镇上湾村明善堂	明末清初	包袱锦
	39	东山镇上湾村怀荫堂	明代中期	包袱锦
	40	东山镇白沙湾达顺堂	明代	包袱锦
	41	东山镇白沙湾耕心堂	明代	包袱锦
	42	东山镇白沙湾仲雍祠	清康熙二十九年（1690）	包袱锦
	43	西山镇东村锦绣堂	清代	包袱锦
	44	西山镇东村翠绣堂	清代	包袱锦
	45、	金庭镇东村徐家祠堂	清乾隆十三年（1748）	堂子画
	46	吴江区黎里柳亚子故居	清代早期	包袱锦
常熟	47	常熟严讷故居	明	包袱锦
	48	常熟綵衣堂	明成化、弘治年间	包袱锦、堂子画
	49	常熟脉望馆	明隆庆年间	包袱锦
镇江	50	镇江焦山大雄宝殿	清	堂子画、天花彩画

2. 徽州地区

分布城市	序号	建筑名称	建筑年代	彩画类别
黟县	1	黟县宏村敬修堂	清代顺治	天花彩画
	2	黟县宏村树人堂	清代咸丰	天花彩画
	3	黟县宏村承志堂	清代末年	天花彩画
	4	黟县西递枕石小筑	清代宣统 .	天花彩画
	5	黟县西递瑞玉庭	清代咸丰	天花彩画
	6	黟县西递萃和堂	明代成化年间	天花彩画
	7	黟县南屏居仁区 29 号倚南别墅	清代	天花彩画
	8	黟县南屏石狮弄 15 号	清代	天花彩画
	9	黟县南屏李家弄 3 号	清代	天花彩画
	10	黟县关麓老大汪令銮吾爱吾庐书屋	清代同治	天花彩画
	11	黟县关麓老二汪令铎宅淡月山房	清代咸丰	天花彩画
	12	黟县关麓老三汪令榞九思庭	清代咸丰	天花彩画
	13	黟县关麓老四汪令钰瑞霭庭	清代同治	天花彩画
	14	黟县关麓老六汪令钟敦睦庭	清代同治	天花彩画
	15	黟县关麓老八汪令鍠宅春满庭	清代道光	天花彩画
	16	黟县碧山东头街组 07 号	清代	天花彩画
	17	黟县碧山东头街组 18 号	清代	天花彩画
	18	黟县碧山仁让组 37 号	清代	天花彩画
	19	黟县碧山周同组 11 号	清代	天花彩画
	20	黟县碧山中心组 11 号	清代	天花彩画
	21	黟县碧山中心组 1 号	清代	天花彩画
	22	黟县碧山石亭村上溪 11 号	清代	天花彩画
黄山	23	黄山市屯溪区程梦州宅	明代	包袱锦
	24	黄山市徽州区呈坎宝纶阁	明代万历年间	包袱锦
	25	黄山市徽州区唐模高阳桥	清代雍正	包袱锦
	26	黄山市西溪南镇绿绕亭	明代	包袱锦
	27	歙县西溪南黄卓甫宅	明代	包袱锦
祁门	28	祁门县株林村余庆堂戏台	清代同治	天花彩画
歙县	29	歙县斗山街许氏大院	清初	包袱锦
	30	歙县许村高阳廊桥	清代早期	包袱锦
	31	歙县许村大观亭	明代	堂子画
绩溪	32	绩溪县华阳镇文庙书院	清乾隆	包袱锦

3. 浙江地区

分布城市	序号	建筑名称	建筑年代	彩画类别
杭州	1	杭州文庙大成殿	清代	堂子画、天花彩画
	2	杭州凤凰寺	元代	天花彩画
	3	杭州林隐寺大雄宝殿	清代	天花彩画
	4	富阳大源史氏宗祠	清代	天花彩画
	5	淳安朱氏宗祠	清末	堂子画、天花彩画
绍兴	6	绍兴何家台门	明晚期	准官式彩画
	7	绍兴吕府	明晚期	准官式彩画
	8	绍兴大禹陵	民国	仿宋彩画
宁波	9	宁波慈城镇冯岳台门	明代	准官式彩画
	10	宁波天一阁藏书楼	清代	仿宋彩画
	11	宁海古戏台	清代	藻井彩画
金华	12	东阳紫薇山怡燕堂、开泰堂	明晚期	包袱锦
	13	东阳卢宅	明晚期	包袱锦、堂子画
	14	金华市金东区午塘头村邢氏宗祠	清末	天花彩画
	15	金华市婺城区汤溪镇城隍庙	清同治	堂子画、天花彩画
	16	金华市婺城区白龙桥镇叶店村友梅公祠	清末	天花彩画
	17	金华太平天国侍王府	清末	海墁彩画
	18	金华磐安榉溪孔家家庙	清代	堂子画、藻井彩画
温州	19	楠溪江花坦三观亭	清末	堂子画
	20	楠溪江水云村赤水厅	清末	堂子画
	21	瓯海市泽雅乡关帝庙	清代	堂子画
	22	永嘉塘湾王太公祠、郑氏大宗祠	清代	藻井彩画
衢州	23	衢州廿八都镇浔里村东北端文昌阁	清代	堂子画、天花彩画
	24	衢州杨氏宗祠	明末	堂子画

附录 D　江南地区彩画图录

选自《苏州彩画》苏州画师薛仁生临摹作品 1959

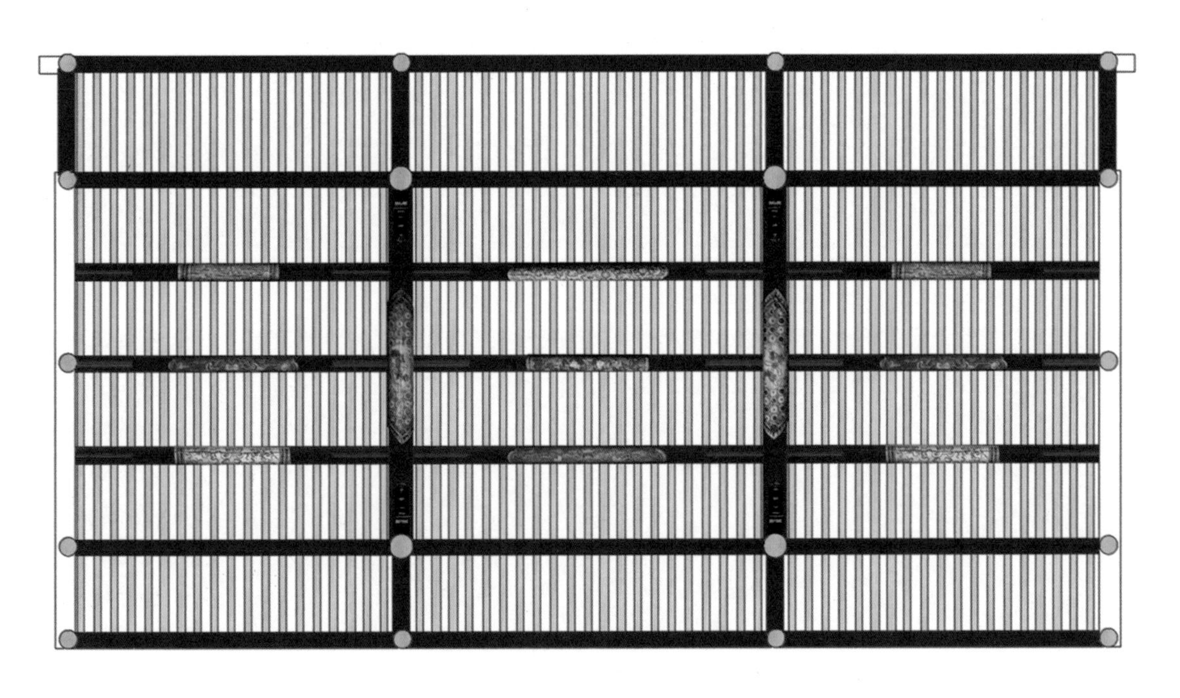

忠王府大殿后堂梁架仰视彩画布局图

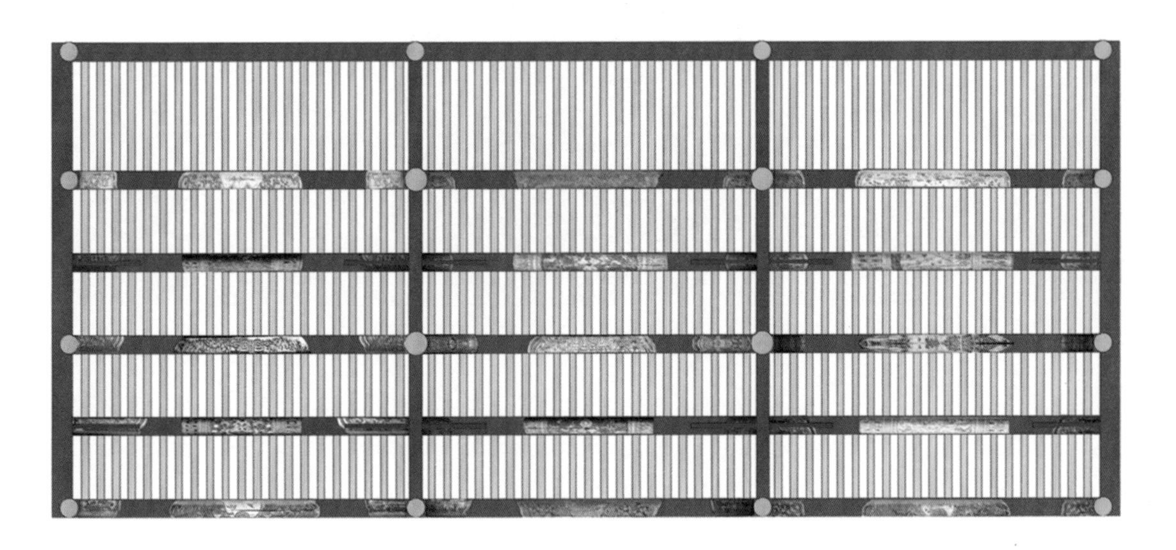

忠王府轿厅（仪门）梁架仰视彩画布局图

1 陕西会馆边梁——花锦堂子画（万字茶花团仿宋锦）　薛仁生临摹

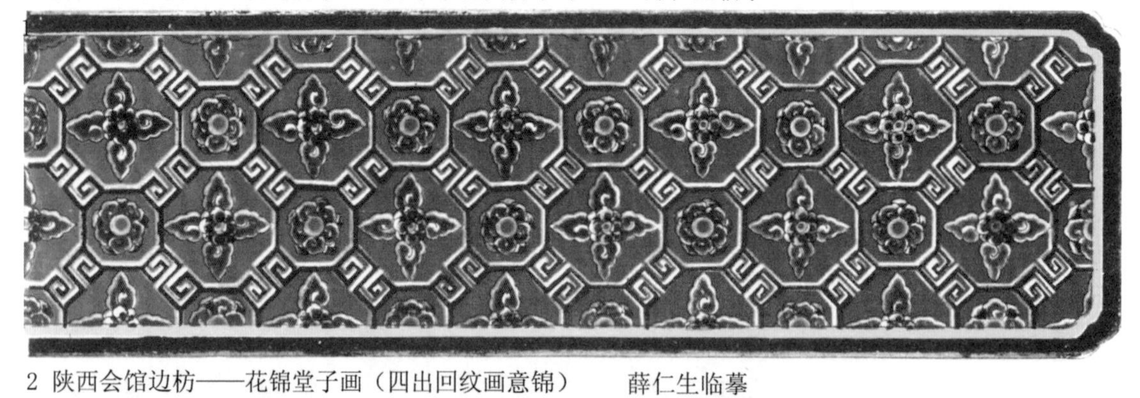

2 陕西会馆边枋——花锦堂子画（四出回纹画意锦）　薛仁生临摹

3 忠王府大殿正枋——花锦堂子画（四出盘长纹画意锦）　薛仁生临摹

4 忠王府后殿大梁——景物堂子画（平安富贵八吉祥）　薛仁生临摹

2008年9月，笔者带领东南大学建筑学院2005级本科生梅雪群、张天钧、钱紫薇、唐翔、林晓钰、薛飞对江南地区忠王府、凝德堂、徐大宗祠等八处建筑进行彩画拍照、测绘，此图为测绘图中的部分成果。

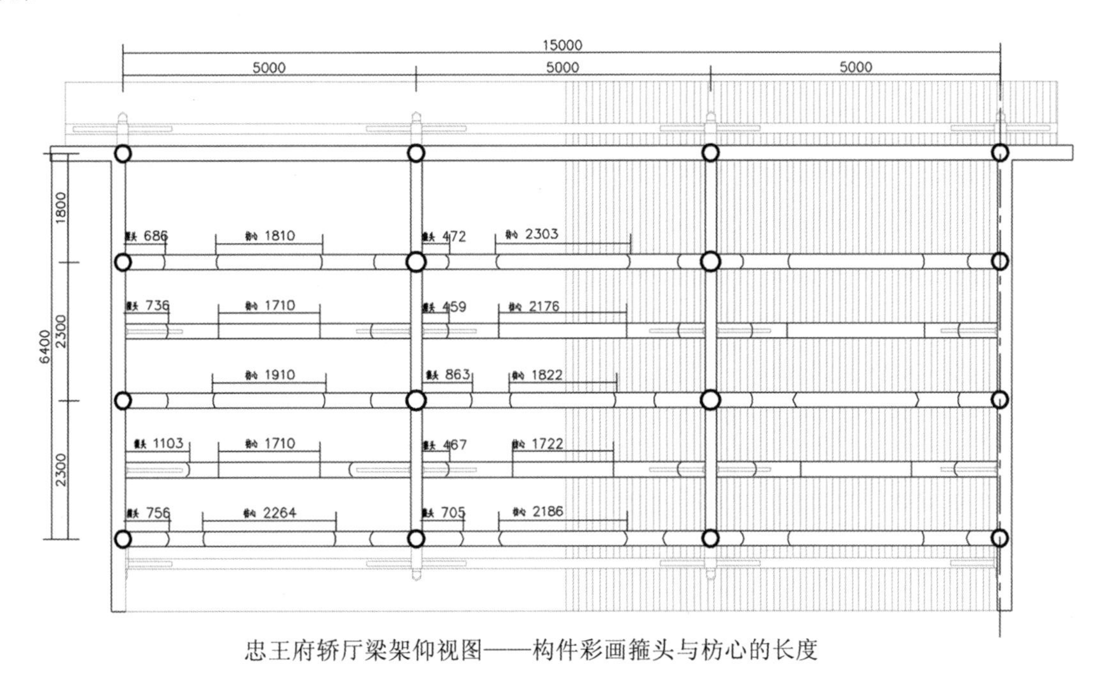

忠王府轿厅梁架仰视图——构件彩画箍头与枋心的长度

忠王府正殿明间剖面图——构件彩画箍头与枋心长度

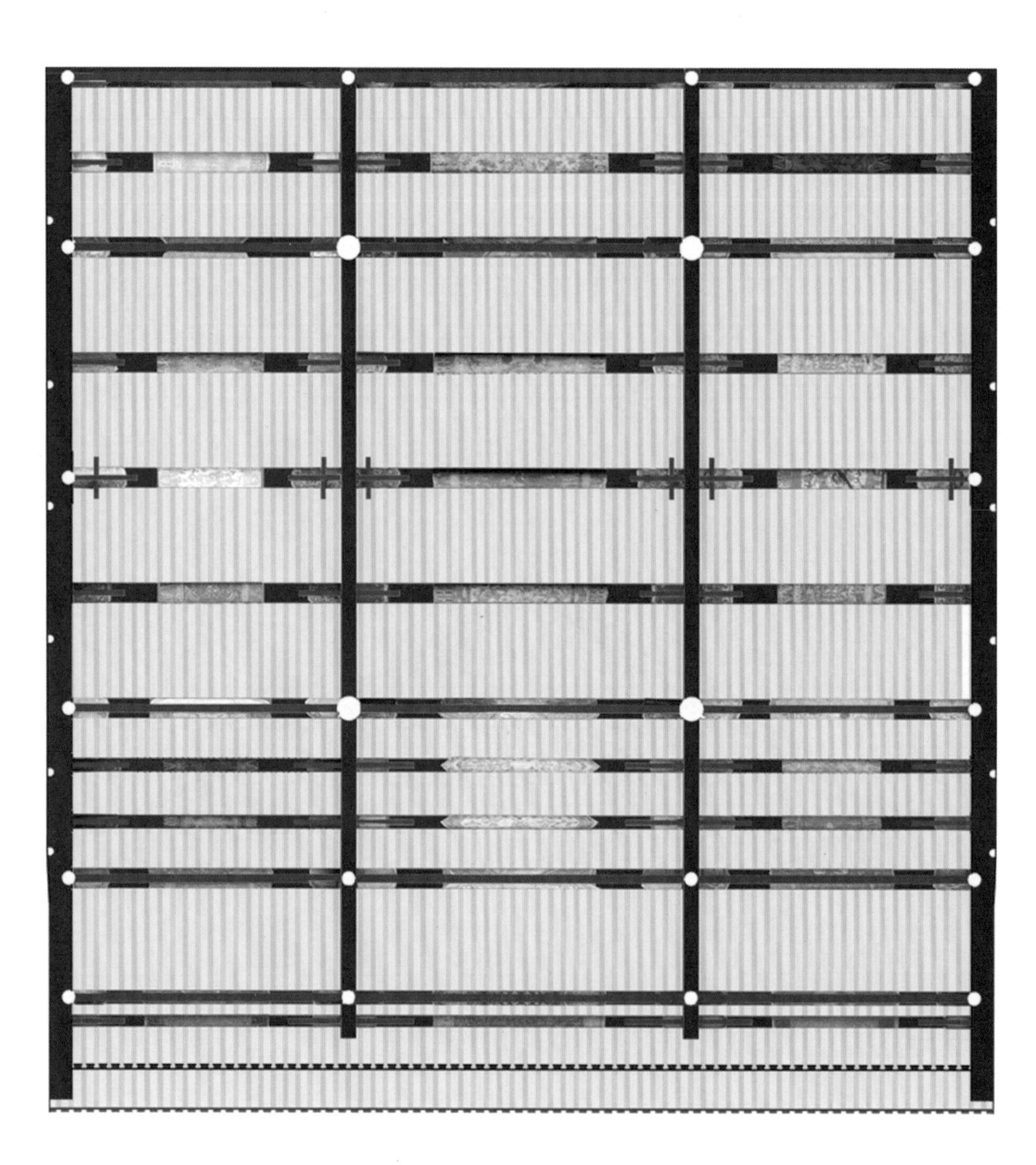

忠王府正殿檩条彩画仰视图

忠王府包袱锦内绘海棠盒子

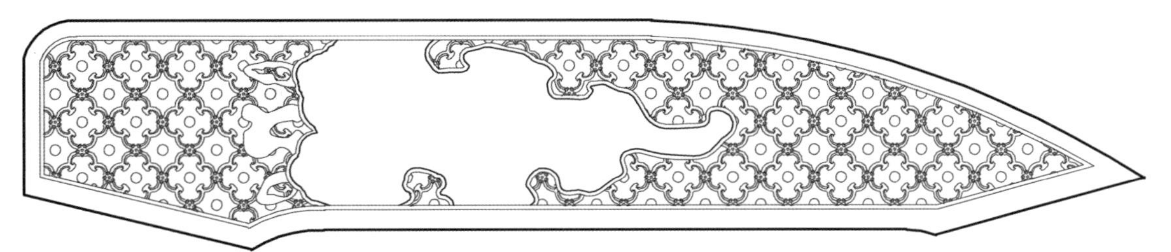

忠王府梁栿四出细锦纹内绘香叶盒子

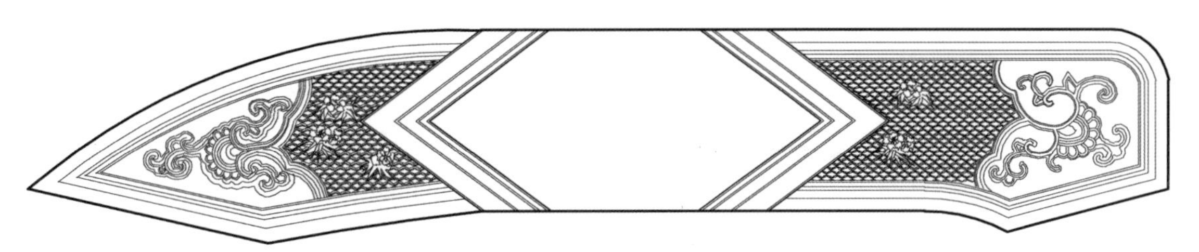

忠王府梁栿方心式苏州彩画

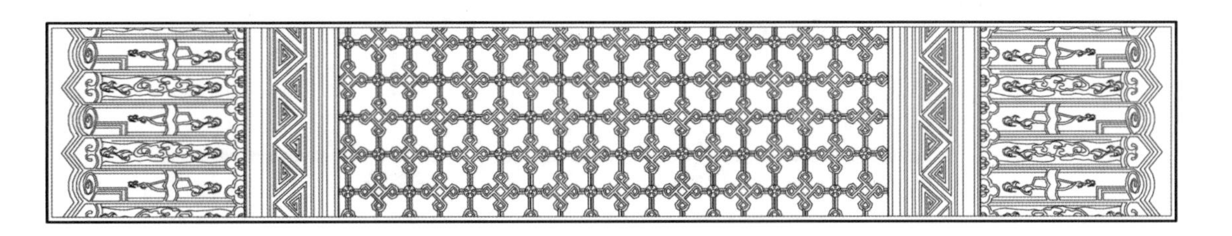

忠王府花锦堂子（四出盘长画意锦）

忠王府堂子画（枋心中部龟背锦）

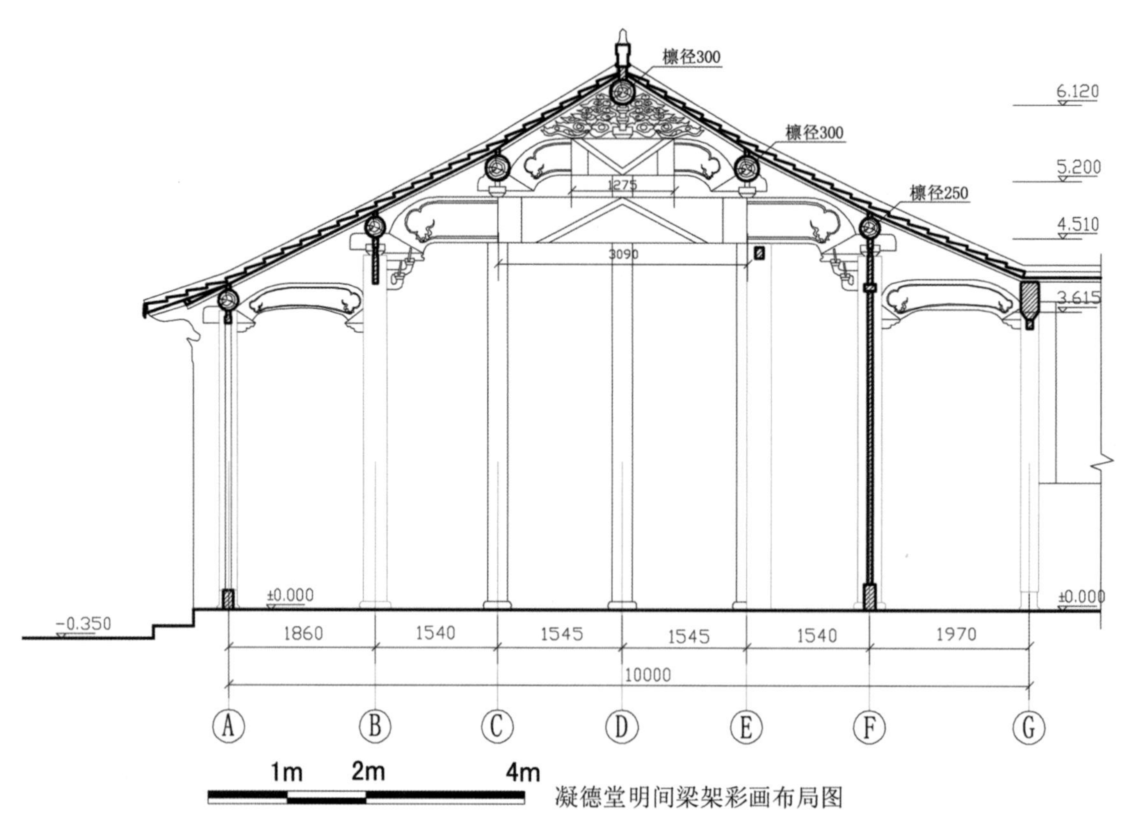

凝德堂明间梁架彩画布局图

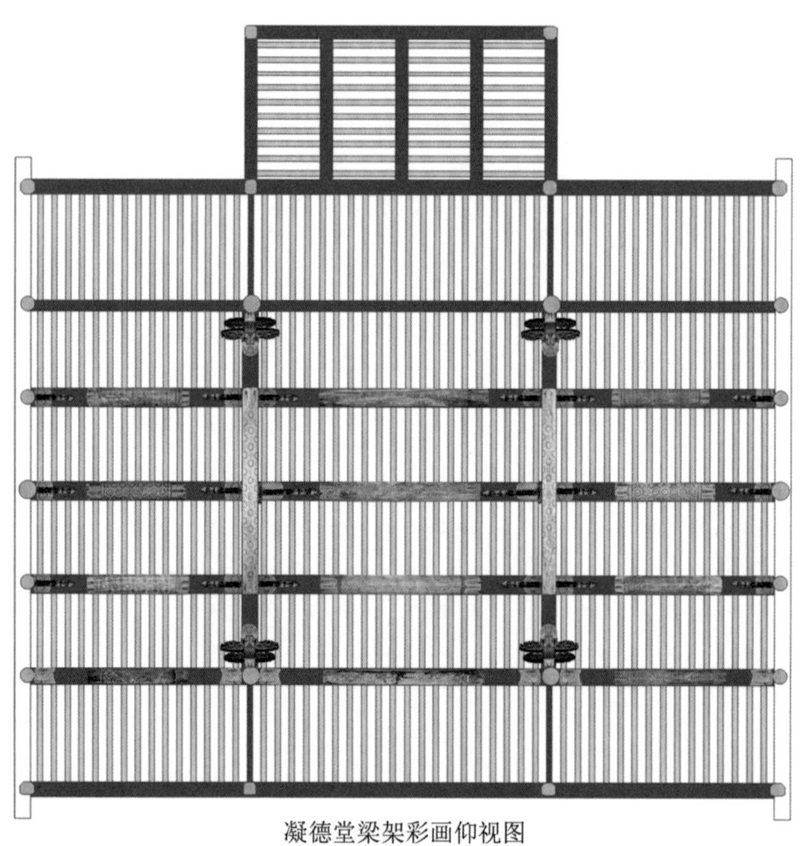

凝德堂梁架彩画仰视图

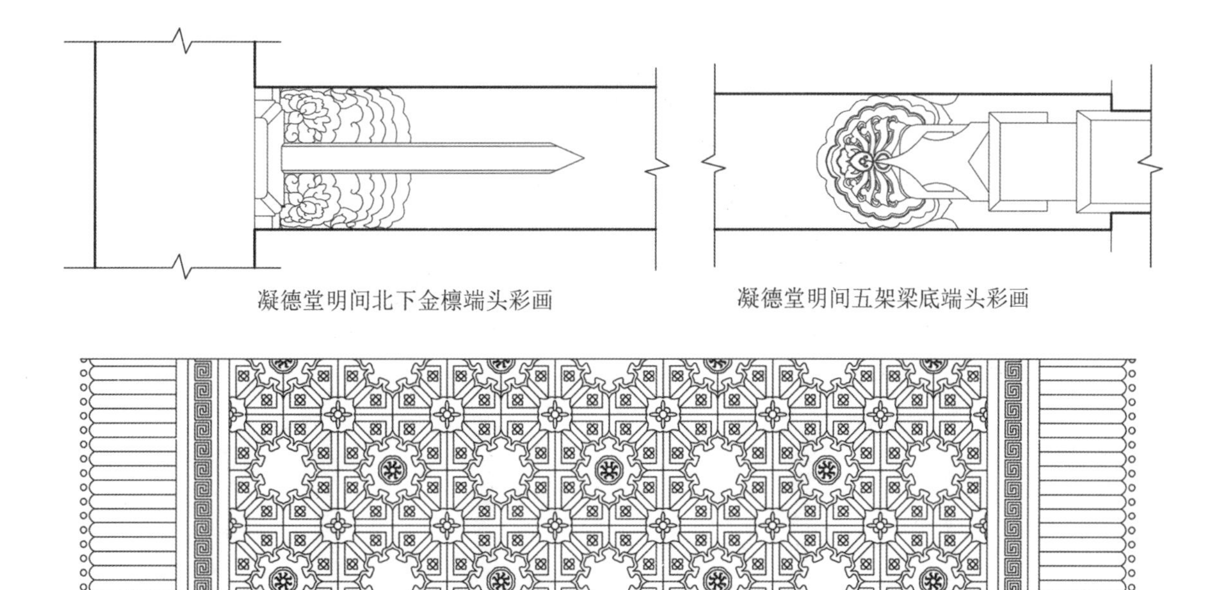

凝德堂明间北下金檩端头彩画　　凝德堂明间五架梁底端头彩画

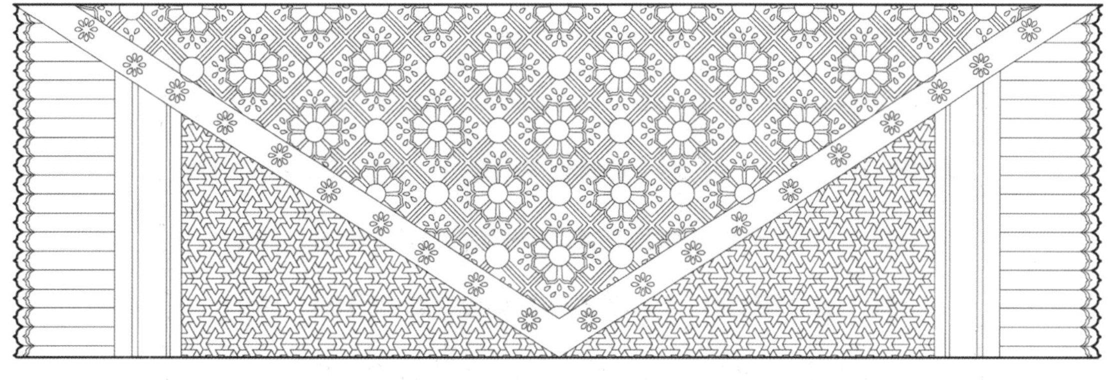

凝德堂檩条枋心直袱子锦纹彩画

凝德堂平梁枋心叠袱子锦纹彩画

凝德堂五架梁枋心叠袱子锦纹彩画

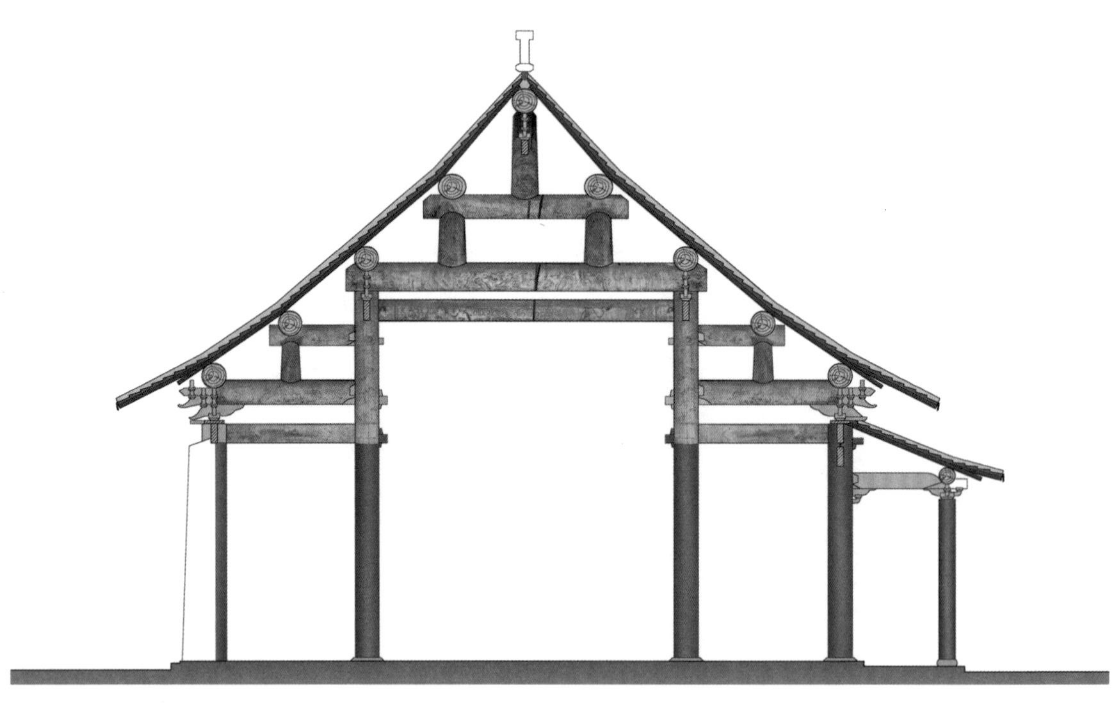

如皋文庙明间彩画剖面图

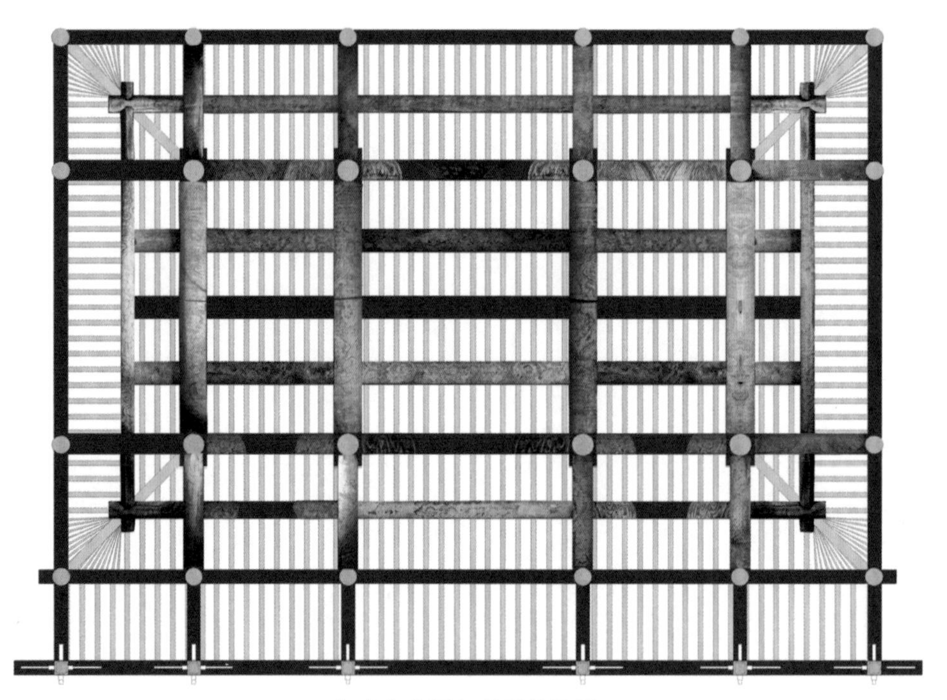

如皋文庙梁架彩画仰视图

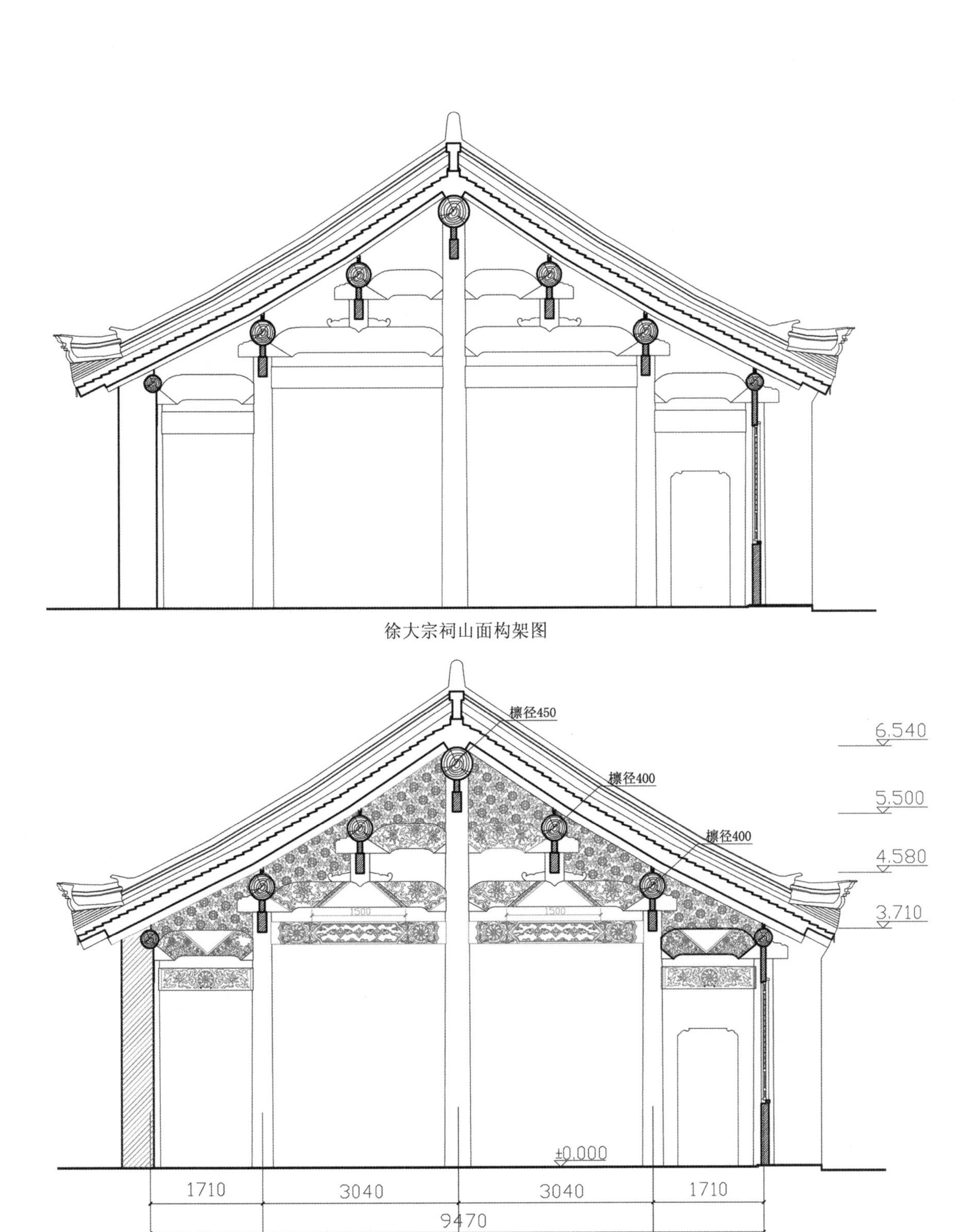

徐大宗祠山面构架图

1m 2m 4m

徐大宗祠山面彩画线描图

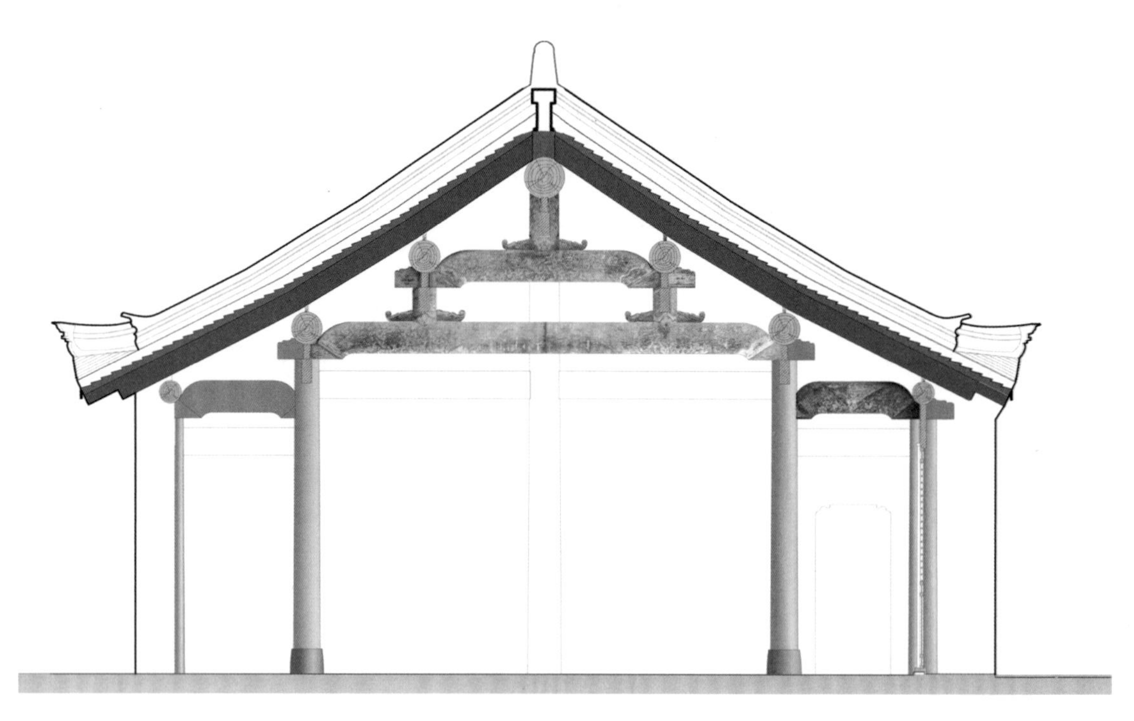

徐大宗祠明间彩画布局图

徐大宗祠山面彩画布局图

金坛戴王府厅堂明间五架梁包袱锦彩画

金坛戴王府厅堂次间金檩，随檩枋包袱锦彩画

金坛戴王府厅堂明间檩条包袱锦彩画

镇江定慧寺大雄宝殿天花（藻井正中圆光白地绘五彩云龙纹，四周岔角绿地五彩蝙蝠云纹，四周天花板白地绘五彩八宝纹，天花枝条与枋底青绿地绘卷草纹。）

镇江定慧寺大雄宝殿天花（方光白地墨绘仙鹤五彩云纹，枝条红地绘五彩卷草纹）

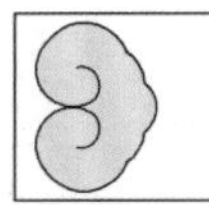

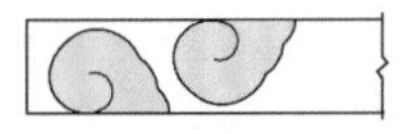

整如意头　两个半如意头组合

一整两破　半个如意头

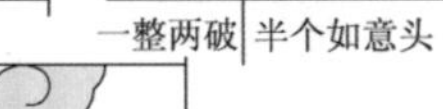

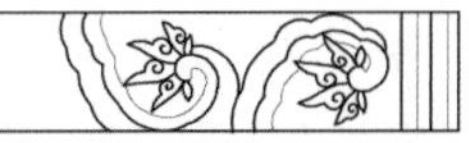

南通文庙大殿檩条构图：包头部分为两个半如意头组合，如意头内加凤翅瓣

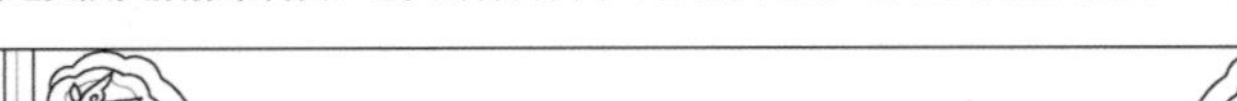

南通文庙大殿檩条构图：包头部分为半如意头，如意头内加凤翅瓣

南通文庙大殿三步梁构图：包头部分为整如意头，如意头内加凤翅瓣

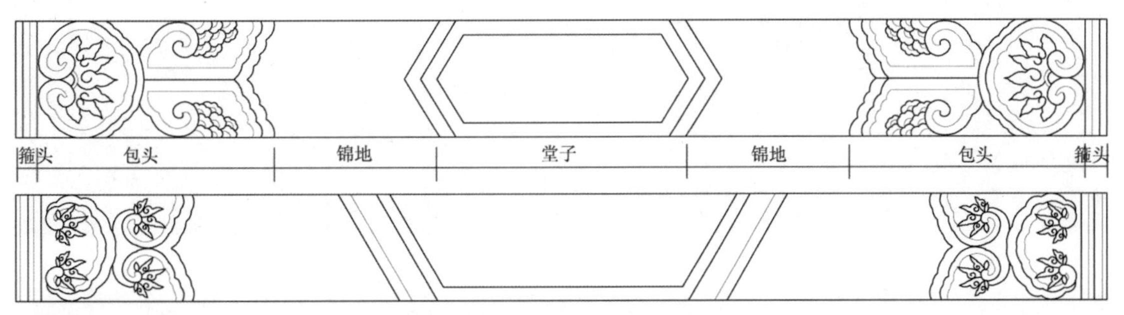

南通文庙大殿梁架构图：包头部分为一整两破如意头，如意头内加凤翅瓣或牡丹花瓣

南通文庙大殿檩条下五彩彩画：从檩底仰视包头部分为一整两破如意头，如意头内加凤翅瓣

南通文庙大殿梁架下五彩彩画：从梁端包头部分为各类如意头造型，如意头内加凤翅瓣或牡丹花瓣

扬州重宁寺天花彩画（方光白地内绘流云祥瑞纹、花卉卷草纹）

浙江金华叶店村叶氏宗祠天花彩画（方光内叉角青地绘西番莲卷草，圆光内白地绘成对花鸟画）

苏州张氏义庄明间三架梁与五架梁包袱锦彩画（曹振伟摄影）

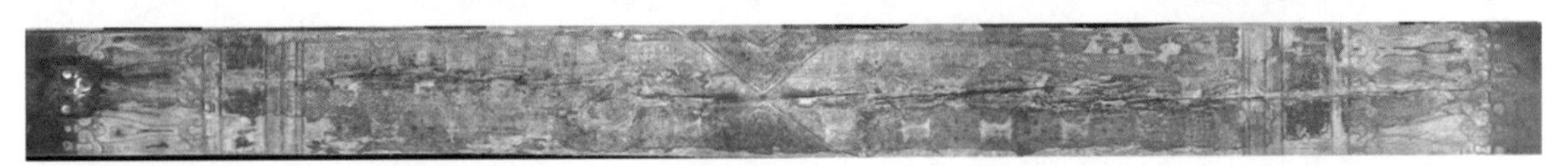

苏州张氏义庄明间五架梁底包袱锦彩画细部纹饰（曹振伟摄影）

苏州张氏义庄次间脊檩包袱锦彩画（曹振伟摄影）

苏州张氏义庄丁头栱各面彩画细部纹饰

苏州张氏义庄轩廊包袱锦彩画(曹振伟摄影)

绍兴吕府明间三架梁彩画（一整两破如意头形旋花藻头，花心中部为仰俯莲加如意头，枋心中部绘搭袱子）

外廊轩梁插枋端头相对作如意头形旋花藻头，花心中部为仰俯莲加如意头

明间金檩四出如意头盒子造型

绍兴吕府明间七架梁侧面彩画（端头一整两破如意头造型旋花加细锦纹，中部一整两破如意头造型加细锦纹）

绍兴吕府明间七架梁底面彩画，（端头相对如意头造型旋花加细锦纹，中部一整两破如意头加细锦纹）

北次间下金檩彩画（端头绘四出如意头盒子，盒子边绘龟背锦，中部绘龟背锦与西番莲卷草组合叠袱子）

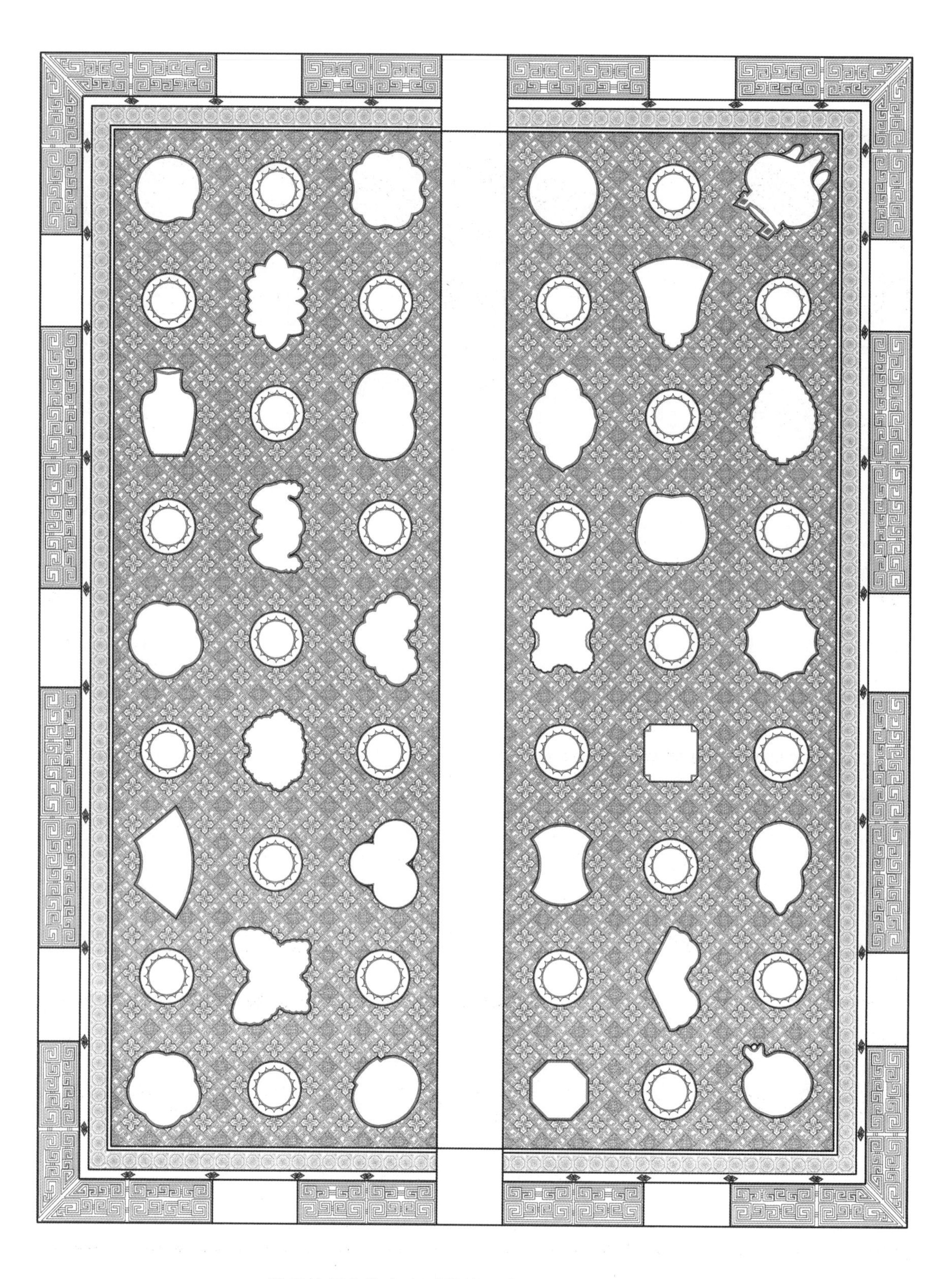

徽州关麓春满庭上厅锦地开光天花彩画线描图

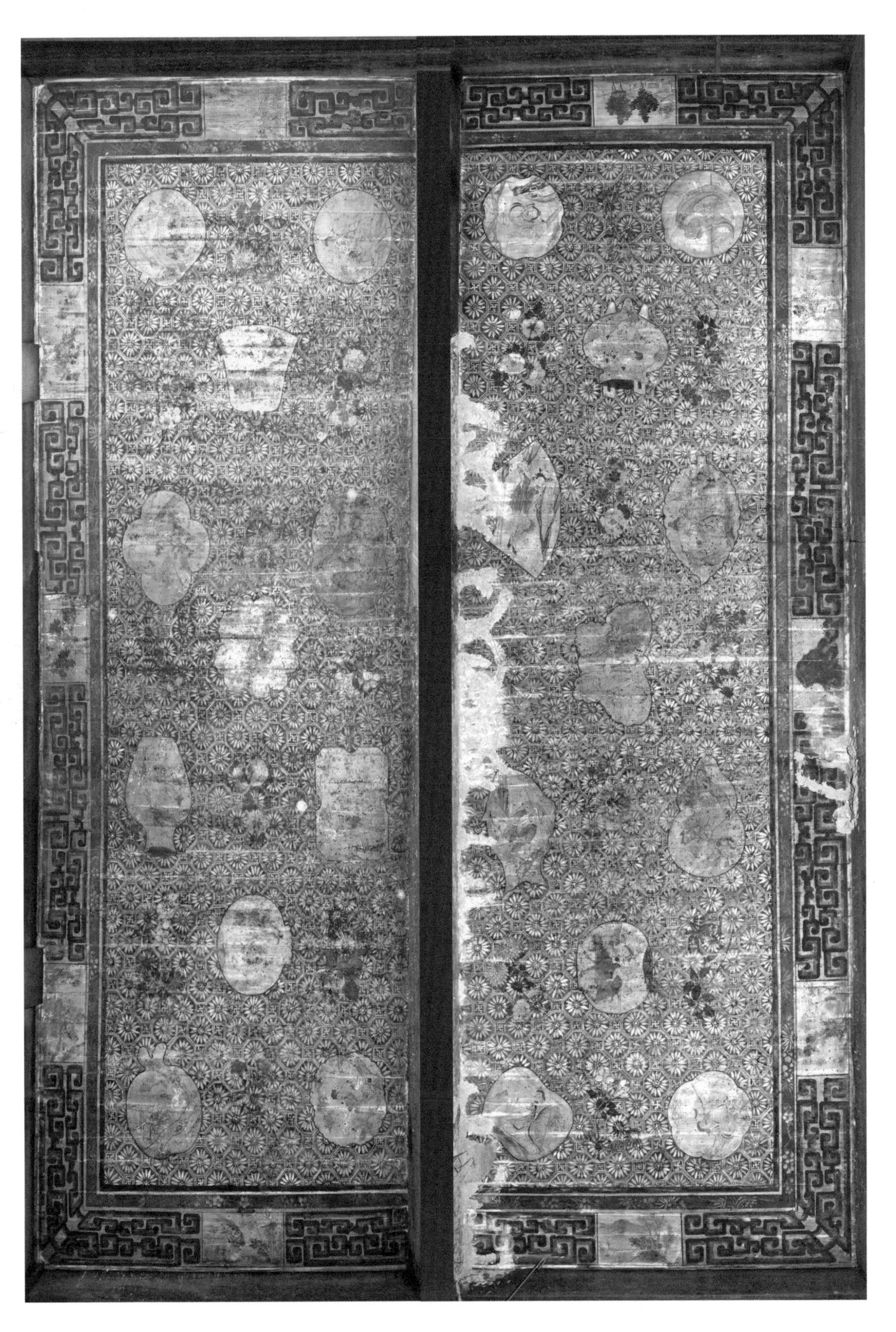

南屏李家弄厅堂锦地开光天花彩画（胡石摄影）

黟县宏村陪德堂前檐天花彩画——水波纹上绘各色鱼类，鱼者鳞亦鲜而光，尾宜摆而鳍动，浮沉游跃，且有深浅者为妙品。（胡石摄影）

后　记

本书是江南彩画研究的部分成果，是笔者硕博士阶段与课题组成员在前辈学者研究的基础完成的，本书从选题到完成，其间进行大量的田野调查与资料搜集，并开展了工艺模拟试验，回顾撰写过程虽感艰辛，但更多的是探索中的乐趣和收获。写作完成到现在已近五年，由于目前从事的工作还是与彩画相关，笔者在博士论文的基础上作了部分补充修改，限于自己当前的研究范围与学术水平，还有诸多不足之处，有待将来继续完善。

在本文即将出版之际，首先要感谢我的导师朱光亚先生，跟随导师学习的六年是我人生中最宝贵的一段时光，朱老师以渊博的专业知识、严谨的治学作风和求实的科学态度指导我的学业。尤其在本书的调研过程中朱老师帮我联系各地的文物部门，带我去拜访老画师，给我的考察带来诸多的方便。能在朱老师门下学习，是我一生的财富。朱老师对我的帮助和指引，让我受益终身。

感谢我的彩画师傅顾培根画师，作为彩画世家的传人，顾师傅虽然不懂高深的理论，但是他纯朴、善良，讲起话来思路清晰，干起活来干净利索，最可敬的是他对传统工艺的热爱，对传授技艺毫无保留，让我由衷的敬佩。在顾师傅的身上我看到了保护传统工艺不能停留在学术界，要深入民间，依靠这些富有经验的匠师才能将传统工艺传承下去。

本书的写作得到了中国科技大学龚德才教授、东南大学胡石老师、南京博物院文保所何伟俊老师、日本彩画专家窪寺茂先生、苏州画师薛仁元师傅与谭景运师傅的指导，以及朱穗敏、钱钰、张喆、李金蔓、王晓雯等同窗好友在调研与工艺模拟过程中的多次交流和帮助，加深了我对江南彩画的理解。

我还要特别感谢自己参加工作后结识的王仲傑先生、杨红老师、曹振伟先生，在跟他们工作学习的过程中，极大地拓宽了我的视野，他们既注重实地调研，又善于采用历史考古学的方法结合宫廷史、建筑史、地理学、工艺学全面的解读彩画，极大地促进了我对中国彩画全面认识。

本书的撰写和调研还得到了南京博物院、西安文保中心，以及无锡市、苏州市、常熟市、吴中区、杭州市、绍兴市、黟县、歙县、东山镇、西山镇等文物部门的同志们的大力帮助，以及2005级本科生梅雪群、张天钧、钱紫薇、唐翔、林晓钰、薛飞等与我一同完成江南地区彩画测绘，并绘制部分彩画图样，东南大学出版社张莺编辑对书稿进行了细致入微的校核，在此对大家的帮助谨致最衷心的感谢！最后感谢默默支持和帮助我的家人和朋友，是他们给了我上进的动力。

由于笔者的学术积淀浅薄，本书的完成仅是对目前的工作告一段落。书中难免有错误，在此笔者向读者致以歉意，也恳请大家批评指正。

纪立芳

2016年8月

内容提要

本书是江南彩画阶段性的研究成果。在内容上首先把“江南彩画”研究纳入一个整体的时空坐标系中，概况性梳理了从汉代至中华人民共和国成立初期江南彩画的发展历程。其次，在大量实地调研和匠师访谈的基础上，厘清江南地区现存明清时期古代建筑彩画遗存分布、等级特征及主要类型，并在总结分析徽州、苏南、浙江三地彩画特点的基础上，从构图、纹样与色彩逐一分析画师所传达的艺术构思。再次，本书在分析江南地区“彩画作”与画师传承的基础上，通过实验分析，匠师的访谈及模拟试验，了解到清晚期至民国期间江南地区古代建筑彩画的材料、工具及相关工艺流程，并在论述中注重与宋代彩画及清晚期官式彩画的对比分析。

最后，在对江南彩画发展演变、形式特征、工艺谱系研究的基础上，本书探讨了江南彩画的保护问题，强调既要注重物质层面对彩画本体的保护，又要注重非物质层面对彩画形式、工艺与传承人的保护。

图书在版编目（CIP）数据

江南建筑彩画研究 / 纪立芳著 .-- 南京：东南大学出版社，2017.12

ISBN 978-7-5641-6315-0

Ⅰ．①江…　Ⅱ．①纪…　Ⅲ．①古建筑—彩绘—研究—华东地区　Ⅳ．① TU-851

中国版本图书馆 CIP 数据核字（2015）第 314241 号

江南地区建筑彩画研究

作　　者：纪立芳
出版发行：东南大学出版社
社　　址：南京市四牌楼 2 号　　邮编：210096
出 版 人：江建中
责任编辑：张　莺
装帧设计：皮志伟　朱　蓓
网　　址：http://www.seupress.com
经　　销：全国各地新华书店
印　　刷：深圳市精彩印联合印务有限公司

开　　本：889mm×1194mm　1/16
印　　张：15
字　　数：384 千
版　　次：2017 年 12 月第 1 版
印　　次：2017 年 12 月第 1 次印刷
书　　号：ISBN 978-7-5641-6315-0
定　　价：158.00 元

发行热线：025-83790519　83791830